JIXIE SHEBEI DIANQI

KONGZHI YUANLI JI YINGYONG

机械设备电气

控制原理及应用

李公法　黄永杰　邹燕秋　编著

中国水利水电出版社
www.waterpub.com.cn

内 容 提 要

本书主要介绍了机械设备电气控制的基本概念和基础知识、控制系统分析以及设计中的应用。全书共分12章,包括:绪论、自动控制原理、继电器－接触器控制、直流传动与控制技术、交流传动与控制技术、步进电动机控制技术、伺服电动机控制技术、控制系统的稳定性分析、控制系统的性能指标与校正、可编程控制器控制技术、单片机控制技术、集散控制技术等。这些内容既对以往相关教材著作有一定的继承性,又体现了先进制造技术在现代工业中的应用。全书章节内容连贯,系统性强。注重控制理论在机械工程中的应用,并结合机械系统实例,对系统进行分析与设计,为将来运用控制理论解决机械工程中的实际问题打下基础。

本书可作为应用型本科院校机械工程类专业、测控技术及仪器类专业及高职高专院校自动化类专业的教材,也可作为相关领域的工程技术人员学习的参考书。

图书在版编目(CIP)数据

机械设备电气控制原理及应用/李公法,黄永杰,
邹燕秋编著. --北京:中国水利水电出版社,2014.3(2022.10重印)
ISBN 978-7-5170-1825-4

Ⅰ. ①机…　Ⅱ. ①李… ②黄… ③邹…　Ⅲ. ①机械设
备—电气控制　Ⅳ. ①TH-39

中国版本图书馆 CIP 数据核字(2014)第 051452 号

策划编辑:杨庆川　责任编辑:杨元泓　封面设计:崔 蕾

书 名	机械设备电气控制原理及应用
作 者	李公法　黄永杰　邹燕秋　编著
出版发行	中国水利水电出版社
	(北京市海淀区玉渊潭南路 1 号 D 座 100038)
	网址:www. waterpub. com. cn
	E-mail:mchannel@263. net(万水)
	sales@ mwr.gov.cn
	电话:(010)68545888(营销中心) 、82562819(万水)
经 售	北京科水图书销售有限公司
	电话:(010)63202643、68545874
	全国各地新华书店和相关出版物销售网点
排 版	北京鑫海胜蓝数码科技有限公司
印 刷	三河市人民印务有限公司
规 格	184mm×260mm　16 开本　17.25 印张　420 千字
版 次	2014 年 6 月第 1 版　2022年10月第2次印刷
印 数	3001-4001册
定 价	62.00 元

前　言

　　机械设备电气控制技术是 20 世纪以来人类社会的重大技术进步之一,在工农业生产、国防军事、航空航天、科学研究以及日常生活等各个领域都得到了广泛的应用。随着现代科学技术的进步,传动控制技术过已由过去传统单一的机械传动,发展到了现在对控制系统的速度、位置、转矩等相关参数的精确控制。其中,不仅传统电动机技术(如直流、交流、步进、伺服等)有所革新,可编程控制器技术及单片机技术也得到了蓬勃的发展。

　　目前,以机械技术、检测技术、通信技术、信息技术和微机控制技术等多学科交叉、有机结合的一种工业制造技术已基本形成,并构成了机电一体化的现代工业体系。机电一体化作为一个多门技术学科相互渗透、相互结合的综合技术领域,是实现各领域自动化的重要手段之一,已经深入国民经济的方方面面,成为社会发展的重要物质基础。尤其是在工业领域,电气控制系统是基本的动力系统,应用十分广泛。近年来,随着电力电子技术和微电子技术迅速发展,传动控制技术和设备日臻完善,控制理论也越发成熟。但是,在实际工作中,具有电气专业知识背景的工程技术人员普遍感到实用电气传动技术的入门很难,因此,迫切需要一本能够帮助他们迅速掌握实用传动技术的书籍。

　　本书在内容编排上坚持循序渐进、由浅入深、配合紧密、学以致用,富于启发性和针对性。在编撰过程中,注重理论联系实际,在传动理论的讲述上力求简练、实用;在阐述基本原理的基础上,侧重于基本理论的实际应用,尤其突出了其在工程上的实用化;将元件与系统紧密配合,突出元件外部特性和为系统服务的理念;将概念与数量有机结合,重在定性分析,强调定量研究。

　　全书共分 12 章,主要内容包括:绪论、自动控制原理、继电器—接触器控制、直流传动与控制技术、交流传动与控制技术、步进电动机控制技术、伺服电动机控制技术、控制系统的稳定性分析、控制系统的性能指标与校正、可编程控制器控制技术、单片机控制技术、集散控制技术等。这些内容既对以往相关教材或著作有一定的继承性,又体现了先进制造技术在现代工业中的应用。

　　本书在编撰过程中,查阅了国内外大量与现代机电传动控制技术相关的教材及著作,并对其中的部分内容进行了吸收和引用,具体在书后的参考文献中列出,在此对这些文献资料的著作者表示诚挚的谢意。由于现代机电传动控制技术是一门仍在不断向前发展的技术,相关应用也在日益深入,加之作者学识水平有限,且编撰时间仓促,书中难免存在疏漏和不当之处,恳请广大同仁批评指正。

作者

2014 年 1 月

目　　录

第1章 绪　　论

1.1　机电传动与控制系统

1.1.1　控制系统的概念与分类

1.系统和控制系统

系统是由相互制约的各个部分组成的具有一定功能的整体。在机电传动与控制中,系统是指将与控制设备的运动、动作等参数有关的部分组成的具有控制功能的整体。用控制信号(输入量)通过系统诸环节控制被控变量(输出量),使其按规定的方式和要求变化的系统称为控制系统。

2.控制系统的分类

控制系统的分类方式很多,但机械设备的控制系统常按系统的组成原理,分为开环控制系统、闭环控制系统和半闭环控制系统。

输出量只受输入量控制的系统称为开环控制系统。对应于每个设定输入端,都有一个相应的固定工作状态与之相对应,系统中没有反馈回路(反馈是把一个系统的输出量不断直接或间接变换后,全部或部分地返回到输入端,再输入到系统中去的过程)。用步进电动机作为执行元件的经济简易型数控机床的控制系统就是一个开环控制系统。因为机床的坐标进给控制信号是直接通过控制装置和驱动装置推动工作台运动到指定位置,坐标信号不再反馈。当控制系统出现扰动时,输出量便会产生偏差,因此开环控制系统缺乏精确性和适应性。但由于其简单经济,一般使用在对精度要求不高的机械设备中。开环控制系统组成框图如图1-1所示。

图 1-1　开环控制系统组成框图

输出量同时受输入量和输出量控制,即输出量对系统有控制作用,这种存在反馈回路的系统称为闭环控制系统。现有的全功能型 CNC 机器人和 CNC 机床的坐标驱动系统等都属于闭环控制系统。但是在 CNC 机床的坐标驱动系统中,只有以坐标位置量为直接输出量,即在工作台上安装长光栅等位移测量元件作为反馈元件的系统才称为闭环控制系统。那些以交、直流伺服电动机的角位移作为输出量,用圆光栅作为反馈元件的系统则称为半闭环控制系统。目前使用中的 CNC 机床绝大多数均为半闭环控制系统。采用半闭环控制系统的优点在于没有将伺服电动机与工作台之间的传动机构和工作台本身包括在控制系统内,系统易调整、稳定性好且整体造价低。闭环控制系统组成框图如图 1-2 所示。数控机床的闭环控制系统及半闭环控制系统组成框图如图 1-3 和图 1-4 所示。

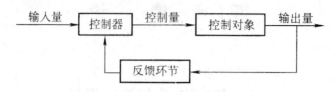

图 1-2 闭环控制系统组成框图

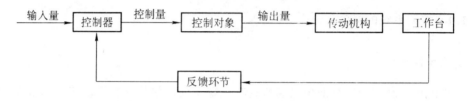

图 1-3 数控机床闭环控制系统组成框图

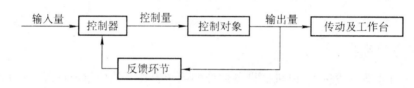

图 1-4 数控机床半闭环控制系统组成框图

1.1.2 机电传动控制系统

1.1.2.1 机电传动的目的和任务

机电传动(又称电力传动或电力拖动)是指以电动机为原动力驱动生产机械的系统的总称。它的目的是将电能转换成机械能,实现生产机械的启动、停止和速度调节,满足各种生产工艺过程的要求,保证生产过程的正常进行。

在现代工业中,为了实现生产过程自动化的要求,机电传动不仅包括拖动生产机械的电动机,而且包括控制电动机的一整套控制系统。也就是说,现代机电传动是和由各种控制元件组成的自动控制系统紧密地联系在一起的。

从现代化生产的要求出发,机电传动控制系统所要完成的任务,从广义上讲,就是要使生产机械设备、生产线、车间甚至整个工厂都实现自动化;从狭义上讲,是指控制电动机驱动生产机械,实现产品数量的增加、产品质量的提高、生产成本的降低、工人劳动条件的改善以及能源的合理利用。

随着生产工艺水平的发展,对机电传动控制系统提出的要求愈来愈高。例如,一些精密机床要求加工精度达百分之几毫米,甚至几微米;重型镗床为保证加工精度和控制表面粗糙度,要求能在很宽的范围内调速;轧钢车间的可逆式轧机及其辅助机械操作频繁,要求在不到一秒的时间内就能完成从正转到反转的过程,即要求能迅速地启动、制动和反转;对于电梯和提升机,要求启动和制动的平稳性,并能准确地停在给定的位置上;对于冷、热连轧机以及造纸机的各机架或各分部,要求它们的转速保持一定的比例关系,以便进行协调运转;为了提高效率,要求对由数台或数十台设备组成的生产自动线实行统一控制和管理。诸如此类的要求,都是靠电动机及其控制系统和机械传动装置来实现的。

1.1.2.2 机电传动控制系统的发展历程

1. 机电传动的发展阶段

机电传动及其控制系统是随着社会工业生产的发展而发展的。单就机电传动而言,它的发展主要经历了三个阶段。

成组拖动,就是一台电动机拖动一根天轴,然后再经由天轴通过带轮和传动带分别拖动各生产机械。这种拖动方式生产效率低,劳动条件差,一旦电动机发生故障,将造成成组的生产机械停车。

单电动机拖动,就是用一台电动机拖动一台生产机械,它虽较成组拖动前进了一步,但当一台生产机械的运动部件较多时,机械传动机构十分复杂。

多电动机拖动,即一台生产机械的每一个运动部件分别由一台专门的电动机拖动,例如,龙门刨床的刨台、左右垂直刀架与侧刀架、横梁及其夹紧机构,均分别由一台电动机拖动。这种拖动方式大大简化了生产机械的传动机构,而且控制灵活,为生产机械的自动化提供了有利的条件。所以,现代化机电传动基本上均采用这种拖动形式。

2. 控制系统的发展阶段

控制系统是伴随着控制器件的发展而发展的。随着功率器件和放大器件的不断更新,机电传动控制系统的发展日新月异,主要经历了四个阶段:

20 世纪初,最早的机电传动控制系统出现,它仅借助于简单的接触器与继电器等控制电器,实现对控制对象的启动、停车以及有级调速等控制,这种控制方法控制速度慢,控制精度差。

20 世纪 30 年代出现了电机放大机控制,它使控制系统从断续控制发展到连续控制,连续控制系统可随时检查控制对象的工作状态,并根据输出量与给定量的偏差对控制对象进行自动调整。它的控制速度和控制精度都大大超过了最初的断续控制,并简化了控制系统,减少了电路中的触点,提高了可靠性,使生产效率大为提高。

20 世纪 40~50 年代出现了磁放大器控制和大功率可控水银整流器控制。时隔不久,又出现了大功率固体可控整流元件——晶闸管。晶闸管控制很快就取代了水银整流器控制,也正是由于晶闸管的应用,才使得交流电动机变频调速成为可能。继晶闸管出现以后,又陆续出现了其他类的器件,诸如门极可关断晶闸管(GTO)、电力功率晶体管(GTR)、电力场效应晶体管(P-MOSFET)、绝缘栅双极型晶体管(IGBT)等。由于这些器件的额定电压、额定电流以及其他电气特性均得到很大的改善,因此,它们普遍具有效率高、控制特性好、反应快、寿命长、可靠性高、易于维护、体积小、重量轻等优点。

随着数控技术的发展和计算机的应用,特别是微型计算机的应用,控制系统又发展到了一个新阶段——采样控制。它也是一种断续控制,但是和最初的断续控制不同的是它的控制间隔(采样周期)比控制对象的变化周期短得多,因此,在客观上完全等效于连续控制。这种控制方法把电力电子技术与微电子技术、计算机技术紧密地结合在一起,使电力电子控制技术具有强大的生命力。

当今世界正处在网络时代,信息化的电动机自动控制系统正在悄悄出现。这种控制系统采用嵌入式控制器,在嵌入式操作系统的软件平台上工作,控制系统自身就具有局域网甚至互联网的上网功能,这些都为远程监控和远程故障诊断及维护提供了方便。目前已经研制成功了基于开放式自由软件 Linux 操作系统的数字式交流伺服系统。机电传动控制技术已进入一个崭新的发展阶段,它以电力半导体变流器件的应用为基础,以电动机为控制对象,以自动控制理论为指导,以电子技术和微处理器控制及计算机辅助设计为手段,并结合检测技术和数据通信技术,构成一门具有相对独立性的技术。在生产设备和过程自动化中,它发挥着愈来愈重要的作用。

20 世纪 70 年代初,计算机数字控制(CNC)系统应用于数控机床和加工中心,这不仅提高了机床的自动化程度,而且提高了机床的通用性和加工效率,在工业生产上得到了广泛的应用。之后,工业机器人的诞生,为实现机械加工全盘自动化创造了物质基础。80 年代以来,出现了由数控机床、工业机器人、自动搬运车等组成的统一由中心计算机控制的机械加工自动线——柔性制造系统(FMS),它是实现自动化车间和自动化工厂的重要组成部分。机械制造自动化高级阶段是走向设计、制造一体化,即利用计算机辅助设计(CAD)与计算机辅助制造(CAM)形成产品设计和制造过程的完整系统,对产品构思和设计直至装配、试验和质量管理这一全过程实现自动化。为了实现制造过程的高效率、高柔性、高质量,研制计算机集成制造系统(CIMS)是人们现今的任务。

3. 调速系统的发展历程

原始的机械设备由工作机构、传动机构和原动机组成,控制方式由工作机构和传动机构的机械配合实现。随着以电气元件为主的自动控制系统的大量应用,设备的性能不断提高,使工作机构和传动机构的结构大为简化。主要由继电器、接触器、按钮、开关等元件组成的机械设备的电气控制系统称为继电器—接触器控制系统,其主要控制对象是三相交流异步电动机,对电动机的启动、制动、反转、调速和降压等进行控制。这种控制所用的电器一般不是"接通"就是"断开",控制是断续的。所以,从控制性质上来说,这种继电器—接触器控制属于断续控制或开关控制。因其实现简单、操作方便、价格便宜、易于维修,许多通用机械设备至今仍采用这种控制系统。但是,它也存在功耗大、体积大、控制方式不灵活等缺点。

之后,开关控制不能满足对调速性能要求较高的生产机械,因此出现了直流发电机—电动机调速系统。直流电动机具有启动转矩大、容易进行无级调速的特点。但它需要配套的直流电源,直流电源是由一台交流电动机拖动一台直流发电机提供的。这种直流发电机—电动机调速系统中的电压和电流可以连续变化,属于连续控制。目前龙门刨床、轧钢机和造纸机等仍在应用这种控制方式。但是,这种方式存在所用电机数量多、占地面积大、噪声大和效率低等缺点。20 世纪 60 年代后出现了晶闸管电动机自动调速系统,这种系统中的直流电源是由晶闸管组成的可控整流电路提供,具有体积小、重量轻、效率高和控制灵活等优点,所以得到了普遍应用。

20 世纪 80 年代以后,由于半导体技术的飞速发展,使得交流电动机调速系统有了突破性进展。交流调速有许多直流调速不可比拟的优点,单机容量和转速可大大高于直流电动机,交流电动机无电刷与换向器,易于维护,可靠性高,能在带有腐蚀性、易爆性、含尘气体等特殊环境中使用。与直流电动机相比,交流电动机还具有体积小、重量轻、制造简单、坚固耐用等优点。交流调速已在关键技术上有所突破,从实用阶段进入扩大应用、系列化的新阶段。以笼型交流伺服电动机为对象的矢量控制技术是近年来新兴的控制技术,它能使交流调速具有直流调速的优越调速性能。交流变频调速器、矢量控制伺服单元及交流伺服电动机已日益广泛地应用于工业生产中。

为了适应工业自动化和生产过程变动节奏加快的要求,电气控制逐渐采用顺序控制技术。所谓顺序控制,就是对机械设备的动作和生产过程按预先规定的逻辑顺序自动进行的一种控制。20世纪60年代末发展起来的实现顺序控制的一种通用的电气控制装置称为顺序控制器(也称程序控制器),一般具有逻辑运算、顺序操作、定时、计数、程序转移、程序分支和程序循环等基本功能,有些还具有算术运算和数值比较功能。它不仅用于单机控制,而且用于多机群控和生产线的自动控制等。其主要特点是编制程序和改变程序方便,通用性和灵活性强,原理简单易懂,操作稳定可靠,使用和维修方便,装置设备体积小,设计和制造周期短,用它可替代大量的继电器。在机床行业,顺序控制器广泛用于单机、组合机床和自动生产线的控制。

近年来,可编程控制器(PLC)在工业过程自动化系统中的应用日益广泛。PLC从一开始就是以最基层、第一线的工业自动化环境及任务为前提的。它可用梯形图编程,具有硬件结构简单、安装维修方便、抗强电磁干扰能力强、工作可靠性高等优点,工程技术人员能很快地熟悉和使用它。PLC是一种数字运算操作的电子系统,是专门为在工业环境下应用而设计的。它采用一类可编程存储器,用来存储执行逻辑运算、顺序控制、定时和算术运算等面向用户的指令,并通过数字式或者模拟式的方法进行输入和输出,控制各种类型的机械或生产过程。PLC及其有关外部设备,都按照既易于工业控制系统连成一个整体,又易于扩充功能的原则进行设计。近年来,PLC的一个发展方向是微型、简易、价廉,以期占领一向以继电器系统为主流的(诸如一般机床、包装机、传输带等)控制领域;另一个发展方向是向大型高功能方面延伸。PLC很有发展前途。

上述各种控制系统均为电气控制系统。近年来,许多工业部门和技术领域对高精度、高响应、大功率和低成本控制系统提出的要求,促使液压、气动控制系统的迅速发展。液压、气动控制系统和电气控制系统一样,由于各自的特点,在不同的行业得到应用。液压、气动技术与现代控制技术、电子技术、计算机技术的结合,使液压、气动控制技术也在不断推陈出新,并大大地提高了它的综合技术指标。

此外,自20世纪70年代以来,单片机发展很快。由于单片机的数据结构和指令系统都是针对工业控制的要求而设计的,成本低、集成度高,可灵活地组装成各种智能控制装置,解决从简单到复杂的各项任务,实现较高的性价比。而且从单片机芯片的设计制造开始,就考虑了工业控制环境的复杂性,因而它的抗干扰能力较强,特别适合于在机电一体化产品中应用,在机电传动与控制系统中也有许多应用。

1.1.2.3 电动机控制系统的研究

电动机控制系统的发展可以从多个角度进行考虑。

从主传动机电能量转换角度来说,由机械控制系统、机械和电气联合控制系统发展到全电气控制系统。

从控制电路来说,由模拟电路、数字和模拟混合电路发展到全数字电路控制系统。

从控制策略来说,最初是低效有级控制(如直流电动机电枢回路串分级电阻调速、绕线式感应电动机转子回路串电阻与笼式感应电动机变极调速),接着是低效率无级控制(如感应电动机改变转差率调速),之后又改进成高效率无级控制(如直流电动机斩波调压调速、交流电动机变频调速、交流电动机矢量控制与直接转矩控制系统),现在发展到高性能智能型控制系统(如自适应系统参数辨识与自校正控制、神经元或神经网络控制、模糊逻辑控制、模糊神经网络控制等电动机控制系统)。

从电力电子控制器结构来说,由体积庞大的电子管控制系统、小功率晶体管控制系统、大功率无自关断能力的晶闸管控制系统发展到全控型电力电子器件(包括 GTO、MOSFET、IG-BT 和 IGCT 等)构成的控制系统,仅用于电动机控制系统的各种电源变换器就有 AC/DC 可控整流器、DC/DC 斩波器、DC/AC 逆变器、AC/DC/AC 交直交变换器、AC/AC 循环变换器和矩阵变换器等。

电动机控制系统分发电机和电动机两个方面,就电动机的控制目标来说,主要有速度控制和位置控制两大类。

电动机的速度控制系统也称为电动机调速系统,它广泛地应用于机械、冶金、化工、造纸、纺织、矿山和交通等工业部门。

电动机的位置控制系统或位置伺服系统也称为电动机的运动控制系统。电动机的运动控制系统是通过电动机伺服驱动装置将给定的位置指令变成期望的机构运动,一般系统功率不大,但要求定位精度高,并具有频繁起动和制动的特点,在雷达、导航、数控机床、机器人、打印机、复印机、扫描仪、磁记录仪、磁盘驱动器和自动洗衣机等领域得到广泛应用。

自 1831 年法拉第发现电磁感应原理以来,直流电动机和交流电动机相继问世,以后各种特殊用途的电动机类型不断出现,极大地推动了电力工业和电气传动技术的发展。但是绝大部分电能是由三相交流同步发电机提供,而大部分交流电又由交流电动机使用,特别是感应电动机。直流电动机由于控制简单、调速平滑、性能良好,在电动机控制领域一直占据主导地位。然而直流电动机结构上存在的机械换向器和电刷,使它具有难以克服的固有缺点,如造价高、维护难、寿命短,存在换向火花和电磁干扰,这些都使得电动机最高转速、单机容量和最高电压等受到一定的限制。

随着电力电子技术、微电子技术和稀土永磁材料的飞速发展,高性能电动机控制系统技术不断更新,成本不断降低,新型电动机不断出现,交流电动机驱动系统正不断地取代直流电动机控制系统。提高电动机控制系统性能的研究工作主要有以下几个方面。

1. 新型功率控制器件和 PWM 技术应用

可控型功率控制器件不断进步为电动机控制系统的完善提供了硬件保证,尤其是新的可关断器件,如门极可关断器件(GTO)、大功率晶体管(GTR)、双极结型晶体管(BJT)、金属氧化物半导体场效应晶体管(MOSFET)、绝缘栅双极型晶体管(IGBT)、绝缘栅可换向晶闸管(IGCT)等的实用化,使得高频、高压、大功率 PWM 控制技术成为可能。电动机控制的基本手段就是如何控制 PWM 波形,使得功率控制器件输出的电压和电流波形能满足电动机高性能

运行的要求。目前电力电子技术

2. 矢量变换控制技术与现代控制理论的应用

感应电动机是一种多变量、强耦合、非线性的机电一体化执行元件,传统电压与频率之比恒定的控制策略是以电动机本身稳态运行为立足点,即从电动机机械特性出发分析研究电动机的运行状态和特性,其动态控制效果不够理想。

20 世纪 70 年代初,德国学者在前人提出的坐标变换理论的基础上提出了感应电动机矢量变换控制方法。该方法的基本思想是将感应电动机的定、转子绕组分别经过坐标变换后等效成两相正交的绕组,并从转子磁场的角度观测,实现了感应电动机电气变量的解耦控制。

矢量变换控制主要研究感应电动机动态控制过程,不但控制电流和磁通等变量的幅值,同时控制这些变量的相位,并利用现代线性系统控制中状态重构和估计的概念,从而实现了感应电动机磁通和转矩在等效两相正交绕组状态下的重构和解耦控制,从而促进了感应电动机矢量控制系统的实用化。矢量变换控制方法已经从最初的感应电动机推广到了同步电动机的控制,并出现了基于矢量变换的各种控制形式。目前,国外变频器驱动感应电动机均采用矢量变换控制技术,并用于钢厂轧机主轴传动、电力机车牵引系统和数控机床中。

此外,为了解决矢量变换控制系统的复杂性和控制精度问题,到 20 世纪 80 年代中期又相继提出了新的控制方法,如直接转矩控制、空间矢量调制技术和定子磁场定向控制等。尤其是利用微处理器实时控制,使得现代控制理论中各种控制方法得到应用,如最优控制、滑模变结构控制、模型参考自适应控制、状态观测器、扩展卡尔曼滤波器和智能控制等,提高了控制过程的动态性能,增强了系统的鲁棒性等。

3. 新型电动机和无传感器控制技术研究

各种电动机控制系统的发展对电动机本身也提出了更高要求,需要研究新型电动机设计、动态建模和控制策略,如直接联网高压电动机设计、永磁电动机设计、超声波电动机设计、交流励磁发电动机转子交流励磁控制、双馈感应电动机设计和控制、磁悬浮直线电动机设计、电子线路板元器件布置、平面电动机设计、开关磁阻电动机设计与驱动控制、电动机阻尼绕组的合理设计、感应电动机转子鼠笼导条的故障诊断以及三维物理场的计算等问题。

随着人们生活水平提高、生命质量改善和环境保护意识的增强,绿色环保电动车辆用高功率密度电动机、人工器官和辅助装置驱动的微电动机、机器人及运动控制系统中得到重视和广泛应用稀土永磁材料研制的高速永磁电动机以及转子无绕组的开关磁阻电动机等都有迅猛发展。其中,开关磁阻电动机与反应式步进电动机类似,但开关磁阻电动机利用转子位置传感器可有效地控制失步问题。永磁电动机由于转子采用永磁材料没有励磁绕组和励磁损耗,电动机功率密度和效率更高。但是为了防止失步也需要转子位置传感器。

高性能的控制系统利用位置传感器或速度传感器检测转子位置或速度,而这类机械传感器的使用往往造成系统体积增大,可靠性降低,成本提高,而且易受环境的影响。为此,研究无传感器控制系统成为研究的新热点。无传感器电动机控制方法是利用检测到的电动机状态信号(如电压和电流信号),通过基于电动机控制数学模型而设计的位置或速度观测器实时计算出电动机转子位置或速度。由于计算方法复杂且计算量大,需要采用具有高速计算能力的微处理芯片。因此,研究微处理芯片硬件和软件,实现电动机控制复杂的计算方法成为无传感器电动机控制系统的关键。

1.2　机电系统中的传感器技术

1.2.1　传感器的作用

客观世界的一切物质都以不同的方式运动着。为了认识客观世界,人们就必须找出表征物质运动的各种信号以及信号与物质运动的关系,这就是检测的任务。随着自动化技术的飞速发展,检测技术在工业生产领域得到了广泛应用。例如,生产过程中产品质量的检测、产品质量的控制,提高生产的经济效益、节能和生产过程的自动化等,都需要利用传感器检测生产过程中的参数并以此为依据进行反馈控制,以保证整个生产过程的顺利进行。

世界是由物质组成的,各种事物都是物质的不同表现形态。为了从外界获得信息,人们必须借助于感觉器官。人的"五官"——眼、耳、鼻、舌、皮肤分别具有视觉、听觉、嗅觉、味觉和触觉等直接感受周围事物变化的功能,人的大脑对"五官"感受到的信息进行加工处理,从而调节人的行为活动。

人们在研究自然现象、事物规律以及生产活动时,有时需要对某一事物的存在与否作定性了解,有时需要进行大量的实验测量以确定对象量值的确切数据,所以单靠人类自身感觉器官的功能是远远不够的,需要借助于某种仪器设备完成。这种仪器设备就是传感器。传感器是人类"五官"的延伸,是信息采集系统的最基本也是最重要的部件。

表征物质特性及运动形式的参数很多。根据物质的电特性,可分为电量和非电量两类。电量一般是指物理学中的电学量,例如电压、电流、电阻、电容及电感等;非电量是指除电量之外的一些参数,例如压力、流量、尺寸、位移量、质量、速度、加速度、转速、温度、浓度及酸碱度等。

人类为了认识物质及事物的本质,需要对物质特性进行测量,其中大多数是对非电量的测量。非电量不能直接使用一般的电工仪表和电子仪器进行测量,这是因为一般的电工仪表和电子仪器只能测量电量,要求输入的信号为电信号。非电量需要转化成与其有一定关系的电量再进行测量。实现这种转换技术的器件就是传感器。传感器是获取自然或生产中信息的关键器件,是现代信息系统和各种装置不可缺少的信息采集工具。采用传感器技术的非电量电测方法就是目前应用最广泛的测量技术。

随着科学技术的发展,传感器技术、通信技术和计算机技术构成了现代信息产业的三大支柱产业,分别充当信息系统的"感官"、"神经"和"大脑",它们构成了一个完整的自动检测系统。在利用信息的过程中,首先要解决的问题就是获取可靠、准确的信息,所以传感器精度的高低直接影响计算机控制系统的精度,可以说没有性能优良的传感器,就没有现代化技术的发展。

1.2.2　传感器的定义与组成

1.2.2.1　传感器的定义

传感器的作用是将被测量转换成与其有一定关系的易于处理的电量,它获得的信息正确与否,直接关系到整个系统的精度。依照中华人民共和国国家标准(GB/T 7665—1987《传感器通用术语》)的规定,传感器的定义是:"能感受(或响应)规定的被测量并按照一定的规律转换成可用输出信号的器件或装置。"

这一定义包含了几个方面的含义：①传感器是测量装置，能完成测量任务；②它的输入量是某一被测量，可能是物理量、化学量、生物量等；③它的输出量是某一物理量，这种量要便于传输、转换、处理和显示等，这就是所谓的"可用信号"的含义；④输出与输入有一定的对应关系，这种关系要有一定的规律，根据字义可以理解传感器为一感二传，即感受信息并传递出去。

1.2.2.2　传感器的组成

传感器通常由敏感元器件、转换元器件、转换电路及辅助电源组成，如图1-5所示。其中，敏感元器件是指传感器中能直接感受或响应被测量的部分；转换元器件是指传感器中能将敏感元器件感受或响应的被测量转换成适于传输或测量的电信号的部分；转换电路是把转换元器件输出的电信号变换为便于处理、显示、记录、控制和传输的可用电信号的部分，其电路的类型视转换元器件的不同而定，经常采用的有电桥电路和其他特殊电路，如高阻抗输入电路、脉冲电路、振荡电路等；辅助电源提供转换能量，有的传感器需要外加电源才能工作，如应变片组成的电桥、差动变压器等，有的传感器则不需要外加电源便能工作，如压电晶体等。

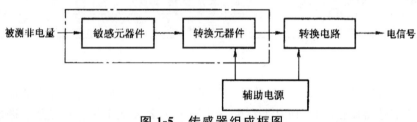

图 1-5　传感器组成框图

需要注意的是，并不是所有的传感器都必须包括敏感元器件和转换元器件。敏感元器件与转换元器件合二为一的传感器是很多的。

如果敏感元器件直接输出的是电量，它就同时兼为转换元器件；如果转换元器件能直接感受被测量而输出与之成一定关系的电量，它就同时兼为敏感元器件，如压电晶体、热电偶、热敏电阻及光器件等就是这类器件。

1.2.3　传感器的分类

根据某种原理设计的传感器可以同时测量多种非电量，而有时一种非电量又可以用几种不同的传感器来测量。因而传感器有许多分类方法，但常用的分类方法有两种：一种是按被测输入量来分；另一种是按传感器的工作原理来分。

1.2.3.1　按被测输入量分类

按被测输入量分类方法是根据被测量的性质进行分类，如温度传感器、湿度传感器、压力传感器、位移传感器、流量传感器、液位传感器、力传感器、加速度传感器及转矩传感器等。

这种分类方法把种类繁多的被测量分为基本被测量和派生被测量。例如，力可视为基本被测量，可派生出压力、质量、应力和力矩等派生被测量。当需要测量这些派生被测量时，只要采用力传感器就可以了。了解基本被测量和派生被测量的关系，对于系统使用何种传感器非常重要。

常见的非电基本被测量和派生被测量见表 1-1。这种分类方法的优点是比较明确地表达了传感器的用途,便于使用者根据用途选用。其缺点是没有区分每种传感器在转换机理上有何共性和差异,不便于使用者掌握基本原理及分析方法。

表 1-1　基本被测量和派生被测量

基本被测量		派生被测量
位移	线位移	长度、厚度、应变、磨损、平面度
	角位移	旋转角、偏转角、角振动
速度	线速度	速度、振动、流量、动量
	角速度	转速、角振动、角动量
加速度	线加速度	振动、冲击、质量
	角加速度	角振动、转矩、转动惯量
力	压力	质量、应力、力矩
时间	频率	周期、记数、统计分布
温度		热容、气体速度、涡流
湿度		水分、水汽、露点
光		光通量与密度、光谱分布

1.2.3.2　按传感器工作原理分类

传感器还可按物理、化学、生物等学科的原理、规律和效应分类,这种分类的优点是对传感器的工作原理表达得比较清楚,而且类别少,有利于传感器专业工作者对传感器进行深入的研究分析。其缺点是不便于使用者根据应用进行选择。具体划分如下。

1.电学式传感器

电学式传感器是应用范围较广的一种传感器,常用的有电阻式传感器、电容式传感器、电感式传感器、电磁式传感器和电涡流式传感器等。

电阻式传感器是利用变阻器将被测非电量转换成电阻信号的原理制成的。电阻式传感器一般有电位式、触点变阻式、电阻应变片式及压阻式等。电阻式传感器主要用于位移、压力、力、应变、力矩、气体流速、液体和液体流量等参数的测量。

电容式传感器是利用改变极板间几何尺寸或改变介质的性质和含量,从而使电容量发生变化的原理制成的。电容式传感器主要用于压力、位移、液体、厚度及水分含量等参数的测量。

电感式传感器是利用改变磁路几何尺寸、磁体位置来改变线圈的电感或互感,或利用压磁效应原理制成的。电磁式传感器主要用于位移、压力、力、振动及加速度等参数的测量。

电磁式传感器是利用电磁感应原理,把被测非电量转换成电量而制成。电磁式传感器主要用于流量、转速和位移等参数的测量。

电涡流式传感器是利用金属导体在磁场中运动时在金属内形成涡流的原理制成的。电涡流式传感器主要用于位移及厚度等参数的测量。

2.磁学式传感器

磁学式传感器是利用铁磁物质的一些物理效应制成的。磁学式传感器主要用于位移、转矩等参数的测量。

3.光电式传感器

光电式传感器在非电量测量及自动控制技术中占有重要的地位。它是利用光电器件的光电效应和光学原理制成的。光电式传感器主要用于光强、光通量、位移、浓度等参数的测量。

4.谐振式传感器

谐振式传感器是利用改变电或机械固有参数来改变谐振频率的原理制成的,主要用来测量压力。

5.电化学式传感器

电化学式传感器是利用离子导电原理制成的。根据电特性的形成不同,电化学式传感器可分为电位式传感器、电导式传感器、电量式传感器、极谱式传感器和电解式传感器等。电化学式传感器主要用于分析气体成分、液体成分、溶于液体的固体成分、液体的酸碱度、电导率及氧化还原电位等参数的测量。

6.电势型传感器

电势型传感器是利用热电效应、光电效应及霍耳效应等原理制成的。电势型传感器主要用于温度、磁通量、电流、速度、光通量及热辐射等参数的测量。

7.电荷型传感器

电荷型传感器是利用压电效应原理制成的,主要用于力及加速度等参数的测量。

8.半导体型传感器

半导体型传感器是利用半导体的压阻效应、内光电效应、电磁效应及半导体与气体接触产生物质变化等原理制成的。半导体型传感器主要用于温度、湿度、压力、加速度、磁场和有害气体等参数的测量。

除了上述两种分类方法外,还可按能量的关系分类,将传感器分为有源传感器和无源传感器;按输出信号的性质分类,将传感器分为模拟式传感器和数字式传感器。数字式传感器输出为数字量,便于与计算机连接,且抗干扰能力较强,例如盘式角度数字传感器、光栅传感器等。

1.2.4 传感器的特性

在生产和科学实验中,要对各种各样的参数进行检测和控制,就要求传感器能感受被测非电量的变化并不失真地变换成相应的电量。这主要取决于传感器的基本特性,即传感器的输入—输出特性。传感器的基本特性通常可分为静态特性和动态特性。静态特性是指被测量不随时间变化或随时间缓慢变化时输入与输出之间的关系。动态特性是指被测量随时间快速变化时传感器输入与输出之间的关系。

传感器作为感受被测量信息的器件,要求它能按照一定的规律输出有用的信号,因此需要研究其输入—输出之间的关系及特性,以便用理论指导其设计、制造、校准与使用。在理论和技术上表征输入—输出之间的关系通常需要建立相应的数学模型,这也是研究科学问题的基本出发点。

1.2.4.1 静态特性

1.静态数学模型

静态数学模型是指在静态信号作用下传感器输出量与输入量之间的函数关系。如果不考虑迟滞特性和蠕动效应,传感器的静态数学模型一般可用 n 次多项式表示如下

$$y = a_0 + a_1 x + a_2 x^2 + \cdots + a_n x^n \qquad (1-1)$$

式中：x 为输入量，即被测量；y 为传感器的理论输出量；a_0 为零输入时的输出，也称 0 位输出；a_1 为传感器线性项系数，也称线性灵敏度，常用 K 或 S 表示；$a_2, a_3, \cdots, a_n$ 为非线性项系数，数值由具体传感器非线性特性决定。

传感器静态数学模型有四种有用的特殊形式。

(1)理想的线性特性。此特性的线性度最好，是所有传感器都希望具有的特性，只有具备这样的特性才能准确无误地反映被测量的真实数值。其数学模型为

$$y = a_1 x \qquad (1-2)$$

具有该特性的传感器，特性曲线是一条通过原点的直线，如图 1-6(a)所示。其灵敏度为该直线的斜率 a_1。

(2)线性特性。当 $a_2 = a_3 = \cdots = a_n = 0$ 和 $a_0 \neq 0$ 时，特性曲线是一条不过原点的直线，如图 1-6(b)所示。这是线性传感器的特性。其数学模型为

$$y = a_0 + a_1 x \qquad (1-3)$$

(3)仅有偶次非线性项。这种情况下线性范围较窄，线性度较差，灵敏度为相应曲线的斜率，特性曲线对 y 轴对称，如图 1-6(c)所示。一般传感器设计很少采用这种特性。其数学模型为

$$y = a_2 x^2 + a_4 x^4 + \cdots + a_{2n} x^{2n}, \quad n = 0, 1, 2 \qquad (1-4)$$

(4)仅有奇次非线性项。这种情况下线性范围较宽，且特性曲线相对坐标原点对称，如图 1-6(d)所示。此种情况线性度较好，灵敏度为该曲线的斜率。具有这种特性的传感器使用时应采取线性补偿措施。其数学模型为

$$y = a_1 x + a_3 x^3 + \cdots + a_{2n+1} x^{2n+1}, \quad n = 0, 1, 2 \cdots \qquad (1-5)$$

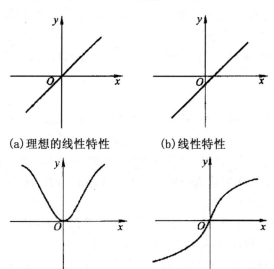

(a)理想的线性特性　　　(b)线性特性

(c)仅有偶次非线性项　　(d)仅有奇次非线性项

图 1-6　传感器典型静态特性曲线

2.静态性能指标

传感器的静态特性主要由线性度、灵敏度、重复性、迟滞、分辨力和阈值、稳定性、漂移、测

量范围及量程等性能指标来描述。

(1)线性度。线性度是传感器输出量与输入量之间的实际关系曲线偏离理论拟合直线的程度,又称非线性误差。通常用相对误差表示。线性度

$$e_{\mathrm{L}} = \pm \frac{\Delta L_{\max}}{\overline{y}_{\mathrm{F \cdot S}}} \times 100\% \tag{1-6}$$

式中:$\Delta L_{\max}$ 为实际曲线与拟合直线之间的最大偏差;$\overline{y}_{\mathrm{F \cdot S}}$ 为满量程输出平均值,是由最大输出平均值减去最小输出平均值得到。

需要注意的是,线性度是以拟合直线作为基准确定的,拟合方法不同,线性度的大小也不同。常用的拟合方法有理论直线法、端点连线法、割线法、最小二乘法等。其中端点连线法简单直观,应用比较广泛,但没有考虑所有测量数据的分布,拟合精度较低。最小二乘法拟合精度最高,但计算烦琐,需要借助计算机完成。

(2)灵敏度。灵敏度是指传感器在稳态下输出增量与输入增量的比值。对于线性传感器,灵敏度就是它的静态特性曲线的斜率。对于非线性传感器,灵敏度是一个随工作点而变的变量,它是特性曲线上某一点切线的斜率。

(3)重复性。重复性是传感器在输入量按同一方向作全量程多次测试时,所得特性曲线不一致的程度,多次测试的曲线越重合,重复性越好。重复性误差可用下式计算

$$e_{\mathrm{R}} = \pm \frac{\Delta R_{\max}}{\overline{y}_{\mathrm{F \cdot S}}} \times 100\% \tag{1-7}$$

式中:$\Delta R_{\max}$ 为输出最大不重复误差;$\overline{y}_{\mathrm{F \cdot S}}$ 为满量程输出平均值。

重复性误差反映的是校准数据的离散程度,属于随机误差,按上述方法计算就不太合理。由于测量次数不同,其最大偏差也不一样。因此一般按标准偏差计算重复性误差。其表达式为

$$e_{\mathrm{R}} = \pm \frac{2 \sim 3\sigma_{\max}}{\overline{y}_{\mathrm{F \cdot S}}} \times 100\% \tag{1-8}$$

式中:$\sigma_{\max}$ 为全部校准点正、反行程输出值标准偏差中的最大值。

标准偏差常用贝塞尔公式计算,即

$$\sigma = \sqrt{\frac{\sum_{i=1}^{n} (y_i - \overline{y}_i)^2}{n-1}} \tag{1-9}$$

式中:y_i 为某校准点的输出值;$\overline{y}_i$ 为第 i 个校准点上输出量的平均值;n 为测量次数。

传感器输出特性的不重复性主要由于传感器机械部分的磨损、间隙、松动、部件内摩擦、积尘、电路老化、工作点漂移等原因产生的。

(4)迟滞。迟滞是传感器在正向行程(输入量增大)和反向行程(输入量减小)期间输出—输入特性曲线不一致的程度。换句话说,对于同一大小的输入信号,传感器正反行程的输出信号大小不相等。

迟滞反映了传感器机械部分不可避免的缺陷,如轴承摩擦、间隙、螺钉松动、元器件腐蚀或碎裂、材料内摩擦、积尘等。

(5)分辨力和阈值。实际测量时,传感器的输入输出关系不可能保持绝对连续。有时输入

量开始变化了,但输出量并不立刻随之变化,而是在输入量变化到一定程度时才突然产生一个小的阶跃变化。这就造成传感器的实际特性曲线并不是十分平滑,而是呈阶梯形变化的。传感器的分辨力是指在规定测量范围内所能检测的输入量的最小变化量,有时也用该值相对满量程输入量的百分数表示,称为分辨率。

对于数字仪表来说,指示数字的最后一位数字所代表的值就是它的分辨力。当被测量的变化小于分辨力时,仪表的最后一位数字保持不变。分辨力是一个反映传感器能否精密测量的性能指标,既可用输入量表示,也可用输出量表示。造成传感器具有有限分辨力的因素很多,如机械运动造成的干摩擦和卡塞等。

阈值通常又称为死区、失灵区、灵敏限、灵敏阈、钝感区,是输入量由零变化到使输出量开始发生可观变化的输入量的值。

(6)稳定性。稳定性有短期稳定性和长期稳定性之分,传感器常用长期稳定性表示。它是指在室温条件下,经过相当长的时间间隔,如一天、一月或一年,传感器的输出与起始标定时的输出之间的差异。通常又可以用其不稳定度来表征输出的稳定度。

(7)漂移。传感器的漂移是指在外界的干扰下,输出量发生与输入量无关的、不需要的变化。漂移包括零点漂移和灵敏度漂移。漂移又可分为时间漂移和温度漂移。时间漂移是指在规定的外界条件下,零点或灵敏度随时间而缓慢变化的情况;温度漂移是指因环境温度变化而引起零点或灵敏度的变化。

(8)测量范围及量程。传感器所能测量的最大被测量的数值称为测量上限,最小被测量的数值称为测量下限,上限与下限之间的区间称为测量范围。测量范围可能是单向的(只有正向与负向),也可能是双向的,或是双向不对称的和无零值的等。测量上限与下限的代数差称为量程。例如:

- 测量范围为 0～+10 N,量程为 10 N。
- 测量范围为 −20℃～+20℃,量程为 40℃。
- 测量范围为 −5～+10 g,量程为 15 g。
- 测量范围为 100～1000 Pa,量程为 900 Pa。

由测量范围可以知道传感器的测量上限与下限,以便正确使用传感器;通过量程,可以知道传感器的满量程输入值,而与之对应的满量程输出值乃是决定传感器性能的一个重要数据。

1.2.4.2 动态特性

1.动态数学模型

事实上,在实际测量中,大多数被测量是随时间变化的动态信号。传感器的动态数学模型是指在随时间变化的动态信号的作用下,传感器输出量与输入量之间的函数关系。它通常称为响应特性。动态数学模型一般采用微分方程和传递函数来描述。

(1)微分方程。绝大多数传感器都属于模拟(连续变化信号)系统。描述模拟系统的一般方法是采用微分方程。对于线性系统的动态响应研究,可将传感器作为线性定常系统来考虑,因而其动态数学模型可以用线性常系数微分方程表示。其通式为

$$a_n \frac{d^n y}{dt^n} + a_{n-1} \frac{d^{n-1} y}{dt^{n-1}} + \cdots + a_1 \frac{dy}{dt} + a_0 = b_m \frac{d^m x}{dt^m} + b_{m-1} \frac{d^{m-1} x}{dt^{m-1}} + \cdots + b_1 \frac{dx}{dt} + b_0 x$$

$$(1-10)$$

式中：a_0，a_1，a_2，$\cdots$，a_n 和 b_0，b_1，b_2，$\cdots$，b_m 分别为与传感器的结构有关的常数；t 为时间；y 为输出量 $y(t)$；x 为输入量 $x(t)$。

复杂系统微分方程的建立和求解都是很困难的。但是一旦求出微分方程的解就能得知系统的暂态响应和稳态响应。数学上常采用拉普拉斯变换将实数域的微分方程变成复数域（S 域）的代数方程，求解代数方程就容易多了。另外，也可采用传递函数的方法研究传感器的动态特性。

（2）传递函数。在线性定常系统中，动态特性的传递函数是指当初始条件为零时，系统输出量的拉氏变换与输入量的拉氏变换之比。

由数学理论知，如果当 $t \leqslant 0$ 时，$y(t) = 0$，则 $y(t)$ 的拉氏变换可定义为

$$Y(s) = \int_0^\infty y(t) e^{-st} \mathrm{d}t \tag{1-11}$$

式中 $s = \sigma + j\omega$，$\sigma > 0$

对式（1-11）两边取拉氏变换，得

$$Y(s)(a_n s^n + a_{n-1} s^{n-1} + \cdots + a_0) = X(s)(b_m s^m + b_{m-1} s^{m-1} + \cdots + b_0) \tag{1-12}$$

则系统的传递函数为

$$H(s) = \frac{Y(s)}{X(s)} = \frac{b_m s^m + b_{m-1} s^{m-1} + \cdots + b_0}{a_n s^n + a_{n-1} s^{n-1} + \cdots + a_0} \tag{1-13}$$

传递函数 $H(s)$ 表达了检测系统自身固有的动态特性，与输入无关，而只与系统结构参数有关。条件是当 $t \leqslant 0$ 时，$y(t) = 0$，即在传感器被激励之前所有储能元件如质量块、弹性元件、电气元件等均没有积存能量。这时，只要给出一个激励 $x(t)$，得到系统对 $x(t)$ 的响应 $y(t)$，由它们的拉氏变换就可以确定系统的传递函数 $H(s)$。

对于多环节串联或并联组成的传感器或检测系统，如果各环节阻抗匹配适当，就可略去相互之间的影响，总传递函数可由各环节传递函数相乘或相加求得。当传感器比较复杂、基本参数未知时，可以通过实验求得传递函数。

2. 动态性能指标

在动态输入信号作用下，要求传感器不仅能精确地测量信号的幅值，而且能测量出信号的变化过程。这就要求传感器能迅速准确地响应和再现被测信号的变化。也就是说，传感器要有良好的动态特性。在具体研究传感器的动态特性时，通常从时域和频域两个方面采用阶跃响应法和频率响应法进行分析。最常用的是几种特殊的输入时间函数，例如阶跃信号和正弦信号。以阶跃信号作为系统的输入，研究系统输出波形的方法称为阶跃响应法；以正弦信号作为系统的输入，研究系统稳态响应的方法称为频率响应法。

（1）阶跃响应特性。给传感器输入一个单位阶跃函数信号

$$x(t) = \begin{cases} 0 & t \leqslant 0 \\ 1 & t > 0 \end{cases} \tag{1-14}$$

其输出特性称为阶跃响应特性。表征阶跃响应特性的主要技术指标有时间常数、延迟时间、上升时间、峰值时间、最大超调量、响应时间等。

阶跃响应的动态性能指标的含义如下。

• 时间常数是一阶传感器阶跃响应曲线由零上升到稳态值的 63.2% 所需要的时间。

- 延迟时间是阶跃响应曲线达到稳态值的 50% 所需要的时间。
- 上升时间是阶跃响应曲线从稳态值的 10% 上升到 90% 所需要的时间。
- 峰值时间是阶跃响应曲线上升到第一个峰值所需要的时间。
- 最大超调量是阶跃响应曲线偏离稳态值的最大值,常用百分数表示,能说明传感器的相对稳定性。
- 响应时间是阶跃响应曲线逐渐趋于稳定,到与稳态值之差为 ±(2%～5%) 所需要的时间,也称过渡过程时间。

② 频率响应特性。给传感器输入各种频率不同、幅值相同、初相位为零的正弦信号 $x(t) = A\sin\omega t$ 时,输出的正弦信号的幅值和相位与频率之间的关系 $y(t) = B\sin(\omega t + \varphi)$,称为频率响应特性。也就是在稳态下 $\dfrac{B}{A}$ 幅值比和相位 φ 随 ω 而变化的状态。将 $s = j\omega$ 代入式(1—13)中,传递函数 $H(s)$ 变为 $H(j\omega)$,可得系统的频率响应特性为

$$H(j\omega) = \frac{Y(j\omega)}{X(j\omega)} = \frac{Be^{j(\omega t + \varphi)}}{Ae^{j\omega t}} = \frac{B}{A}e^{j\varphi} = \frac{|A(\omega)|}{\varphi(\omega)} \tag{1—15}$$

式中:$|A(\omega)|$ 为幅频特性;$\varphi(\omega)$ 为相频特性。

式(1—15)表明,在任何频率 ω 下,$H(j\omega)$ 的幅值在数值上等于 $\dfrac{B}{A}$,幅角 φ 则是输出滞后于输入的角度。

传感器的频率响应特性参数如下。

- 带宽频率。传感器在对数幅频特性曲线上幅值衰减 3 dB 时对应的频率范围。
- 工作频带。当传感器幅值误差为 ±5%(或 ±10%)时其增益保持在一定值内的频率范围。
- 固有频率。二阶传感器系统无阻尼自然振荡频率。
- 跟随角。当频率等于带宽频率时对应相频特性上的相位角即为跟随角。

1.2.5 传感器的应用与发展

传感器的应用几乎渗透到所有的技术领域,如工业生产、宇宙开发、海洋探索、环境保护、资源利用、医学诊断、生物工程和文物保护等,并逐渐深入到人们的日常生活中。例如,在机器人的技术发展中,传感器采用与否及采用数量的多少是衡量机器人是否具有智能的标志。现代智能机器人由于采用了大量性能更好、功能更强、集成度更高的传感器,才使其具有自我诊断、自我补偿和自我学习能力,机器人通过传感器实现类似于人的知觉作用。传感器被称为机器人的"电五官"。

在航空航天领域,仅阿波罗十号飞船就使用了数千个传感器对 3295 个测量参数进行监测。

在军事领域,使用了诸如机械式、压电、电容、电磁、光纤、红外、激光、生物、微波等传感器,以实现对周围环境的自动监测与目标定位信息的收集,从而更好地实现了安全、可靠的防卫能力。

在医学领域,人体的体温、血压、心脑电波及肿瘤等的准确诊断与监测都需要借助各种传感器完成。

在民用工业生产中,传感器也起着至关重要的作用,如一座大型炼钢厂就需要2万多台传感器和检测仪表;大型的石油化工厂需要6000多台传感器和检测仪表;一部现代化汽车需要90多个传感器;一台复印机需要20多个传感器。

在日常生活中使用的电冰箱、洗衣机、电饭煲、音像设备、电动自行车、空调器、照相机、电热水器、报警器等家用电器也都安装了传感器。

当今信息时代,随着电子计算机技术的飞速发展,自动检测和自动控制技术显露出非凡的能力,传感器是实现自动检测和自动控制的首要环节。没有传感器对原始信息进行精确可靠的捕获和转换,就没有现代化的自动检测和自动控制系统;没有传感器就没有现代科学技术的迅速发展。可以说,传感器是衡量一个国家经济发展及现代化程度的重要标志。

1.3 电力传动控制系统中的常用低压电器

电器是一种能够根据外加信号的要求,手动或自动地接通或断开电路,断续或连续地改变电路参数,以实现电路或非电对象的切换、控制、保护、检测、变换和调节作用的电气设备。简言之,电器就是一种能控制电的设备。

按工作电压的高低,电器可分成高压电器和低压电器。低压电器通常是指在交流额定电压1200V、直流额定电压1500V及以下的电路中起通断、控制、保护或调节作用的电器。

电力传动控制系统一般分成两大部分。一部分是主电路,由电动机和接通、断开及控制电动机的接触器等电器元件组成,主电路的电流一般较大;另一部分是控制电路,由接触器线圈、继电器等电器元件组成,控制电路的电流一般较小。它的任务是根据给定的指令,依照自动控制系统的规律和具体的工艺要求对主电路系统进行控制。由此可见,主电路和控制电路对电器元件的要求不同。本节主要讨论主电路中使用的低压电器元件。

1.3.1 刀开关

1.3.1.1 刀开关的定义

刀开关是低压配电电器中结构最简单、应用最广泛的电器之一,主要用在低压成套配电装置中,作为不频繁地手动接通和分断交直流电路或作隔离开关用,也可以用于不频繁地接通与分折额定电流以下的负载,如小型电动机等。刀开关主要由手柄、触刀、静插座、交链支座和绝缘底板组成。

刀开关按极数分为单极、双极和三极;按操作方式分为直接手柄操作式、杠杆操作机构式和电动操作机构式;按刀开关转换方向分为单投和双投等。

目前,生产的产品常用型号有HD(单投)和HS(双投)等系列。其中HD系列刀开关按现行标准应该称HD系列刀形隔离器,而HS系列为双投刀形转换开关。在HD系列中,HD11、HD12、HD13、HD14为老型号,HD17系列为新型号,产品结构和功能基本相同。

HD系列刀形隔离器、HS系列双投刀形转换开关主要用于交流380V、50Hz电力网路中作电源隔离或电流转换之用,是电力网路中必不可少的电器元件,常用于各种低压配电柜、配电箱、照明箱中。

进入配电装置后,电源首先接刀开关,之后再接熔断器、断路器、接触器等其他电器元件。当其以下的电器元件或线路中出现故障时,靠它切断隔离电源,以便对设备、电器元件进行修理或更换。HS刀形转换开关主要用于转换电源,即当一路电源不能供电,需要另一路电源供电时就由它来进行转换。当转换开关处于中间位置时,可以起隔离作用。

1.3.1.2 常用刀开关

为了使用方便和减少体积,在刀开关上安装熔丝或熔断器,组成兼有通断电路和保护作用的开关电器,如胶盖刀开关、熔断器式刀开关等。

1.胶盖刀开关

胶盖刀开关即开启式负荷开关,适用于交流50Hz,额定电压单相220V、三相380V及额定电流至100A的电路中,作为不频繁地接通和分断有负载电路与小容量线路的短路保护之用。其中三极开关适当降低容量后,可用于小型感应电动机手动不频繁操作的直接启动及分析。

2.熔断器式刀开关

熔断器式刀开关即熔断器式隔离开关,是以熔断体或带有熔断体的载熔件作为动触点的一种隔离开关。常用的型号有HR3、HR5和HR6系列,其中HR5和HR6系列符合GB 14048.3及IEC 408标准。它们主要用于交流额定电压660V(45~62Hz)、额定电流至630A的具有高短路电流的配电电路和电动机电路中,作为电源开关、隔离开关、应急开关,并作为电路保护用,但一般不作为直接开关单台电动机之用。HR5、HR6熔断器式隔离开关中的熔断器为NT型低压高分断型熔断器。NT型熔断器系引进德国AEG公司制造技术生产的产品。

另外,还有封闭式负荷开关即铁壳开关,常用的型号为HH3和HH4系列,适用于额定电压380V、额定电流至400A、频率50Hz的交流电路中,可作为手动不频繁地接通、分断有负载的电路,并有过载和短路保护作用。

3.组合开关

组合开关又称转换开关,也是一种刀开关,不过它的刀片(动触片)是转动式的,比刀开关轻巧而且组合性强,可以组成各种不同的线路。

组合开关也有单极、双极和三极之分,由若干个动触点及静触点分别装在数层绝缘件内组成,动触点随手柄旋转变更通断位置。顶盖部分是由滑板、凸轮、扭簧及手柄等零件构成的操作机构。由于该机构采用了扭簧储能结构从而能快速闭合及分断开关,使开关闭合和分断的速度与手动操作无关,提高了产品的通断能力。

常用的组合开关有HZ5、HZ10和HZW系列。其中HZW系列主要用于三相异步电动机负荷启动、转向以及作主电路和辅助电路转换之用。

HZW1开关采用组合式结构,由定位、限位系统、接触系统及面板手柄等组成。接触系统采用桥式双断点结构。绝缘基座分为1~10节,定位系统采用棘爪式结构,可获得360°旋转范围内90°、60°、45°、30°定位,从而相应单击实现4位、6位、8位和12位的开关状态。

1.3.1.3. 刀开关的选用

刀开关的额定电压应等于或大于电路额定电压,其额定电流应等于(在开启和通风良好的场合)或稍大于(在封闭的开关柜内或散热条件较差的工作场合,一般选1.15倍)电路工作电流。在开关柜内使用时还应考虑操作方式,如杠杆操作机构、旋转式操作机构等。当用刀开关控制电动机时,其额定电流要大于电动机额定电流的 3 倍。

1.3.2 熔断器

1.3.2.1 熔断器的结构和技术参数

熔断器是一种广泛应用的简单有效的保护电器,其主体是低熔点金属丝或金属薄片制成的熔体,串联在被保护的电路中。在正常情况下,熔体相当于一根导线,当发生短路或过载时,电流很大,熔体因过热熔化而切断电路。

熔断器作为保护电器,具有结构简单、体积小、重量轻、使用和维护方便、价格低廉、可靠性高等优点。

熔断器由熔体和绝缘底座(熔管)等组成。熔体为丝状或片状。熔体材料通常有两种:一种是由铅锡合金和锌等低熔点且导电性能差的金属制成,不易灭弧,多用于小电流电路;另一种由银、铜等高熔点且导电性能好的金属丝制成,易于灭弧,多用于大电流电路。

当正常工作的时候,流过熔体的电流小于或等于它的额定电流,由于熔体发热温度尚未达到熔体的熔点,所以熔体不会熔断,电路仍然保持接通。当流过熔体的电流达到额定电流的 1.3~2 倍时,熔体缓慢熔断;当流过熔体的电流达到额定电流的 8~10 倍时,熔体迅速熔断。电流越大,熔断越快,熔断器的这种特性称为保护特性或安秒特性。一般来说,熔断器对轻度过载反应比较迟钝,一般只能作短路保护用。

熔断器的技术参数包括以下几点。

1.额定电压

熔断器的额定电压是指熔断器长期工作时和分断后所能够承受的电压,它取决于线路的额定电压,其值一般等于或大于电气设备的额定电压。

2.额定电流

熔断器的额定电流是指熔断器长期工作时,各部件温升不超过规定值时所能承受的电流。熔管的额定电流等级比较少,而熔体的额定电流等级比较多,即在同一个额定电流等级的熔管内可以分装不同额定电流等级的熔体,但熔体的额定电流最大不能超过熔管的额定电流。

3.极限分断能力

极限分断能力是指熔断器在规定的额定电压和功率因数(或时间常数)的条件下,能分断的最大短路电流值。在电路中出现的最大电流值一般是指短路电流值。所以,极限分断能力一般反映的是熔断器分断短路电流的能力。

1.3.2.2 常用熔断器

1.瓷插式熔断器

常用的瓷插式熔断器为 RCIA 系列。它由瓷底座、动触点、熔体和静触点组成,瓷插件突出部分与瓷底座之间的间隙形成灭弧室。

RCIA 系列熔断器用于交流 50Hz、额定电压 380V 及以下电路的末端,作为供配电系统导线及电气设备(如电动机、负荷开关)的短路保护,也可作为民用照明等电路的保护。

2. 有填料封闭管式熔断器

目前,熔断器最广泛使用的灭弧介质填料是石英砂。石英砂具有热稳定性好、熔点高、热导率高和价格低等优点。

熔断器熔断时,一方面电弧在石英砂颗粒间的窄缝中受到强烈的消电离作用而熄灭;另一方面,电弧在极短的时间内和极小的容积里产生巨大的能量,使熔管型腔内温度非常高,而且升温很快。这时,颗粒填料层的存在就保护了熔断器零件,使之免遭电弧的强烈热作用。

常用的有填料封闭管式熔断器有:螺栓连接的 RT12、RT15 系列,产品符合国际电工 IEC269 低压电器标准;圆筒形帽熔断器 RT14、RT18、RT19 系列。

RT14 和 RT19 系列配带撞击器的熔断器与熔断式隔离器配合使用时,可作为电动机的缺相保护。

3. 螺旋式熔断器

螺旋式熔断器主要由瓷帽、熔芯和底座组成,适用于电气线路中作输配电设备、电缆、导线过载和短路保护元件。

常用的螺旋式熔断器有 RL6 系列中的 RL6-25(R021)、RL6-63(R022)以及 R024、R026 等。产品全部符合 IEC 269 标准。

1.3.2.3 熔断器的选择与维护

工业上选择熔断器一般应考虑以下几点。

(1)熔断器的类型应根据线路的要求、使用场合及安装条件进行选择。

(2)熔断器的额定电压必须等于或高于熔断器工作点的工作电压。

(3)熔断器的额定电流应根据被保护的电路(支路)及设备的额定负载电流进行选择,必须等于或高于所装熔体的额定电流。

(4)熔断器的额定极限分断能力必须大于电路中可能出现的最大故障电流。

(5)选择熔断器需考虑与电路中其他配电电器、控制电器之间选择性配合等要求。为此,应使上一级(供电干线)熔断器的熔体额定电流比下一级大 1~2 个级差。

(6)选择熔断器装熔体额定电流要求如下。

·对于照明线路等没有冲击电流的负载,应使熔体的额定电流等于或稍大于电路的工作电流。

·电动机类负载需要考虑启动冲击电流的影响。

·多台电动机由一个熔断器保护时,熔体额定电流应另行计算。

·降压启动的电动机选用的熔体额定电流应等于或略大于电动机的额定电流。

熔断器在使用维护方面应注意的事项如下。

(1)安装前检查熔断器的型号、额定电流、额定电压、额定极限分断能力等参数是否符合规定要求。

(2)安装时应注意熔断器与底座触刀接触良好,以避免因接触不良造成升温过高,引起熔断器误动作和周围电器元件的损坏。

(3)熔断器熔断时,应更换同一型号规格的熔断器。

(4)工业用熔断器应由专职人员更换,更换时应切断电源。

(5)使用时应经常清除熔断器表面的尘埃,如定期检修设备时发现熔断器损坏,应及时予以更换。

1.3.3 低压断路器

低压断路器又称自动空气开关或自动空气断路器,主要用于低压动力线路中。它相当于刀开关、熔断器、热继电器和欠压继电器的组合,是一种自动切断电路故障的保护电器。

1.3.3.1 低压断路器的工作原理和技术参数

低压断路器主要由触点系统、操作机构和保护元件组成。主触点由耐弧合金制成,采用灭弧栅片灭弧,操作机构比较复杂,通断可用操作手柄操作,也可用电磁机构操作。低压断路器故障时自动脱扣,触点通断瞬时动作,与手柄操作速度无关。断路器根据不同用途可配备不同的脱扣器。

低压断路器的主要技术参数如下。

1. 额定电压

额定电压分额定工作电压、额定绝缘电压和额定脉冲电压。断路器的额定工作电压在数值上取决于电网的额定电压等级,我国电网标准规定为交流 220V、380V、660V、1140V 及直流 220V、440V 等。应该指出,同一断路器可以规定在几种额定工作电压下使用,但相应的通断能力并不一样。额定绝缘电压是设计断路器的电压值。一般情况下,额定绝缘电压就是断路器的最大额定工作电压。开关电器工作时,要承受系统中发生的过电压,因此开关电器(包括断路器)的额定电压参数中一般都会给定一个额定脉冲耐压值,其数值应大于或等于系统中出现的最大过电压峰值。额定绝缘电压和额定脉冲电压共同决定了开关电器的绝缘水平。

2. 额定电流

断路器的额定电流就是过电流脱扣器的额定电流,一般是指断路器的额定持续电流。

3. 通断能力

在规定的条件下(电压、频率及交流电路的功率因数和直流电路的时间常数),开关电器能在给定的电压下接通和分断的最大电流值,也称为额定短路通断能力。

4. 分断时间

分断时间是指切断故障电流所需的时间,一般包括断路器的固有断开时间和燃弧时间。

5. 保护特性

低压断路器的保护特性是指过载和过电流保护特性,即断路器的动作时间与过载和过电流脱扣器的动作电流的关系特性。为了能起到良好的保护作用,断路器的保护特性应同保护对象的允许发热特性匹配。也就是说,断路器的保护特性应位于保护对象的允许发热特性之下。为了充分利用电气设备的过载能力,尽可能缩小事故范围,低压断路器的保护特性必须具有选择性,即它应当是分段的。为了获得更完整的选择性和上级、下级开关间的协调配合,还可以包括三段式的保护特性,即过载长延时、短路短延时和特大短路瞬时动作。

1.3.3.2 常用低压断路器

按用途和结构来分,低压断路器可分为框架式低压断路器、塑料外壳式低压断路器、直流快速低压断路器和限流式低压断路器等。

1. 框架式低压断路器

框架式低压断路器又叫万能式低压断路器,主要用于 40～100kW 电动机回路的不频繁全压启动,并起短路、过载和失压保护作用。其操作方式有手动、杠杆、电磁铁和电动机操作四种。额定电压一般为 380V,额定电流有 200～4000A 若干种。常见的框架式低压断路器有 DW 系列等。另外,还有引进国外先进技术生产的 ME、AE、AH 和 3WE 等系列的具有高分断能力的框架式低压断路器。

2. 塑料外壳式低压断路器

塑料外壳式低压断路器又称装置式低压断路器或塑壳式低压断路器。一般用作配电线路的保护开关以及电动机和照明线路的控制开关等。

塑料外壳式低压断路器有一绝缘塑料外壳,触点系统、灭弧室及脱扣器等均安装于外壳内,而手动扳把露在正面壳外,可手动或电动分合闸。它也具有较高的分断能力和动稳定性以及比较完善的选择性保护功能。我国目前生产的塑壳式断路器有 DZ5、DZ10、DZX10、DZ12、DZ15、DZX19 及 DZ20 等系列的产品。另外,还有引进美国西屋公司制造技术的 H 系列以及引进德国西门子公司制造技术的 DZ108 系列塑料外壳式低压断路器。

1.3.4　接触器

接触器是一种用来自动接通或断开大电流电路的电器。其主要的控制对象是电动机,也可用于其他电力负载,如电热器、电焊机、电炉变压器等。接触器具有自动接通和断开电路、控制容量大、寿命长、能远距离控制等优点,在电气控制系统中应用十分广泛。

接触器的触点系统可以采用电磁铁、压缩空气或液体压力等驱动,因而可分为电磁式接触器、气动式接触器和液压式接触器,其中电磁式接触器最为常用。根据接触器主触点通过电流的种类,可分为交流接触器和直流接触器。

1.3.4.1　接触器的组成

交流接触器主要由触点系统、电磁机构和灭弧装置等组成。

1. 触点系统

触点是接触器的执行元件,用来接通和断开电路。交流接触器一般采用双断点桥式触点,两个触点串联于同一电路中,同时接通或断开。接触器的触点有主触点和辅助触点之分。主触点用于通断主电路,辅助触点用于通断控制电路。

2. 电磁机构

电磁机构用于将电磁能转换成机械能,操纵触点的闭合或断开。交流接触器一般采用衔铁绕轴转动的拍合式电磁机构和衔铁作直线运动的电磁机构。交流接触器的线圈通交流电,在铁芯中存在磁滞和涡流损耗,会引起铁芯发热。为了减少磁滞损耗和涡流损耗,以免铁芯发热过度,铁芯由硅钢片叠铆而成。同时,为了减小机械振动和噪音,在静铁芯极面上要安装分磁环。

3. 灭弧装置

交流接触器分断大电流电路时,往往会在动、静触点之间产生强大的电弧。电弧一方面会烧伤触点,另一方面会使电路切断时间延长,甚至引起其他事故。因此,灭弧是接触器的主要任务之一。

容量较小(10 A 以下)的交流接触器一般采用双断触点和电动力灭弧。容量较大(20 A 以上)的交流接触器一般采用灭弧栅灭弧。

除了上面所述的三个部件,交流接触器的其他部分包括底座、反力弹簧、缓冲弹簧、触点压力弹簧、传动机构和接线柱等。其中,反力弹簧的作用是当吸引线圈断电时,迅速使主触点和辅助触点断开;缓冲弹簧的作用是缓冲衔铁在吸合时对静铁芯和外壳的冲击力;触点压力弹簧的作用是增加动、静触点之间的压力,增大接触面积以降低接触电阻,避免触点由于接触不良而局部过热灼伤,并有减振作用。

直流接触器和交流接触器一样,也是由触点系统、电磁机构和灭弧装置等部分组成。

1.触点系统

直流接触器有主触点和辅助触点。主触点一般做成单极或双极,由于主触点接通或断开的电流较大,故采用滚动接触的指形触点;辅助触点的通断电流较小,故采用点接触的双断点桥式触点。

2.电磁机构

由于线圈中通的是直流电,铁芯中不会产生涡流,所以铁芯可用整块铸铁或铸钢制成,也不需要安装短路环。铁芯中无磁滞和涡流损耗,故铁芯不会发热。线圈的匝数较多,电阻大,线圈本身发热,因此吸引线圈需要做成长而薄的圆筒状,且不设线圈骨架,使线圈与铁芯直接接触,以便散热。

3.灭弧装置

直流接触器一般采用磁吹式灭弧装置。

1.3.4.2　接触器的技术参数

1.额定电压

额定电压是指主触点的额定工作电压。此外,还应规定辅助触点及吸引线圈的额定电压。交流线圈常用的电压等级为 36 V、127 V、220 V 及 380 V 等;直流线圈常用的电压等级为 24 V、48 V、110 V、220 V、440 V 等。

2.额定电流

额定电流是指主触点的额定工作电流。它是在规定条件下(额定工作电压、使用类别、额定工作制和操作频率等)保证电器正常工作的电流值。若改变使用条件,额定电流也要做出相应的改变。

3.机械寿命与电气寿命

接触器是频繁操作电器,应有较长的机械寿命和电气寿命。目前,有些接触器的机械寿命已达 1000 万次以上,电气寿命达 100 万次以上。

4.操作频率

操作频率是指每小时允许的操作次数。目前,一般包括 300 次/h、600 次/h、1200 次/h 等几种。操作频率直接影响接触器的电气寿命及灭弧室的工作条件。

5. 接通与分断能力

接通与分断能力是指在规定的条件下，接触器的主触点能可靠地接通和分断的电流值。在此电流值下，接通时主触点不应熔焊；分断时主触点不应长时间燃弧。

3. 常用的接触器

目前常用的交流接触器有 CJ40、CJ20、CJ12、CJ10 和 CJX1、CJX2、B 系列等。其中 CJ40 系列交流接触器执行最新的国际、国内标准，符合 IEC 947-4-1(1990) 和 GB 14048.4-93 标准，是我国接触器产品中第一个执行以上标准的产品。CJ40 系列产品的主要技术参数都达到甚至超过国外产品。因 CJ40 系列是对 CJ20 系列产品的二次开发，使 CJ40 系列产品的价格同 CJ20 非常接近，部分规格的售价还低于 CJ20 相应规格。

CJ20 系列交流接触器为直动式、双断点、立体布置，结构紧凑，外形安装较 CJ10、CJ8 等系列老产品大大缩小。其中某些型号的辅助触点可以任意组合，只需改变交流桥及少数零件即可。它有五种组合，即四动断、三动断一动合、二动断二动合、一动断三动合、四动合。

CJX1 系列是引进德国西门子公司的产品，性能等同于 3TB 和 3TF 系列；CJX2 系列是引进法国 TE 公司的产品；B 系列为引进德国 ABB 公司的产品。

1.3.4.4 接触器的选用

为了保证系统正常工作，必须根据以下原则正确选择接触器，使接触器的技术参数满足控制线路的要求。

1. 接触器类型的选择

接触器的类型应根据电路中负载电流的种类来进行选择，即交流负载应选用交流接触器，直流负载应选用直流接触器。

接触器产品是按使用类别设计的，因此，应根据接触器负担的工作任务选择使用类别。若电动机承担一般任务，接触器可选 AC3 类；若承担重任务，可选用 AC4 类。如选用 AC3 类用于重任务时，应降低容量使用。直流接触器的选择与交流接触器类似。

2. 接触器主触点额定电压和额定电流的选择

被选用的接触器主触点的额定电压应大于或等于负载的额定电压。

在选用接触器时，其额定电流一般应根据电气设备手册给出的被控电动机的容量和接触器额定电流对应的数据选择。

3. 接触器吸引线圈电压的选择

如果控制线路比较简单，所用接触器数量较少，则交流接触器线圈的额定电压一般直接选用 380 V 或 220 V。如果控制线路比较复杂，使用的接触器较多，为了安全起见，线圈的额定电压可选低一些。例如，交流接触器线圈电压可选择 127 V、36 V 等，这时需要附加一个控制变压器。

直流接触器线圈的额定电压应视控制电路的情况而定。同一系列、同一容量等级接触器线圈的额定电压有好几种，可以选线圈的额定电压与直流控制电路的电压一致。

一般来说，直流接触器的线圈加的是直流电压，交流接触器的线圈加的是交流电压。有时为了提高接触器的最大操作频率，交流接触器也有采用直流线圈的。

第 2 章 　 自动控制原理

2.1 　 自动控制概述

2.1.1 　 自动控制的有关概念和应用

2.1.1.1 　 自动控制的有关概念

在这里对自动控制系统中常用的一些概念做出定义。

(1)系统:是一个整体或是一些部件的组合。这些部件组合在一起,完成一定的任务。系统的概念不局限于物理系统,还可用于抽象的动态现象,如生物学、经济学系统等。

(2)控制对象:是物体、执行构件、一台机器,也可以是被控过程(称任何被控制的运行状态为过程,如化学过程、经济学过程、生物过程等)。

(3)控制器:使被控对象具有所要求的性能或状态的控制设备,它接收输入信号或偏差信号按控制规律给出操作量,送到被控制对象或执行元件。

(4)系统输出:是被控量,它表征对象或过程的状态或性能,称系统的输出为对输入的响应。

(5)操作量:由控制器改变的量值或状态,它将影响被控制量的值。

(6)参考输入:人为给定的,使系统具有预定性能或预定输出的激发信号,代表输出的希望值,又称希望给定输入、指定输入。

(7)扰动:破坏系统具有预定性能和预定输出的干扰信号。如果扰动产生于系统内部,则称内部扰动;如果扰动产生于系统外部,则称外部扰动。外部扰动也称系统的输入。

(8)特性:系统输入与输出的关系,常用特性曲线来描述或观察系统。系统特性分静态特性和动态特性:

·静态特性:系统稳定后,表现出来的系统输入与输出间的关系。在控制系统中静态特性指各参数或信号的变化率为零。

·动态特性:系统输入和输出在变化过程中表现出来的特性。动态特性表现为过渡特性,即从一个平衡状态过渡到另一平衡状态的特性。

(9)反馈:将被控对象输出端获得的信息通过中间环节(称反馈环节),再送回控制器的输入端的过程,称为反馈。

2.1.1.2 　 典型的控制系统

一个典型的控制系统主要包括给定元件、反馈元件、比较元件、放大元件、执行元件及校正元件等。各元件的功能如下:

（1）给定元件：主要用于产生给定信号或输入信号，例如调速系统的电位计等。

（2）比较元件：用来比较输入信号和反馈信号之间的偏差。即对系统输入量与输出量进行加减运算，给出偏差信号，起信号综合作用，这个作用通常是由综合电路或测量元件兼用完成，也可以是一个差接电路，但往往不是一个专门的物理元件，有时也称比较环节或系统误差监测器。

（3）放大元件：对偏差信号进行信号放大和功率放大的元件，使输出量具有足够大的功率或要求的物理量，例如伺服功率放大器、电液伺服阀等。

（4）执行元件：直接对控制对象进行操纵的元件，即根据放大后的偏差信号，对被控对象执行动作或任务，使被控量与预期输出量保持一致，例如油缸、液压马达和执行电动机等。

（5）测量元件：测量被调量或输出量，产生反馈信号，该信号与输出量之间存在确定的函数关系（通常是比例关系），例如调速系统的测速电动机等。测量元件也称反馈元件。

（6）控制对象：控制系统要操纵的对象，其输出量就是系统的被调量或被控制量，例如机床主轴、工作台、设备、生产线等。

（7）校正元件：也称校正装置，即参数或结构便于调整的元件。其功能是稳定控制系统，改善系统性能。

2.1.1.3　自动控制技术的应用

自动控制原理仅仅是工程控制论的一个分支学科，它只研究控制系统分析和设计的一般理论。应用自动控制技术主要解决两类问题。

（1）分析某给定的控制系统的工作原理、元器件的组成及稳定性等。

（2）根据给定的生产过程或被控对象某些物理量预期变化规律，用光、机、电、液、气元器件或设备进行系统设计。

2.1.2　自动控制系统的分类和组成

1. 自动控制系统的分类

自动控制系统可以从不同的角度分类如下。

（1）按输入量的运动规律分类

①恒值控制系统，如稳压器、恒温系统。主要功能是克服扰动对被调量的影响。

②程序控制系统，输入量为已知的时间函数，如计算机数字程序控制系统。

③随动系统，这种系统的输入量是时间的未知函数，即输入量的变换规律事先无法准确确定。但一般要求输出量能够准确、快速复现瞬时输入量，如瞄准敌机火炮的系统、液压仿形刀架的随动系统等。

（2）按执行元件的物理性能分类

①电气控制系统。

②液压控制系统。

③机械控制系统。

④机电一体化控制系统。

⑤热能控制系统。

（3）按系统反应特性分类

①连续控制系统，又可分为线性控制系统和非线性控制系统。线性控制系统是指用线性微分方程来描述的控制系统；非线性控制系统是指不能用线性微分方程来描述的控制系统，可以用分段函数来描述控制系统。

②数字控制系统，即离散控制系统，系统的一切量都用数字量表示，数字量之间不连续，用计算机进行控制。

（4）按控制方式分类

①开环控制系统。控制器与被控对象之间只有正向作用而无反向联系时，称为开环控制。

开环控制系统的特点是系统的输出与输入信号之间没有反馈回路，输出信号对控制系统没有影响。开环控制系统不论是系统结构还是控制过程都很简单，适用于系统结构参数稳定，没有扰动或扰动很小的场合。

但由于开环控制系统无法消除或削弱由各种扰动量在系统输出端造成输出量与期望值之间的偏差，因而控制精度较低，大大限制了其应用范围。开环控制一般只能用于对控制性能要求不高的场合。

②闭环控制系统。控制器与被控对象之间不但有正向作用，还有反向联系，即有被控量对控制过程的影响，这种控制称为闭环控制，相应的控制系统称为闭环控制系统。闭环控制又常称为反馈控制或偏差控制。

闭环系统具有以下特点。

· 这类系统具有两种传输信号的通道，由给定值至被控量的通道称为顺向通道，由被控量至系统输入端的通道叫反馈通道。

· 该系统能减小或消除顺向通道上的扰动所引起的被控量的偏差值，因而具有较高的控制精度和较强的抗干扰能力。

· 若设计调试不当，易产生振荡甚至不能正常工作。

2.自动控制系统的组成

（1）基本职能元件

根据自动控制系统复杂程度的不同，自动控制系统中可能包括部分基本职能元件或全部基本职能元件。

①比较元件。比较元件的功能是实现被控制量与控制量的负反馈以产生偏信号。在参数反馈系统中，比较元件常与测量元件或线路组合一起，不独立存在。通常比较元件由运放组成的电路构成。

②放大元件。放大元件的功能是将具有固定电压的电源变成由信号控制的能源——电压或电流随控制信号变化的电源，将功率放大到足够大，以满足执行元件工作所需的功率要求。功率放大元件分直流伺服功率放大器和交流伺服功率放大器两种。

③执行元件。执行元件的功能是在放大信号的驱动下，直接带动控制对象完成预定任务。

④测量元件。测量元件的功能是检测出被测量，并按照某种规律转换成容易处理的另一种量，即检测和转换。所谓容易处理的量，主要是指电信号，因为电信号容易进行放大、加减、

积分、微分、滤波、存储和传送。因此,也可以认为,测量元件是将输入信号变换为输出电信号的一类元件。测量元件的输入量就是被测量,例如电机转速、机床工作台位移、烘烤炉温度等,转换后的输出量就是输出量。

测量元件也称传感元件或传感器。一般由敏感元件、转换元件、转换电路三部分组成,如图 2-1 所示。

图 2-1　测量元件组成框图

敏感元件的功能是直接感受被测量,并输出与被测量成确定关系的某一物理量。例如,热电偶就是温度敏感元件。

转换元件的功能是将输入量转换成电路参数量。例如,测速发电机能完成测量转速并将转速转换为电压信号,测速发电机就是一种转换元件。

转换电路的功能是将转换元件输出的电路参数量转换成期望的输出量。

(2)控制系统方框图的建立

在分析与设计自动控制系统时,为便于了解系统的组成以及各组成部分间的相互影响和信号传递路线,一般习惯采用方框图来表示控制系统。

图 2-2 为典型控制系统的方框图。在方框图中,每个具有一定功能的组成部分称为"环节",环节在图中用方框表示。各环节间信号的传递用带箭头的线段来表示,箭头方向表示信号传递方向,进入一个环节的信号称为该环节的"输入量",离开环节的信号称为该环节的"输出量"。环节的输入量是引起该环节发生作用的原因,环节的输出量是输入量在该环节作用的结果。方框图中每个环节都应具有单向性,即环节的输入引起输出的变化,而输出不会反过来引起输入的变化,即不可逆。因此,控制系统中的信号只沿箭头方向单向传递。

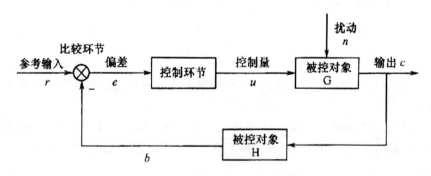

图 2-2　典型控制系统方框图

需要注意的是,方框图中带箭头的线只表示信号的传递方向,不表示实际的流动方向。就整个系统而言,系统的输出量即被控量。系统的输入量有两个,一个是对系统起正面作用的量;另一个是对系统起干扰作用的扰动量。不同的扰动其作用点不同,系统的不同输入引起系统的输出也不相同,这就形成了不同的传递通道。

一般来说,方框图可简可繁,但必须清楚表达所需研究的信号传递关系和突出所研究环节的性能。

2.1.3 自动控制系统的基本要求和性能指标

2.1.3.1 自动控制系统的基本要求

按照前述偏差调节的方法设计而成的自动控制系统,是否都能很好地工作? 是否都能精确地保持被控量等于给定值? 回答是不一定。系统可能工作很差,甚至出现被控量产生强烈振荡,使被控对象遭到破坏,这取决于被控对象与控制器之间,各功能元件的特性参数之间匹配是否恰当。

一个理想的自动控制系统在控制过程中始终应使被控量等于给定值,完全没有误差且不受干扰影响,即

$$c(t) = r(t) \tag{2-1}$$

但在实际系统中,由于机械部分质量、惯性的存在,电路中电容、电感的存在,加上电源功率的限制,使得运动部件的加速度不会很大。当给定值产生变化时,速度和位移难以瞬时变化,即被控量不可能立即等于给定值,要经历一段时间,要有一个过程。

通常把系统受到外加信号(给定信号或干扰信号)作用后,被控量随时间 t 变化的全过程称为系统的动态过程或过渡过程,以 $c(t)$ 表示。自动控制系统内在性能的优劣,可以通过动态过程 $c(t)$ 表现出来。

控制精度是衡量系统技术水平的重要尺度,一个高质量系统在整个运行过程中,被控量与给定值的偏差应该很小,并加限制。考虑到动态过程 $c(t)$ 在不同阶段的特点,归结起来对系统的基本要求体现在"稳"、"快"、"准"三个字上,即工程上通常从稳定性、快速性、准确性三个方面来评价自动控制系统的总体精度。

1. 稳定性

稳定性是指系统在动态过程中的振荡倾向和系统重新恢复平衡工作状态的能力。如果系统受到扰动之后,经过一段时间被控量可以达到某一稳定状态,则称系统是稳定的;如果系统受扰动后偏离原来工作状态,控制装置再也不能使系统恢复到原状态,并且越偏离越远,如图 2-3(a)、图 2-3(b)中的过程③所示,这样的系统称为不稳定系统。不论是在给定信号作用下被控量振荡发散,还是受扰动作用后,被控量不能恢复平衡的情况,或者系统出现等幅振荡,即处于临界稳定的状态,这些情况均被视为不稳定。显然,不稳定系统是不能完成任务控制功能的。

在有可能达到平衡的条件下,要求系统动态过程的振荡要小。因此,对被控量的振幅和频率应有所限制,过大的波动将导致运动部件超载,使之松动和破坏。

2. 快速性

快速性是通过动态过程时间长短来表征的。动态过程时间越短,表明快速性越好,反之亦然。如动态过程持续时间很长,将使系统长时间出现大偏差。

快速性表明了系统输出对输入的响应的快慢程度。系统响应越快,则动态精度越高,复现快速变化信号的能力越强,如图 2-3(a)、(b)中的过程①所示。

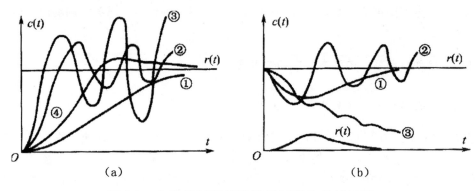

图 2-3　自动控制系统的随动过程和抗扰过程

稳定和快速反映系统在控制过程中的性能。系统运行过程既快又稳,则过程中被控量偏离给定值小,偏离的时间短,系统的动态精度高,如图 2-3(a)中的过程④所示。

3. 准确性

准确性,是就系统过渡到新的平衡工作状态以后,或系统受干扰重新恢复平衡之后,最终保持的精度而言,是由输入给定值与输出响应的终值之间的差值大小来表征的,它反映了系统的稳态精度。这时,系统中被控量与给定值的偏差是很小的,如数控机床的加工误差小于 0.02 mm。一般恒速、恒温控制系统的静态误差都在给定值的 1% 以内。若系统的最终误差为零,则称为无差系统,否则称为有差系统。

由于被控对象具体情况不同,各种控制系统对稳、快、准的要求有所侧重。例如,随动系统对"快"与"准"要求较高,调节系统则对稳定性要求严格。

对于一个系统,稳定性、快速性和准确性往往是相互约制的。在设计与调试过程中,若过分强调系统的稳定性,则可能会造成系统响应迟缓和控制精度较低;反之,若过分强调系统响应的快速性,则又会引起系统的强烈振荡,甚至引起不稳定。所以,三方面的性能都要兼顾,不能偏废。

2.1.3.2　自动控制系统的性能指标

控制系统的性能指标分为静态性能指标和动态性能指标。静态指标要求系统在最低与最高转速范围内调速,且速度稳定。动态指标则要求系统启动、制动快而稳并具有良好的抗扰动性能,即系统稳定在某一转速上运行时,应尽量不受负载变化及电源电压波动等因素的影响。

1. 静态性能指标

(1)静差度。静差度是生产机械对调速系统相对稳定性的要求,也就是负载波动时转速的变化程度。所谓静差度是指额定负载时的转速降落和对应机械特性的理想空载转速之比,即

$$S = \frac{n_0 - n_N}{n_0} = \frac{\Delta n_N}{n_0}\bigg|_{T = T_N} \tag{2-2}$$

从静差度的定义可看出,它是一个与机械特性硬度有关的量。机械特性越硬,静差度越小,系统相对稳定性越好,负载变化对转速变化的影响越小。此外,静差度还与机械特性的理想空载转速有关。几条相互平行的机械特性,对于一个确定的负载,静差度的值将随理想空载

转速的降低而增大,调速系统相对稳定性变差。静差度一定时,电动机运行的最低转速将受到限制。对于一个调速系统,若能满足最低转速运行的静差度,则其他转速的静差度也都能满足。为满足静差度的要求,除了增加机械特性硬度,一般尽可能使电动机运行在高速状态。实际应用中,普通机床要求 $S < 0.3$ 即可,而数控机床则要求 $S < 0.001$。

(2)调速范围。调速范围是指生产机械要求电动机在额定负载时提供的最高转速与最低转速之比,即

$$D = \frac{\Delta n_{max}}{n_{min}} \bigg|_{T=T_N} \tag{2-3}$$

其中,最高转速受系统机械强度的限制,最低转速受生产机械对静差度要求的限制。

不同生产机械要求的调速范围是不一样的。一般,机床主传动系统的 D 取 2~4,机床进给系统的 D 取 5~200,轧钢机的 D 取 10,造纸机的 D 取 3~20,某些重型和精密机床的调速范围要求更宽。

在满足生产机械对静差度的要求前提下,电动机的调速范围是

$$D = \frac{\Delta n_{max}}{n_{min}} = \frac{n_{max}}{n_{0min} - \Delta n_N} = \frac{\dfrac{n_{max}}{n_{0min}}}{\left(1 - \dfrac{\Delta n_N}{n_{0min}}\right)}$$

$$= \frac{n_{max}}{\dfrac{\Delta n_N}{S_L}(1 - S_L)} = \frac{n_{max}}{\Delta n_N} \cdot \frac{S_L}{1 - S_L} \tag{2-4}$$

通常 n_{max} 由电动机铭牌确定,S_L 等于或小于生产机械要求的静差度,D 由生产机械要求决定。

③调速的平滑性。调速的平滑性用两个相邻的转速之比来衡量,比值越接近 1,平滑性越好。此时,在一定的调速范围内可得到调节转速的级数就越多。不同的生产机械对调速平滑性的要求是不同的,一般分为有级调速和无级调速。其中,无级调速是指相邻转速之比趋近 1 的调速。

(2)动态性能指标

稳定系统的单位阶跃响应应具有衰减振荡和单调变化两种类型。系统的动态性能指标如下。

①上升时间。对具有振荡的系统,上升时间是指响应从零值第一次上升到稳态值所需要的时间。对于单调上升的系统,则是指响应由稳态值的 10% 上升到稳态值的 90% 所需要的时间。该数值越小,表明系统动态响应速度越快。

②峰值时间。峰值时间是指系统输出响应从零开始第一次到达峰值所需要的时间。

③调整时间。调整时间是指响应与稳态值之间的误差达到规定的允许范围($\pm 2\%$ 或 $\pm 5\%$),且以后不再超出此范围的最短时间。

④超调量。超调量是指系统输出响应超出稳态值的最大偏离量占稳态值的百分比。该数值小,说明系统动态响应比较平稳,相对稳定性好。

⑤稳态误差。当时间趋于无穷大时,系统响应的期望值与实际值之差定义为稳态误差。

以上性能指标中,上升时间、峰值时间表征系统响应初始阶段的快速性;调整时间表示系

统过渡过程的持续时间,从总体上反映了系统的快速性;超调量反映了系统动态过程的平稳性;稳态误差反映了系统稳态工作时的控制精度或抗干扰能力,是衡量系统稳态质量的指标。

一般以超调量、调整时间和稳态误差这三项指标评价系统响应的平稳性、快速性和稳态精度。

2.1.4 自动控制系统的设计

2.1.4.1 确定设计任务和技术要求

首先应明确设计任务和技术要求,并将技术要求转换为系统的性能指标,同时绘制控制系统功能原理图和控制系统过程方框图。对控制系统有两方面的要求:一是对系统的静态和动态要求;二是对外部作用和能源变化对系统动态性能影响的要求。

对系统的静态和动态性能要求包括响应速度、相对稳定性和精度三个方面。其中,精度是指系统被控制量的误差,如最大允许误差、均方误差,也可用误差系数要求表述。

在一般控制系统中,对系统频带的要求最重要,因为它不仅反映系统响应速度和精度要求,而且反映系统对高频噪声的抑制能力。

对系统外部作用和能源变化对系统动态性能影响的要求,主要是指系统所用能源如电源电压幅值和频率、液压与气动压力和流量以及周围环境条件如温度、湿度等,对控制系统相对稳定性影响的要求。上述因素的变化均影响开环的增益;能源参数的变化,将改变系统的幅相特性;温度变化将影响系统的时间常数和阻尼性能等。因此,设计自动控制系统时应限制上述因素对系统性能的影响。

明确系统设计任务和技术要求以后,应绘制控制系统功能原理图和控制系统过程方框图。控制系统功能原理图的作用是用实际物理部件实现控制系统各元件的功能。控制系统过程方框图的作用是给出系统主要组成部分的功用、相互关系和控制过程。

2.1.4.2 选择元件及装置

根据控制系统的技术要求,确定系统组成元件及装置的技术要求,进而选择合适的元件及装置。

2.1.4.3 控制对象的模型识别

为了对控制系统进行理论分析和设计,必须建立合适的数学模型。

模型识别的常用方法包括解析法、实验测试法和统计试验法。

解析法是将一个复杂的控制系统按其结构分解为若干独立环节,再根据每个环节的物理或过程特点,用分析法写出其数学方程,然后将这些环节的方程按系统的结构原理和相互作用关系联立起来,得到一个方程组,即系统的数学模型。

实验测试法是在控制对象或系统的输入端加入控制量,同时记录下对应的输出量,再根据测定的数据,求出等效对象或系统的数学模型。

统计试验法是在控制对象或系统的输入端加一个已知其统计特性的随机信号,同时根据平稳过程的统计特性,记录下输出量的相应变化,求出对象或系统的近似方程,即系统的数学模型。

2.1.4.4　建立控制系统数学模型

根据选择的元件及装置和控制对象的模型识别,根据控制系统的类型和将要采用的分析和设计方法,建立如微分方程、差分方程和状态方程等形式的系统数学模型。

2.1.4.5　系统的初步分析

根据系统各项性能指标的要求,按系统的数学模型在特定条件下,对系统性能进行分析,并作出评价,为系统设计作好理论准备。

2.1.4.6　系统设计计算

如果已建立控制系统的数学模型,就可以根据系统的性能指标要求,用数学方法进行设计,从而得到设计问题的数学解。

2.1.4.7　系统仿真

系统设计的初型可能不完全满足系统性能指标及可靠性要求。因此,必须对系统进行再设计,并完成相应的分析。这项工作应用仿真方法能方便、省时地完成。即将已经初步建立的系统数学模型,在数学计算机、模拟计算机或数字—模拟合机上进行系统仿真试验,对该系统在各种外加信号和扰动作用下的响应结果进行测试、分析,直到获得满意的系统性能指标为止。

2.1.4.8　样机实验

将设计而成的控制系统在相应的样机上进行实际操作,获取相关信息。

2.2　控制系统的数学模型

2.2.1　控制系统数学模型的概念

分析自动控制系统性能,是通过分析动态过程实现的。为了掌握自动控制系统的规律,就必须将系统动态过程用一个反映运动状态的数学表达式表示出来。这种描述系统动态过程中各变量之间相互关系的数学表达式称为控制系统数学模型。在控制系统的分析与设计中,首先要建立控制系统数学模型。

建立系统数学模型的方法主要可以采用分析法和实验法。分析法是根据系统所遵循的一些基本规律,经过数学推导,求出数学模型。实验法是在系统的输入端加上测试信号,测试出系统输出信号,并形成输出响应曲线,然后用数学模型去逼近该曲线。本节只探讨用分析法建立数学模型的方法。

在经典控制理论中,采用输入—输出的描述方法建立数学模型。作为线性定常系统,常用的数学模型有微分方程、传递函数、动态结构图和频率响应等。

2.2.2 微分方程

1. 建立微分方程的一般步骤

微分方程是描述自动控制系统动态特性最基本的数学模型。用线性微分方程描述线性系统的理论比较成熟,已广泛应用于控制系统的分析与设计。因此,在建立数学模型时,常常在允许范围内,将非线性系统经过线性化处理,化为线性系统来处理。

一个完整的控制系统通常是由若干个元器件或环节以一定方式连接而成的。系统既可以是由一个环节组成的小系统,也可以是由多个环节组成的大系统。将系统中的每个环节的微分方程求出来,然后将这些微分方程联立起来,消去中间变量,便可求出整个系统的微分方程。

建立系统微分方程的一般步骤如下:

①根据系统的工作原理,分析系统由哪些部分组成,并怎样联系成闭环控制系统。

②确定组成该系统的输入量、输出量及使用的中间变量。

③从系统的输入端开始,根据各元件或环节所遵循的物理规律,依次列出各元件或环节的微分方程式。

④将各元件或环节的微分方程联立起来消去中间变量,得到一个仅含有系统输入量和输出量的微分方程式,即系统的运动方程式。

⑤将微分方程式标准化,即将与系统输入量有关的各项放在等号右侧,与输出变量有关的各项,按降幂排列放在等号左侧,最后将系统有关参数赋予具有一定物理意义的形式。

2. 微分方程的线性化

由于任何一个元件或系统都有不同程度的非线性特性,因此,真正的线性系统并不存在。在控制理论中,非线性特性在工作附近不存在折线、跳跃、死区和滞环等,这种非线性特性叫"本质非线性",如图 2-4 所示。如果系统是本质非线性特性,这种系统需要应用非线性系统理论来研究;如果系统的非线性特性是非本质的、应先将系统线性化,再用线性系统理论进行研究。

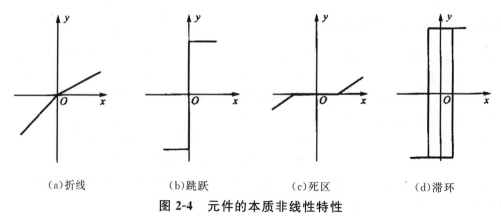

（a)折线　　　　　　(b)跳跃　　　　　　(c)死区　　　　　　(d)滞环

图 2-4　元件的本质非线性特性

所谓线性化是指在工作点附近的小范围内,把非线性特性用线性特性来代替。线性化的前提是非线性特性必须是非本质的。另外,还要求系统各变量对于工作点仅有微小偏离。这一点对控制系统来说是能够满足的,因为实际系统大多工作在小偏差的情况下。

一般情况下,元件或系统的非线性特性如图 2-5 所示,用非线性函数 $y = f(x)$ 描述。

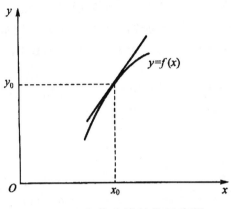

图 2-5　小偏差线性化示意图

其线性化方法是:把非线性函数在工作点 x_0 附近展成台劳级数,略去高次项,使得一个以增量为变量的线性函数,即

$$y = f(x)f(x_0) + \left(\frac{\mathrm{d}f(x)}{\mathrm{d}x}\right)x_0 (x - x_0) + \frac{1}{2!}\left(\frac{\mathrm{d}^2 f(x)}{\mathrm{d}x^2}\right)_{x_0} + (x - x_0)^2 + \cdots \quad (2-5)$$

当 $(x - x_0)$ 很小时,略去其中的高次幂项,则有

$$\Delta y = \left(\frac{\mathrm{d}f(x)}{\mathrm{d}x}\right)_{x_0} \Delta x = k\Delta x \quad (2-6)$$

式中, $k = \left.\frac{\mathrm{d}f(x)}{\mathrm{d}x}\right|_{x_0}$ 为比例系数,是函数 $f(x)$ 在工作点 A 点的切线斜率。

同理可得,多变量非线性函数

$$y = f(x_1, x_2, \cdots, x_n)$$

在工作点($x_{10}, x_{20}, \cdots, x_{n0}$)附近的线性增量函数为

$$\Delta y = \left.\frac{\partial f}{\partial x_1}\right|_{x_{10}, x_{20}, \cdots, x_{n0}} \Delta x_1 + \left.\frac{\partial f}{\partial x_2}\right|_{x_{10}, x_{20}, \cdots, x_{n0}} \Delta x_2 + \cdots + \left.\frac{\partial f}{\partial x_n}\right|_{x_{10}, x_{20}, \cdots, x_{n0}} \Delta x_n \quad (2-7)$$

将上述线性增量方程代入系统微分方程,便可得到系统线性化方程式。

线性化过程应注意以下几点:

①线性化是相对某工作点而言,工作点不同,线性化方程的系数也不同。

②偏差愈小,线性化精度愈高。

③线性化适用于没有间断点、折断点的单值函数。

2.2.3　传递函数

1.传递函数的定义

自动控制系统的微分方程,是在时域描述系统动态性能的数学模型,在给定的外作用及初

始条件下,求解微分方程可以得到系统的输出响应,这种方法比较直观,借助计算机可以迅速而准确地求解结果。但是,如果系统中某个参数产生变化或结构形式发生改变,则需重新建立并求解微分方程,不便于分析和设计系统。用拉氏变换将线性常微分方程转化为易处理的代数方程,可以得到系统在复数域中的数学模型,即传递函数。

传递函数不仅可以表征系统的动态特性,而且可以用来研究系统结构或参数变化对系统性能的影响,是经典控制论中的重要模型。经典控制理论的数率法和根轨迹法,就是在传递函数的基础上建立起来的。

线性定常系统的传递函数是初始条件为零时,系统输出量的拉氏变换与输入量的拉氏变换之比。当初始电压为零时,无论输入电压是什么形式,系统的传递函数只与电路结构及参数有关。

设线性定常系统(非时变)的输入量为 $r(t)$,输出量为 $y(t)$。描述该系统的微分方程为

$$a_n y^{(n)}(t) + a_{n-1} y^{(n-1)} + \cdots + a_1 y(t) + a_0 y(t) =$$
$$b_m r^{(m)}(t) + b_{m-1} r^{(m-1)}(t) + \cdots + b_1 r'(t) + b_0 r(t) \tag{2-8}$$

当初始条件为零时,对式(2.8)进行拉氏变换,求出输入量和输出量的象函数,得

$$a_n s^n Y(s) + a_{n-1} s^{n-1} Y(s) + \cdots a_1 s Y(s) + a_0 Y(s) =$$
$$b_m s^m R(s) + b_{m-1} s^{m-1} R(s) + \cdots b_1 s R(s) + b_0 R(s) \tag{2-9}$$

根据传递函数的定义,由式(2.9)得到描述线性定常系统或元件运动特性的传递函数一般形式为

$$G(s) = \frac{Y(s)}{R(s)} = \frac{b_m s^m + b_{m-1} s^{m-1} + \cdots + b_1 s + b_0}{a_n s^n + a_{n-1} s^{n-1} + \cdots + a_1 s + a_0} \tag{2-10}$$

式(2-10)为上述线性定常系统的传递函数。

零初始条件包含两个方面的意义:

① $t=0$ 以后输入才作用于系统,因此,系统的输入量及其各阶导数在 $t=0$ 时的值为零。

②在输入作用于系统之前,系统是相对静止的,因此,系统的输出量及其各阶导数在 $t=0$ 时的值也均为零。

2.传递函数的零点与极点

系统的传递函数 $G(s)$ 是复变量 s 的函数,经因子分解,可得以下形式

$$G(s) = k \frac{(s-z_1)(s-z_2)\cdots(s-z_m)}{(s-p_1)(s-p_2)\cdots(s-p_n)} \tag{2-11}$$

式中: $z_1, z_2, \cdots, z_m$ 为 $G(s)$ 分子多项式等于零的根,称为系统的零点; $p_1, p_2, \cdots, p_n$ 为 $G(s)$ 分母多项式等于零时的根,称为系统的极点。

此时,分子分母若有公因子,约去后,留下的零点、极点称为传递函数的零点和极点。

当 $s=0$ 时,则有

$$G(0) = \frac{b_0}{a_0} = k_1 \frac{(-z_1)(-z_2)\cdots(-z_m)}{(-p_1)(-p_2)\cdots(-p_n)} \tag{2-12}$$

一般情况下,若系统的输入为单位阶跃函数 $R(s) = 1/s$,根据拉氏变换终值定理,系统输出稳态值为

$$\lim_{t \to \infty} y(t) = y(\infty) = \lim_{s \to 0} Y(s) =$$

$$\lim_{s \to 0} G(s)R(s) = \lim_{s \to 0} G(s) = G(0) \tag{2.13}$$

可见，$G(0)$决定系统的稳态性能，由式（2.13）可知，$G(0)$就是系统的传递系数，它由系统传递函数的常数项决定。

3. 传递函数的性质

传递函数具有以下性质：

①传递函数既适用于描述元件，也适用于描述系统（开环或闭环系统），是描述元件或系统动态特性的一种关系式，与元件或系统运动方程相对应。

②传递函数是将线性定常系统的微分方程经拉氏变换导出的。拉氏变换是一种线性积分运算，因此传递函数的概念只适用于线性定常系统或定常元件。

③传递函数是通过复数形式来表征线性定常系统或元件内在的固有属性的工具，只取决于系统内部的结构、参数，与外作用（即输入信号）无关。

④一个传递函数只能表示系统特定的一个输入与一个输出量之间的关系。同一系统，取不同变量作输出，以给定值或不同位置的干扰为输入，传递函数将各不相同。也就是说，如果系统有多个输入量或多个输出量，不可能用一个传递函数来表示系统各输入量与各输出量之间的关系，在这种情况下，可以使用传递函数矩阵的概念。因为传递函数只是对系统的一种外部描述，故不能反映系统内部各中间变量之间的关系。

⑤传递函数是从实际物理系统出发用数学方法抽象出来的，但它不代表系统或元件的物理结构，许多物理性质不同的系统或元件，可以具有相同的传递函数。

⑥传递函数是在零初始条件下建立的，因此它只是系统的零状态模型，而不能完全反映零输入响应的动态特征，故有一定的局限性。

⑦传递函数是复变量 s 的有理分式，分母多项式的最高阶次 n 高于或等于分子多项式的最高阶次 m，即 $n \geqslant m$，这是因为实际系统或元件总具有惯性，以及能源有限所致。

4. 控制系统的典型环节

通过微分方程的形式（如一阶或二阶微分方程式）描述元件或其中一部分的动态性能时，通常称这种简单形式为典型环节。

控制系统中有许多结构性质不同的元件，只要它们的数学模型的形式相同，则其动态性能也必然存在内在联系，因而通过将它们归为一类，有利于研究系统内部各单元之间的关系。控制系统可视为由若干典型环节按一定方式组合而成的。根据环节的定义，一个元件可能是一个典型环节，也可能包括若干个典型环节，或者由数个典型环节组成一个环节。

典型环节都可以用方框图表示，方框图是用带框的图形符号（包含输入信号、输出信号间的功能关系）来表示功能相关元件的组合体。控制系统的典型环节包括放大环节、惯性环节、积分环节、理想微分环节、比例微分环节、振荡环节和延迟环节。

其中，放大环节的特点是输出不失真、不延迟、成比例的复现输入信号的变化，常用于电子放大器、齿轮减速器等。惯性环节之所以表现出一定的惯性，是因为这种环节中至少包含一个储能元件。纯粹的放大环节是少见的,但当惯性环节可以忽略时,就成为放大环节。积分环节的特点是只要有输入信号存在,输出必然上升,因此积分环节常常用来改善控制条件的稳态性能。理想微分环节和比例微分环节都能预示输入信号的变化趋势,所以在控制系统应用这种环节的主要目的是改善系统的动态特性。当系统中具有延迟环节时,对系统的动态品质,特别是对稳定性的影响是不利的,延迟越久,影响越大。

2.2.4　动态结构图

1.动态结构图的概念

前面我们讨论了表示元件动态特性的典型环节,从总体来看,任何复杂程度的控制系统,都是由这些典型环节中部分环节按一定方式组合而成的。在系统分析中,为了表明各个元件的作用及其相互联系,常常需要画出完整的系统原理线路图,但这种图一般比较详细复杂,较难绘制。为了简化研究,工程上通常用方框表示每个元件,方框内注明该元件或环节的传递函数,元件或环节之间的信号传递关系用方框间带箭头的连线表示。这种用标明传递函数的方框和连线表示系统的功能图形称动态结构图。因此,控制系统的动态结构图是描述系统各组成元件或环节之间信号传递关系的数学图形,它表示系统输入量与输出量之间的因果关系以及对系统中各物理量所作的运算,是控制工程描述复杂系统的一种行之有效的简便方法。

实际上,在求微分方程和传递函数时,需要用消元法消去中间变量。但是,消元之后只剩下系统的输入和输出两个变量,不能直接地显示出系统中其他变量间的关系以及信号在系统中的传递过程。而动态结构图是系统数学模型的另一种形式,它不仅能简明地表示出系统中各变量之间的数学关系及信号的传递过程,也能根据函数各元件的传递方便地求出系统的传递函数。

2.动态结构图的组成

动态结构图是由局部传递函数 $G(s)$ 和一些基本符号组成的,如图 2-6 所示。现将这些符号说明如下。

(1)信号线

信号线是带有箭头的直线,表示信号输入、输出通道,箭头代表信号传递方向,指向方框的箭头表示输入信号,从方框出来的箭头表示输出信号,如图 2-6(a)所示。

(2)分支点

分支点将来自方框的信号同时传向所需各处,从同一信号源引出的各信号,在数值和性质上完全相同,分支点可以表示信号引出或被测量的位置,如图 2-6(b)所示。

(3)综合点

综合点亦称加减点,表示几个信号相加减。综合点对两个以上的信号进行代数运算。进行相加或相减的量应具有相同的因次和相同的单位。在结构图中,外部信号作用于系统,一般要通过综合点表示出来。叉圈符号的输出量即为诸信号的代数和,负信号需要在相应信号线的箭头附近标以负号,如图 2-6(c)所示。

（4）传递方框

传递方框表示对输入信号进行数学运算。在方框中写入传递函数，可作为单向运算的算子。这时，方框的输出量与输入量有确定的因果关系。方框两侧应为输入信号线和输出信号线，方框内写入该输入、输出之间的传递函数 $G(s)$，如图 2-6(d) 所示。

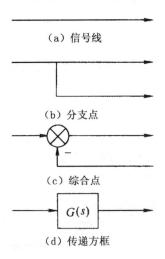

（a）信号线

（b）分支点

（c）综合点

（d）传递方框

图 2-6　结构图的组成

根据由微分方程组得到的零初始条件下的拉氏变换方程组，每个子方程都用上述符号表示，且将各方框图依次连接起来，即为动态结构图。

绘制系统结构图的步骤如下：

①列出各元件的原始方程。

②对原始微分方程进行拉氏变换。

③根据各拉氏变换的因果关系，确定各元件或环节的传递函数。

④绘制各环节的传递方框图，方框中标出传递函数，并以箭头和字母标明输入量和输出量。

⑤根据信号在系统中的流向，依次将各方框图连接起来。

3. 自动控制系统的传递函数

自动控制系统一般有两类输入信号，一类是对系统有用的信号 $r(t)$，或称为给定信号；另一类是指扰动信号 $n(t)$，或称干扰信号。给定信号 $r(t)$ 通常加在控制装置的输入端；干扰信号 $n(t)$ 一般作用在被控对象上，也可能出现在其他元件上，甚至有可能混杂在输出信号中。一个系统往往有多个扰动信号，但一般只考虑其中的主要扰动信号。

（1）系统的开环传递函数

图 2-7 是一个典型的闭环控制系统结构图，其中，$R(s)$ 为输入量，$c(s)$ 为输出量，$B(s)$ 为反馈信号，$N(s)$ 为扰动量。

将图示方框中 $H(s)$ 的输出信号断开，即断开系统的反馈通道，此时，反馈信号 $B(s)$ 与输入信号 $R(s)$ 之比，称为系统的开环传递函数，公式表达为：

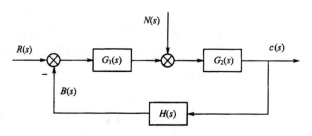

图 2-7 闭环控制系统结构图

$$\frac{B(s)}{R(s)} = G_1(s)G_2(s)H(s) \tag{2-14}$$

即系统的开环传递函数等于前向通道传递函数与反馈通道传递函数的乘积。

（2）给定输入信号作用下系统的闭环传递函数

当扰动量 $n(t) = 0$ 时，由图 2-7 可得图 2-8。

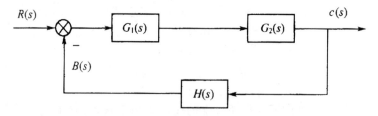

图 2-8 $r(t)$ 作用下的系统结构图

此时，输出量 $c(t)$ 与输入量 $r(t)$ 之间的传递函数为

$$\varphi_r(s) = \frac{c(s)}{R(s)} = \frac{G_1(s)G_2(s)}{1 + G_1(s)G_2(s)H(s)} \tag{2-15}$$

式（2-15）称为给定输入信号作用下系统的闭环传递函数，此时，输出量为

$$c(s) = \varphi_r(s)R(s) = \frac{G_1(s)G_2(s)R(s)}{1 + G_1(s)G_2(s)H(s)} \tag{2-16}$$

（3）扰动作用下系统的闭环传递函数

令 $r(t) = 0$，由图 2-7 可得图 2-9。

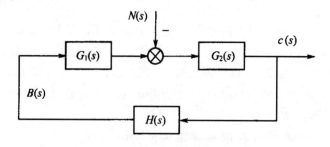

图 2-9 $n(t)$ 作用下的系统结构图

此时，在扰动 $n(t)$ 作用下系统的闭环传递函数为

$$\varphi_n(s) = \frac{c(s)}{N(s)} = \frac{G_2(s)}{1+G_1(s)G_2(s)H(s)} \qquad (2-17)$$

因此，$n(t)$ 单独作用下系统的扰动输出为

$$c(s) = \varphi_n(s)N(s) = \frac{G_2(s)N(s)}{1+G_1(s)G_2(s)H(s)} \qquad (2-18)$$

（4）系统总的输出

根据线性系统的叠加原理，系统总的输出为给定输入 $r(t)$ 和扰动 $n(t)$ 引起输出的总和。将式（2-16）、式（2-18）相加，得到系统的总输出量为

$$c(s) = \frac{G_1(s)G_2(s)R(s)}{1+G_1(s)G_2(s)H(s)} + \frac{G_2(s)N(s)}{1+G_1(s)G_2(s)H(s)} \qquad (2-19)$$

2.2.5　频率响应

频率响应又称频率特性，它是利用控制系统对不同频率的谐波信号的响应特性来研究系统的一种方法。利用频率响应法研究机械系统或过程有着广泛而深刻的实际意义。

频率响应法有以下特点。

①频率响应法是通过分析系统对不同频率输入的稳态响应来获得系统的动态特性。

②频率响应具有确定的物理意义，并且可以采用实验方法获得，这不仅对不能用分析方法建立数学模型的元件或系统具有非常重要意义，而且可以用频率响应实验对用分析法建立起来的数学模型进行检验和修正。

③这一方法便于研究元件或系统结构参数的变化对性能的影响。

④不需要解特征方程，利用奈奎斯特定律可以根据开环频率特性研究系统的稳定性。

2.3　控制系统的时域分析

所谓时域分析，就是通过求解控制系统的时间响应分析系统的稳定性、快速性和准确性。它是一种直接在时间域中对系统进行分析的方法，具有直观、准确、物理概念清楚的特点，尤其适用于二阶以下系统。

2.3.1　典型输入信号

系统的动态响应不仅取决于系统本身的结构参数，还与系统的初始状态以及输入信号有关。典型的输入信号有阶跃函数、斜坡函数、抛物线函数、脉冲函数和正弦函数，它们的波形依次如图 2-10～图 2-14 所示。函数定义及拉氏变换见表 2-1。

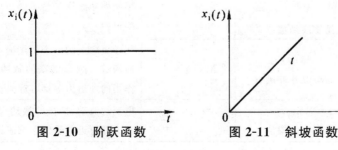

图 2-10　阶跃函数　　　　图 2-11　斜坡函数

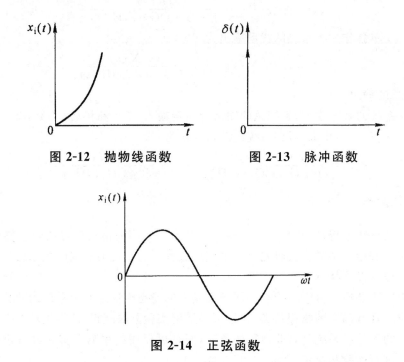

图 2-12　抛物线函数　　　　　　　图 2-13　脉冲函数

图 2-14　正弦函数

表 2-1　典型的输入信号定义及其拉氏变换

信号名称	信号定义	拉氏变换式	说明
阶跃函数	$x_i(t) = \begin{cases} 0 & t < 0 \\ A & t \geqslant 0 \end{cases}$ $A = 1$ 时为单位阶跃函数，记为 $1(t)$	$X_i(s) = \dfrac{A}{s}$	表示输入量的瞬间突变过程。如开关的转换、电源的突然接通、负载的突变等均可近似看作阶跃信号
斜坡函数	$x_i(t) = \begin{cases} 0 & t < 0 \\ At & t \geqslant 0 \end{cases}$ 当 $A = 1$ 时为单位斜坡函数	$X_i(s) = \dfrac{A}{s^2}$	表示由零值开始随时间 t 线性增长的信号，一个以恒速变化的位置信号的恒定速率为 A
抛物线函数	$x_i(t) = \begin{cases} 0 & t < 0 \\ At^2 & t \geqslant 0 \end{cases}$ $A = \dfrac{1}{2}$ 时为幅值为 1 的单位抛物线函数	$X_i(s) = \dfrac{2A}{s^3}$	亦称等加速度信号，表示随时间以等加速度增长的信号。如汽车安全气囊触发就是根据加速度传感器所测得的峰质和时间来进行的
脉冲函数	$x_i(t) = A\delta(t)$ $A = 1$ 时为单位脉冲函数	$X_i(s) = A$	数学概念上的一个持续时间极短的信号脉冲函数。脉宽很窄的脉冲电压信号、瞬间作用的冲击力等都可近似看作脉冲信号
正弦函数	$x_i(t) = A\sin\omega t$ A 为正弦函数的幅值	$X_i(t) = \dfrac{A\omega}{s^2 + \omega^2}$	电源的波动、机械的振动、海浪对舰艇的扰动力都可近似看作正弦信号的作用

2.3.2　一阶系统的时域分析

凡可用一阶微分方程描述的阶跃响应(即动态过程)的控制系统,称为一阶系统。一阶系统在控制工程中应用广泛。例如 RC 电路、室温系统、恒温箱、水位调节系统等都属于一阶系统。研究一阶系统的意义还在于,有些高阶系统的特性,可以用一阶系统特性近似处理。

1.一阶系统的数学模型

RC 电路是最常见的一种一阶系统,其电路图及动态结构图如图 2-15 所示。

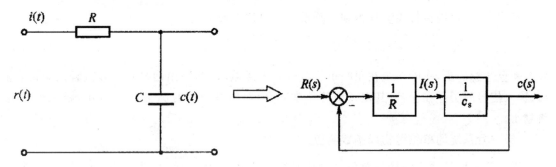

图 2-15　一阶系统的电路图及动态结构图

由图 2-15 可知,描述一阶系统的动态特性的微分方程为

$$T = \frac{\mathrm{d}c(t)}{\mathrm{d}t} + c(t) = rct \tag{2-20}$$

式中, $T = RC$ 为系统时间常数。

由图 2-15 的动态结构图,可求得一阶系统的传递函数为

$$\varphi(s) = \frac{c(s)}{R(s)} = \frac{1}{Ts+1} \tag{2-21}$$

需要注意的是,具有同一运动方程或传递函数的所有系统,对同一输入信号的响应是相同的。

2.一阶系统对典型输入的响应

(1)一阶系统的单位阶跃响应

设一阶系统的输入信号为单位阶跃函数 $r(t) = 1(t)$,输入信号的拉氏变换为 $R(s) = \frac{1}{s}$,则输出信号的拉氏变换为

$$c(s) = \varphi(s)R(s) = \frac{1}{Ts+1} \cdot \frac{1}{s} = \frac{1}{s} - \frac{T}{Ts+1} \tag{2-22}$$

对式(2-22)进行拉氏变换得到一阶系统的单位阶跃响应为

$$c(t) = L^{-1}[c(s)] = L^{-1}\left[\frac{1}{s} - \frac{T}{Ts+1}\right] = 1 - e^{\frac{1}{T}} \quad (t \geq 0) \tag{2-23}$$

由式(2-23)可见,一阶系统的单位阶跃响应是一条初始值为零,以指数曲线规律上升的终

值为 1 的曲线。其特点是单调上升无振荡现象，所以有时称为非周期响应。

（2）一阶系统的单位斜坡响应

设一阶系统的输入信号为单位斜坡函数 $r(t)=t$。输入信号的拉氏变换为 $R(s)=\dfrac{1}{s^2}$，则输出信号的拉氏变换为

$$c(s)=\varphi(s)R(s)=\frac{1}{Ts+1}\cdot\frac{1}{s^2}$$

$$=\frac{1}{s^2}-\frac{T}{s}+\frac{T^2}{Ts+1} \tag{2-24}$$

对式（2-24）进行拉氏变换得到一阶系统的单位斜坡响应为

$$c(t)=L^{-1}[c(s)]=L^{-1}\left[\frac{1}{s^2}-\frac{T}{s}+\frac{T^2}{Ts+1}\right]=t-T(1-e^{-\frac{1}{T}}) \tag{2-25}$$

需要注意的是，一阶系统在跟踪单位斜坡输入函数时，其输出信号在过渡过程结束后，输出、输入信号间仍存在误差，其误差值等于常数 T，显然系统的时间常数 T 越小，跟踪误差也将越小。

（3）一阶系统的单位抛物线函数响应

设一阶系统的输入信号为单位抛物线函数 $r(t)=\dfrac{1}{2}t^2$。此时，系统的输出信号 $c(t)$ 的拉氏变换为

$$c(s)=\frac{1}{Ts+1}\cdot\frac{1}{s^3}=\frac{1}{s^2}-\frac{T}{s^2}+\frac{T^2}{s}-\frac{T^3}{Ts+1} \tag{2-26}$$

对式（2-26）进行拉氏变换得到一阶系统对抛物线函数的响应为

$$c(t)=\frac{1}{2}t^2-Tt+T^2(1-e^{-\frac{t}{T}})\quad(t\geqslant0) \tag{2-27}$$

需要注意的是，对于一阶系统来说，不能实现对等加速的跟踪。

（4）一阶系统的单位脉冲响应

设一阶系统的输入信号为单位脉冲函数 $r(t)=\delta(t)$，输入信号的拉氏变换为 $R(s)=1$，则输出信号的拉氏变换为

$$c(s)=\varphi(s)R(s)=\frac{1}{Ts+1}\cdot1=\frac{1}{Ts+1} \tag{2-28}$$

对式（2-28）进行拉氏变换得到一阶系统的单位脉冲响应为

$$c(t)=L^{-1}[c(s)]=L^{-1}\left[\frac{1}{Ts+1}\right]=\frac{1}{T}e^{\frac{t}{T}} \tag{2-29}$$

一阶系统的单位脉冲响应是一单调下降的指数曲线。并且，系统的时间常数越小，则脉冲函数的持续时间越短，也就是说系统反映输入信号的快速性越好。

2.3.3　二阶系统的时域分析

1. 二阶系统的数学模型

凡控制系统的运动方程为二阶微分方程，或者传递函数分母 s 的最高次方为 2，则该系统

称为二阶系统。常见的质量阻尼系统、齿轮传动系统、动力滑台系统、电枢控制式直流电动机控制系统及 RLC 网络等都属于二阶系统。

二阶系统闭环传递函数的标准形式为

$$\varphi(s) = \frac{c(s)}{R(s)} = \frac{\omega_n^2}{s^2 + 2\zeta\omega_n s + \omega_n^2} \tag{2-30}$$

式中：ω_n 为二阶系统无阻尼的自然振频率；ζ 为二阶系统的阻尼比。

二阶系统结构图的一般形式如图 2-16 所示。

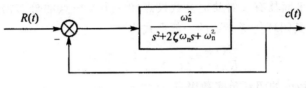

图 2-16　二阶系统结构图

2. 二阶系统的工作状态分析

二阶系统闭环特征方程为

$$s^2 + 2\zeta\omega_n s + \omega_n^2 = 0 \tag{2-31}$$

其特征根为：

$$s_{1,2} = -\zeta\omega_n \pm \omega_n \sqrt{\zeta^2 - 1} \tag{2-32}$$

可见，根据 ζ 的不同取值，二阶系统有以下几种工作状态：

①当 $\zeta = 0$ 时，系统有一对共轭纯虚根，系统单位阶跃响应作等幅振荡，称为无阻尼或零阻尼状态。

②当 $0 < \zeta < 1$ 时，二阶系统有一对共轭复根，系统的单位阶跃响应具有振荡特性，称为欠阻尼状态。

③当 $\zeta = 1$ 时，二阶系统有两个相等的负实根，称为临界阻尼状态。

④当 $\zeta > 1$ 时，系统有两个不相等的负实根，称为过阻尼状态。临界阻尼和过阻尼的二阶系统单位阶跃响应无振荡。

一般希望二阶系统工作在 $\zeta = 0.4 \sim 0.8$ 的欠阻尼状态，因为在这种状态下将获得一个振荡特性适度，调整时间较短的响应过程。

对于两个具有相同的 ζ 和不同的 ω_n 的二阶系统，它们的单位阶跃响应具有相同的振荡特性和不同的响应速度，ω_n 大者响应速度快。

在实际工程控制系统中，为了提高响应速度，常用一阶系统作为预期模型；对于允许在调节过程中有适度振荡，希望有较快响应速度的控制系统，常用欠阻尼状态的二阶系统作为期望模型，或按与欠阻尼二阶系统具有相似特性的高阶系统设计。

要使二阶系统具有满意的性能指标，必须选择合适的 ζ 和 ω_n 的值。由相应指标算式可知，增大 ζ 可以减小系统的振荡性能，并提高相对稳定性，从而降低最大超调量和振荡次数；提高 ω_n 可加快系统响应快速性。选择 ζ 和 ω_n 时，应兼顾系统的相对稳定性和响应快速性。一般工程控制系统设计时，选择 $\zeta = 0.707$ ，这时，系统具有比较理想的响应过程。

2.3.4 高阶系统的时域分析

在控制工程中,几乎所有的控制系统都是高阶系统,.即用高阶微分方程描述的系统。对于不能用一阶、二阶系统近似的高阶系统来说,其动态性能指标的确定是比较复杂的。工程上常采用闭环主导极点的概念对高阶系统进行近似分析。

1. 三阶系统的单位阶跃响应

下面以在 s 左半平面具有一对共轭复数极点和一个实极点的分布模式为例,分析三阶系统的单位阶跃响应。其闭环传递函数的一般形式为

$$\varphi(s) = \frac{C(s)}{R(s)} = \frac{\omega_n^2 s_0}{(s + s_0)(s^2 + 2\zeta\omega_n s + \omega_n^2)} \tag{2-33}$$

式中,分母 s_0 为三阶系统的闭环负实数极点。

当输入为单位阶跃函数,且拿<1 时,经整理得式(2-33)所示三阶系统在 $\zeta < 1$ 时的单位阶跃响应

$$c(t) = 1 - \frac{1}{b\zeta^2(b-2)+1} e^{s_0 t} - \frac{e^{\zeta\omega_n t}}{b\zeta^2(b-2)+1}$$

$$\times$$

$$\left\{ b\zeta^2(b-2)\cos\omega_n \sqrt{1-\zeta^2}t + \frac{b\zeta[\zeta^2(b-2)+1]}{\sqrt{1-\zeta^2}}\sin\omega_n \sqrt{1-\zeta^2}t \right\} \quad (t \geqslant 0) \tag{2-34}$$

式中,$b = \dfrac{s_0}{\zeta\omega_n}$。当 $\zeta = 0.5$,$b \geqslant 1$ 时,三阶系统的单位阶跃响应曲线如图 2-17 所示。

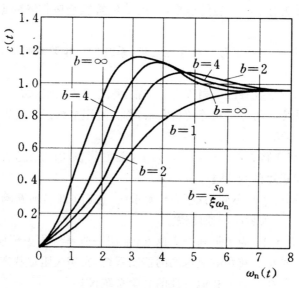

图 2-17 三阶系统单位阶跃响应曲线（ $\zeta = 0.5$ ）

在式(2-34)中,由于 $b\zeta^2(b-2)+1 = \zeta^2(b-1)^2 + (1-\zeta^2) > 0$,所以不论闭环实数极点在共轭复数极点的左边或右边,即 b 不论大于或是小于1,e 指数项的系数总是负数。因此,

实数极点 $s = -s_0$ 可使单位阶跃响应的超调量下降,并使调节时间增加。

由图 2-17 可见,当系统阻尼比手不变时,随着实数极点向虚轴方向移动,即随着易值的下降,响应的超调量不断下降,而峰值时间、上升时间和调节时间则不断加长。在 $b \leqslant 1$ 时,即闭环实数极点的数值小于或等于闭环复数极点的实部数值时,三阶系统将表现出明显的过阻尼特性。

2. 高阶系统的单位阶跃响应

研究图 2-18 所示系统,其闭环传递函数为

$$\varphi(s) = \frac{C(s)}{R(s)} = \frac{G(s)}{1 + G(s)H(s)} \qquad (2-35)$$

在一般情况下,$G(s)$ 和 $H(s)$ 都是 s 的多项式之比,故式(2-36)可以写为

$$\varphi(s) = \frac{M(s)}{D(s)} = \frac{b_0 s^m + b_1 s^{m-1} + \cdots + b_{m-1} s + b_m}{a_0 s^n + a_1 s^{n-1} + \cdots + a_{n-1} s + a_n} \qquad (m \leqslant n) \qquad (2-36)$$

为了便于求出高阶系统的单位阶跃响应,应将式(2-36)的分子多项式和分母多项式进行因式分解。这种分解方法,可采用高次代数方程的近似求根法,或者采用下一章将介绍的根轨迹法,也可以使用计算机的求根程序。因而,式(2-36)必定可以表示为如下因式的乘积形式

$$\varphi(s) = \frac{C(s)}{R(s)} = \frac{M(s)}{D(s)} = \frac{K \prod\limits_{i=1}^{m} (s - z_i)}{\prod\limits_{i=1}^{m} (s - s_i)} \qquad (2-37)$$

式中:K 为常数,$K = \dfrac{a_0}{b_0}$;z_i 为闭环零点,为 $M(s) = 0$ 之根;s_i 为闭环极点,为 $D(s) = 0$ 之根。

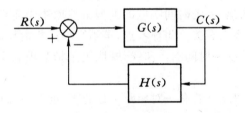

图 2-18　控制系统

由于 $M(s)$ 和 $D(s)$ 均为实系数多项式,故 z_i 和 s_i 只可能是实数或共轭复数。在实际控制系统中,所有的闭环极点通常都不相同,因此在输入为单位阶跃函数时,输出量的拉氏变换式可表示为

$$G(s) = \frac{K \prod\limits_{i=1}^{m} (s - z_i)}{\prod\limits_{j=1}^{q} (s - s_j) \prod\limits_{k=1}^{r} (s^2 + 2\zeta_k \omega_k s + \omega_k^2)} \qquad (2-38)$$

其中

$$q + 2r = n$$

式中：q 为实数极点的个数；r 为共轭复数极点的个数。

将式(2-38)展成部分分式，并设 $0 < \zeta_k < 1$，可得

$$C(s) = \frac{A_0}{s} + \sum_{j=1}^{q} \frac{A_j}{s - s_j} + \sum_{k=1}^{r} \frac{B_k s + C_k}{s^2 + 2\zeta_k \omega_k s + \omega_k^2} \tag{2-39}$$

式中：A_0 为 $C(s)$ 在输入极点处的留数。

A_0 值为闭环传递函数式(2-36)中的常数项比值，即

$$A_0 = \lim_{s \to 0} sC(s) = \frac{b_m}{a_m} \tag{2-40}$$

在 $H(s) = 1$ 的单位反馈情况下，其值为 1；而在 $H(s) \neq 1$ 的非单位反馈情况下，其值未必为 1。

A_j 是 $C(s)$ 在闭环实数极点 s_j 处的留数，可按下式计算

$$A_j = \lim_{s \to s_j} (s - s_j)C(s) \qquad (j = 1, 2, \cdots, q) \tag{2-41}$$

B_k 和 C_k 是与 $C(s)$ 在闭环复数极点 $s = -\zeta_k \omega_k + j\omega_k \sqrt{1 - \zeta_k^2}$ 处的留数有关的常系数。

将式(2-36)进行拉氏反变换，并设初始条件全部为零，可得高阶系统的单位阶跃响应

$$c(t) = A_0 + \sum_{j=1}^{q} A_j e^{s_j t} + \sum_{k=1}^{r} B_k e^{-\zeta_k \omega_k t} \cos\left(\omega_k \sqrt{1 - \zeta_k^2}\right) t +$$

$$\sum_{k=1}^{r} \frac{C_k - B_k \zeta_k \omega_k}{\omega_k \sqrt{1 - \zeta_k^2}} e^{-\zeta_k \omega_k t} \sin\left(\omega_k \sqrt{1 - \zeta_k^2}\right) t \quad (t \geqslant 0) \tag{2-42}$$

式(2-42)表明，高阶系统的时间响应，是由一阶系统和二阶系统的时间响应函数项组成的。如果高阶系统所有闭环极点都具有负实部，随着时间 t 的增长，式(2-42)的指数项和阻尼正弦(余弦)项均趋于零，高阶系统是稳定的，其稳态输出量为 A_0。

对于稳定的高阶系统，闭环极点的负实部的绝对值越大，其对应的响应分量衰减得越快；反之，则衰减缓慢。应当指出，系统时间响应的类型虽然取决于闭环极点的性质和大小，然而时间响应的形状却与闭环零点有关。闭环零点，虽不影响这些指数，但却影响各瞬态分量系数即留数的大小和符号，而系统的时间响应曲线，既取决于指数项和阻尼正弦项的指数，又取决于这些项的系数。

这里还涉及偶极子的概念。若有一对相距很近的零、极点，它们之间的距离比它们本身的模值小一个数量级，则这一对零、极点称为偶极子。偶极子对系统的瞬态相应可以忽略不计，但会影响系统的稳态性能。

综上所述，各瞬态响应分量的系数取决于高阶系统的极点和零点在 s 平面的分布，主要有以下几种情况：①若某极点远离原点，则其相应瞬态响应分量的系数很小；②若某极点接近一零点，而又远离其他极点和原点，则相应瞬态相应分量的系数很小；③若某极点远离零点而又接近原点和其他极点，则相应瞬态相应分量的系数比较大。

系数大而且衰减慢的瞬态响应分量在瞬态响应过程中起主要作用，系数小而且衰减快的瞬态响应分量在瞬态响应过程中的影响很小。因此对高阶系统进行性能估算时，通常将系数小而且衰减快的那些瞬态响应分量略去。

第3章 继电器－接触器控制

3.1 继电器

3.1.1 继电器的概念和分类

继电器是根据特定形式的输入信号的变化接通或断开控制线路,实现保护或自动控制电力传动装置的一种电器。这里的输入信号可以是电量(如电压、电流等)或非电量(如时间、温度、湿度、压力、转速等)。

继电器一般由感测机构、中间机构和执行机构三个基本部分组成。感测机构反映继电器的输入量,它负责把感测到的电量或非电量传递给中间机构,将它与额定的整定值进行比较,当达到整定值(过量或欠量)时,中间机构便使执行机构产生输出量,从而接通或断开被控电路。

第1章讲到的接触器触点容量较大,一般直接用于开、断主电路,是电气控制系统中的执行元件。而继电器触点容量通常较小,接在控制电路中,主要用于反映或扩大控制信号,而不是直接控制较大电流的主电路,是电气控制系统中的信号检测元件。因此,与接触器比较,继电器触头分断能力很小,不设灭弧装置,体积小,结构简单,但对动作的准确性要求很高。

继电器的种类很多,按照继电器在电力传动自动控制系统中的作用,可分为控制继电器和保护继电器;按输入信号的性质可分为电压继电器、电流继电器、时间继电器、速度继电器、压力继电器和温度继电器等;按工作原理可分为电磁式继电器、感应式继电器、热继电器和电子式继电器等;按动作时间可分为瞬时继电器和延时继电器等。

3.1.2 电磁式电压、电流和中间继电器

电磁式继电器是电气控制设备中应用较多的一种继电器,其结构和工作原理与电磁式接触器相似,主要由电磁系统和触头系统组成。电磁式继电器的结构简图如图3-1所示。

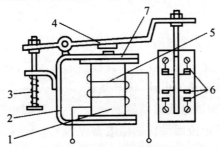

图 3-1 电磁式继电器结构简图

1—铁心;2—磁轭;3—反作用弹簧;4—衔铁;5—线圈;6—触头;7—极靴

铁芯和磁轭为一整体,减少了非工作气隙;极靴为一圆环,套在铁芯端部;衔铁靠反作用弹簧的作用而打开。衔铁上垫有非导磁性垫片,装设不同的线圈后,可分别制成电压继电器、电流继电器和中间继电器。这种继电器的线圈有交流和直流两种,其中直流继电器加装筒套后可以构成电磁式时间继电器。

1. 电压继电器

根据线圈两端电压大小而接通或断开电路的继电器称为电压继电器。电压继电器的线圈与负载并联,以反映负载电压,其线圈的导线细,匝数多,阻抗大,刻度表上标出的数据是继电器的动作电压。

根据动作电压值不同,电压继电器有过电压继电器、欠电压继电器和零电压继电器之分。一般情况下,过电压继电器在电压为 1.1～1.15 倍额定电压以上时动作,对电路进行过电压保护;欠电压继电器在电压为 0.4～0.7 倍额定电压时动作,对电路进行欠电压保护;零压继电器在电压降为 0.05～0.25 倍额定电压时动作,对电路进行零电压保护。

电压继电器的选用标准如下。

交流过电压继电器选择的主要参数是额定电压和动作电压,其动作电压按系统额定电压的 1.1～1.2 倍整定。

交流欠电压继电器常用一般交流电磁式电压继电器,其选用只要满足一般要求即可,对释放电压值无特殊要求;而直流欠电压继电器吸合电压按其额定电压的 0.3～0.5 倍整定,释放电压按其额定电压的 0.07～0.2 倍整定。

常用的 JT4P 系列欠电压继电器的技术参数如表 3-1。

表 3-1 JT4P 系列欠电压继电器的技术参数

型号	吸引线圈规格/A	消耗功率/W	触点数目	复位方式	动作电流	返回系数
JT4P	110、127、220、380	75	二动合二动断或一动合一动断	自动	吸合电压在线圈额定电压的 60%～85%范围内调节,释放电压在线圈额定电压的 10%～35%范围内调节	0.2～0.4

2. 电流继电器

根据线圈中电流的大小而接通或断开电路的继电器称为电流继电器。电流继电器的线圈与被测量电路串联,以反映电路电流的变化。其线圈的导线粗,匝数少,阻抗小,这样通过电流时的压降很小,不会影响负载电路的电流,而导线粗、电流大仍可获得需要的磁势。

电流继电器又有欠电流和过电流继电器之分。其中,线圈电流高于整定值而动作的继电器称为过电流继电器;低于整定值而动作的继电器称为欠电流继电器。

过电流继电器在正常工作时,通过线圈的电流为额定值,所产生的电磁吸力不足以克服反作用弹簧力,动断触点仍保持闭合状态;只有当通过线圈的电流超过整定值后,电磁吸力大于反作用弹簧力,铁芯吸引衔铁使动断触点分断,切断控制回路,从而保护负载。过电流继电器主要用于频繁、重载起动场合,作为电动机或主电路的短路和过载保护。

欠电流继电器是当线圈电流降到低于整定值时释放的继电器,所以线圈电流正常时,衔铁处于吸合状态。欠电流继电器常用于直流电动机和电磁吸盘的弱磁保护。

电流继电器的选用标准如下:

过电流继电器的选择主要是依据其额定电流和动作电流参数,额定电流应大于或等于被保护电动机的额定电流;动作电流应根据电动机工作情况,按其启动电流的 1~1.3 倍整定,一般绕线转子异步电动机的启动电流按 2.5 倍额定电流考虑,笼型异步电动机的启动电流按 4~7 倍额定电流考虑,直流过电流继电器动作电流按直流电动机额定电流的 1.1~3.0 倍整定。

在选用过电流继电器时,对于小容量直流电动机和绕线转子异步电动机,继电器线圈的额定电流一般可按电动机长期工作的额定电流来选择;对于频繁起动的电动机,由于起动电流的发热效应,继电器线圈的额定电流应选择大一些。调节反作用弹簧弹力,可调节继电器的动作电流值。

欠电流继电器选择的主要是依据额定电流和释放电流。其额定电流应大于或等于直流电动机及电磁吸盘的额定励磁电流;释放电流整定值应低于励磁电路正常工作范围内可能出现的最小励磁电流,一般释放电流按最小励磁电流的 0.85 倍整定。

常用的过电流继电器有 JT4、JLl2 及 JLl4 系列,其中 JT4 为通用继电器。

3.中间继电器

中间继电器是用来转换控制信号的中间元件,将一个输入信号转换成一个或多个输出信号,其输入为线圈的通断电信号,输出为触头的动作信号。其触点数量较多,各触点的额定电流相同,为 5~10A,动作灵敏度高。

中间继电器通常被用来放大信号、增加控制电路中控制信号的数量和信号传递、联锁、转换以及隔离。

常用的中间继电器有 JZ7 系列和 JZ8 系列,新产品有 JDZ1 系列、CA2—DN1 系列及 JZC1 系列等。

JZ7 系列继电器的结构与小型接触器相似,它由吸引线圈、静铁芯、衔铁、触点系统、反作用弹簧和复位弹簧等组成。触点较多,一般有 8 对,可组成 4 对动合、4 对动断,6 对动合、2 对动断,8 对动合三种形式,多用于交流控制电路。

JZ8 系列为交、直流两用的中间继电器,其线圈电压有交流 110V、127V、220V、380V 和直流 12V、24V、48V、110V、200V,触点有 2 动合、6 动断,4 动合、4 动断和 6 动合、2 动断等。如果把触点簧片反装便可使动合与动断触点相互转换。

中间继电器的动作原理与接触器完全相同,只是中间继电器的触点对数较多,且没有主、辅之分,各对触点允许通过的电流大小一致,其额定电流多为 5A,小型的多为 3A。对于额定电流不超过 5A 的电动机也可以用中间继电器代替接触器。

中间继电器在选择时,要保证线圈的电压等级或电流种类满足线路的要求,触点的数量、种类及容量与额定电压、额定电流应满足被控线路的要求,电源也应满足控制线路的要求。

中间继电器的用途有两个:当电压或电流继电器的触点容量不够时,可借助中间继电器来控制,将中间继电器作为执行元件;当其他继电器触点数量不够时,可利用中间继电器来切换复杂电路。

3.1.3 时间继电器

在电力传动控制系统中,凡是敏感元件获得信号后,执行元件要延迟一段时间才动作的继电器都叫做时间继电器,时间继电器是检测时间间隔的自动切换电器。线圈动作后,触点经过延时才动作,这类触点称为延时触点。此外,目前多数时间继电器附有瞬时触点。

时间继电器种类很多,按其动作原理可分为电磁、空气阻尼式、电动式和电子式;按延时方式可分为通电延时型和断电延时型。

通电延时型和断电延时型时间继电器仅是电磁铁倒置180°安装,它们工作原理相似。

1.电磁式时间继电器

电磁式时间继电器一般在直流电气控制线路中应用较广,只能通过直流断电产生延时动作。在直流电磁式电压继电器的铁心上增加一个阻尼铜套或在铁心上再套一个匝数较少、截面积较大且两端短接的线圈,即构成电磁式时间继电器。

其工作原理是当线圈断电后,通过铁心的磁通迅速减少,由于电磁感应,在阻尼铜套内产生感应电流。根据电磁感应定律,感应电流产生的磁场总是阻碍原磁场的减弱,使铁心继续吸合衔铁一小段时间,从而达到延时的目的。

这种时间继电器延时时间的长短是靠改变铁心与衔铁间非磁性垫片的厚度或改变释放弹簧的松紧来调节的。垫片越厚延时越短,反之越长;弹簧越紧延时越短,反之越长。因非导磁性垫片的厚度一般为 0.1mm、0.2mm、0.3mm,具有阶梯性,故用于粗调;由于弹簧松紧可连续调节,故用于细调。

电磁式时间继电器的优点是结构简单、运行可靠、寿命长,缺点是延时时间短。

2.空气阻尼式时间继电器

空气阻尼式时间继电器是利用空气阻尼原理获得延时的,线圈电压为交流,因交流继电器不能像直流继电器那样依靠断电后磁阻尼延时,因而采用空气阻尼延时。

空气阻尼式时间继电器可分为通电延时和断电延时两种类型。它主要由电磁系统、延时机构和工作触点三部分组成。

空气阻尼式时间继电器的优点是结构简单、寿命长、价格低,还附有不延时的触点,所以应用较为广泛;缺点是准确度低、延时误差大($\pm10\%\sim\pm20\%$),在要求延时精度高的场合不宜采用。

国产空气阻尼式时间继电器型号为 JS7 系列,新产品为 JSK1。

3.电子式时间继电器

电子式时间继电器按其构成可分为晶体管式时间继电器和数字式时间继电器,多用于电力传动、自动顺序控制及各种过程控制系统中,并以其延时范围宽、精度高、体积小、运行可靠的优点逐步取代传统的电磁式、空气阻尼式时间继电器。

（1）晶体管式时间继电器

晶体管式时间继电器是以 RC 电路电容充电时,电容器上的电压逐步升高的原理为基础制成的。

常用的晶体管式时间继电器有 JS14A、JS15、JS20、JSJ、JSB、JS14P 系列等。其中,JS20 系列晶体管式时间继电器是全国统一设计产品,延时范围有 0.1～180s、0.1～300s、0.1～3600s 三种,电气寿命达 10 万次,适用于交流 50Hz、电压 380V 及以下或直流 110V 及以下的控制线路中。

（2）数字式时间继电器

晶体管式时间继电器是利用 RC 电路充放电原理制成的。由于受延时原理的限制,不容易做成长延时,且延时精度易受电压、温度的影响,精度较低,延时过程也不能显示,因而影响了它的推广。随着半导体技术、特别是集成电路技术的进一步发展,采用新延时原理的时间继电器——数字式时间继电器应运而生,各种性能指标得到大幅度的提高。目前最先进的数字式时间继电器内部装有微处理器。

目前市场上的数字式时间继电器型号很多,有 DH48S、DH14S、DH11S、JSS1、JS14S 系列等。其中,JS14S 系列与 JS14、JS14P、JS20 系列时间继电器兼容,替代方便;DH48S 系列数字式时间继电器,为引进技术及工艺制造,替代进口产品,延时范围为 0.01 s～99 h99 min,可任意预置;另外,还有从日本富士公司引进技术生产的 ST 系列等。

4. 时间继电器的选用

在要求延时范围大、延时准确度较高的场合,应选用电动式或电子式时间继电器;

时间继电器在选用时应考虑延时方式（通电延时或断电延时）、延时范围、延时精度要求、外形尺寸、安装方式、价格等因素。

当延时精度要求不高且电源电压波动大时,宜选用价格较低的电磁式或空气阻尼式时间继电器;当要求延时范围大,延时精度较高时,可选用电动式或晶体管式时间继电器;当延时精度要求更高时,可选用数字式时间继电器,同时也要注意线圈电压等级能否满足控制电路的要求。

具体而言,可以从以下六点进行考虑。

①电流种类和电压等级。电磁阻尼式和空气阻尼式时间继电器其线圈的电流种类和电压等级应与控制电路的相同;电动式或晶体管式时间继电器,其电源的电流种类和电压等级应与控制电路的相同。

②延时方式。根据控制电路的要求来选择延时方式,即通电延时型和断电延时型。

③触点形式和数量。根据控制电路要求来选择触点形式（延时闭合型或延时断开型）及触点数量。

④延时精度。电磁阻尼式时间继电器适用于延时精度要求不高的场合,电动式或晶体管式时间继电器适用于延时精度要求高的场合。

⑤延时时间。应满足电气控制电路的要求。

⑥操作频率。时间继电器的操作频率不宜过高,否则会影响其使用寿命,甚至会导致延时动作失调。

3.1.4　速度继电器

速度继电器是用来反映转速和转向的自动控制电器,它常用于笼型异步电动机反接制动电路,所以又称为反接制动继电器。其结构和工作原理与笼型电动机类似,主要由转子、定子和触点三部分组成。转子是圆柱形永久磁铁,与被控旋转机构的轴连接,同步旋转。定子是笼型空心圆环,由硅钢片叠铆而成,内装有笼型绕组,它套在转子上,可以转动一定的角度。

当电动机转动时,速度继电器的转子(永久磁铁)随之转动,在笼型绕组内感应出电动势和电流,此电流和磁场作用产生扭矩,使定子随转子转动方向旋转一定的角度,使与定子装在一起的摆柄向旋转方向转动,从而拨动簧片使触点闭合或断开。当转子转速低于某个值时,扭矩不足以克服摆柄重力,触点系统恢复原态。

常用的速度继电器有 JY1 型和 JFZ0 型。JY1 型能在 3000 r/min 以下可靠工作;JFZ0—1 型适用于 300～1000 r/min,JFZ0—2 型适用于 1000～3600 r/min;JFZ0 型有两对动合、动断触点。一般速度继电器转轴在 120 r/min 左右即能动作,在 100 r/min 以下触点复位。

3.1.5　热继电器

热继电器是利用电流的热效应原理来推动动作机构使触点系统闭合或分断从而实现电动机的过载保护的一种自动电器,主要用于电动机的过载、断相、三相电流不平衡运行的保护及其他电气设备发热状态的控制。它能在电动机过载时自动切断电源,使电动机停车。

热继电器有多种形式,同一形式的热继电器又有多种规格的热元件系列。常用的热继电器有以下三种形式。

(1)双金属片式:利用双金属片受热弯曲来推动杠杆,使触点动作。

(2)热敏电阻式:利用电阻值随温度变化而变化的特性制成的热继电器。

(3)易熔合金式:利用过载电流发热使易熔合金达到某一温度值时,合金熔化而使继电器动作。

热元件的整定电流为热继电器的主要参数,它是指热元件能够长期通过而不至于引起热继电器动作的最大电流值。热元件的整定电流与电动机的额定电流相等时,热继电器能准确地反映电动机发热情况。

1.热继电器的结构组成

热继电器由热元件、动作机构、复位机构和电流整定装置等几部分组成。

(1)热元件:共有三片,是热继电器的主要组成部分,是由双金属片及围绕在双金属片外面的电阻丝组成。双金属片是由两种热膨胀系数不同的金属片复合而成,如铁镍铬合金和铁镍合金;电阻丝一般用康铜、镍铬合金等材料做成,使用时,将电阻丝直接串联在异步电动机的两相电路中。

(2)动作机构:是利用杠杆传递及弹簧跳跃式机构完成触头动作的。触头多为单断点弹簧跳跃式动作,一般为一个触头动断、一个触头动合。

(3)复位机构:有手动和自动两种形式,可根据使用要求自行选择调整。

(4)电流整定装置:是通过旋钮和偏心轮来调节整定电流值的。

2.热继电器的工作原理

热继电器的工作原理如图 3-2 所示。当电动机过载时,过载电流通过串联在定子电路中的电阻丝元件使其发热,双金属片受热膨胀,因左侧金属的膨胀系数较大,所以双金属片向右侧弯曲,通过导板推动温度补偿片,使推杆绕轴转动,又推动动触头,使动断触头断开。该动断触头串联在接触器线圈回路中,当该触头断开以后,接触器线圈失电,使主触头分断,电动机便脱离电源受到保护。电源切断后,电流消失,双金属片逐渐冷却,经过一段时间后恢复原状,于是动触头在失去外加作用力的情况下,靠自身弹簧自动复位,与静触头闭合。

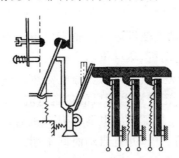

图 3-2 热继电器的工作原理

这种热继电器也可采用手动复位,将螺钉向外调节到一定位置,使动触头弹簧的转动超过一定角度失去反弹性;在这种情况下,即使主双金属片冷却复原,动触头也不能自动复位,必须采用手动复位。按下复位机构使动触头弹簧恢复到具有弹性的角度,使之与静触头恢复闭合,这对于某些要求故障未被消除而防止带故障投入运行的场合是必要的。

热继电器的动作电流还与周围环境温度有关。当环境温度发生变化时,主双金属片会发生所谓的零点漂移(即热元件未通过电流时主双金属片所产生的变形),因此,在一定动作电流下的动作时间会产生一定的误差。为了补偿周围环境温度变化所带来的影响,设置温度补偿双金属片。当主双金属片因环境温度升高向右弯曲时,补偿双金属片也同样向右弯曲,这就使热继电器在同一整定电流下,保证动作行程基本一致。

超过整定电流,热继电器将在负载未达到其允许过载极限之前动作。整定电流的调节可以借助旋转偏心轮到不同的位置来实现,旋钮上刻有整定电流值的标尺,转动旋钮来改变偏心轮的位置也就改变了支撑杆的起始位置,即改变了推杆与动触头连杆的距离,调节范围可达 1:1.6。

在三相电源对称、电动机三相绕组绝缘性能良好的情况下,电动机的三相线电流是对称的,这时可以采用一相结构的热继电器。

当电动机出现一相断线故障,并且正好发生在串有一相结构的这一相时,就需要采用两相结构的热继电器。

当三相电源因供电线路故障而发生严重的不平衡、电动机绕组内部发生短路或绝缘不良等故障时,就可能使得电动机某一线电流比其他两线电流高,而如果恰好在电流过高的这一相中没有热元件,此时就需采用具有三个热元件的三相结构热继电器,如 JR16 系列就是一种带有差动式断相运行保护装置的继电器。

3．热继电器的选用与维护

热继电器的选用是否得当直接影响对电动机进行过载保护的可靠性。热继电器主要用于电动机的过载保护，因此应根据电动机的形式、工作环境、启动情况、负载情况、工作制及电动机允许过载能力等综合考虑。

热继电器结构形式选择：热继电器有两相、三相和三相带断相保护等形式。星形联结的电动机及电源对称性较好的情况可选用不带断相保护的三相热继电器能反映一相断线后的过载，对电动机断相运行能起保护作用。三角形联结的电动机应选用带断相保护装置的三相结构热继电器。

热继电器整定电流选择：原则上热继电器的整定电流应按被保护电动机的额定电流来进行选取。对于长期正常工作的电动机，热继电器中热元件的整定电流值为电动机额定电流的 $0.95\sim1.05$ 倍；对于过载能力较差的电动机，热继电器热元件整定电流值为电动机额定电流的 $0.6\sim0.8$ 倍。热元件选好后，还需按电动机的额定电流来调整其整定值。

对于不频繁启动的电动机，应保证热继电器在电动机启动过程中不产生误动作。若电动机启动电流不超过其额定电流的 6 倍，并且启动时间不超过 6 s，可按电动机的额定电流来选择热继电器。对于重复短时工作制的电动机，首先要确定热继电器的允许操作频率，然后再根据电动机的启动时间、启动电流和通电持续率来选择。

对于工作时间较短、间歇时间较长的电动机，以及虽然长期工作但过载的可能性很小的电动机，可以不设置过载保护。

双金属片式热继电器一般用于轻载、不频繁起动电动机的过载保护。对于重载、频繁起动的电动机，则可用过电流继电器（延时动作型的）作它的过载保护和短路保护。这是由于热元件受热变形需要时间，故热继电器不能作短路保护用。

热继电器有手动复位和自动复位两种方式。对于重要设备，宜采用手动复位方式；如果热继电器和接触器的安装地点远离操作地点，且在工艺上又易于了解过载情况，可采用自动复位方式。

另外，热继电器必须按照产品说明书规定的方式安装。当与其他电器安装在一起时，应将热继电器安装在其他电器的下方，以免其动作受到其他电器发热的影响。使用中应定期除去尘埃和污垢，若双金属片上出现锈斑，可用棉布蘸上汽油轻轻揩拭，切忌用砂纸打磨。并且，当主电路发生短路事故后，应检查发热元件和双金属片是否已经发生永久性形变。在作调整时，绝不允许弯折双金属片。

使用热继电器时应注意以下三个问题。

(1)动作时间不应过分小于电动机的允许发热时间，应充分发挥电动机的过载能力。

(2)用热继电器保护三相异步电动机时，至少要有两相接热元件。

(3)注意热继电器所处的周围环境温度，应保证它与电动机有相同的散热条件。

4．热继电器接入电动机定子电路方式

三相交流电动机的过载保护大多采用三相式热继电器，由于热继电器有带断相保护和不带断相保护两种，根据电动机绕组的接法的不同，这两种类型的热继电器接入电动机定子电路

的方式也不尽相同。

当电动机的定子绕组为星形联结时,带断相保护和不带断相保护的热继电器均可接在线电路中,如图 3-3(a)所示。采用这种接入电路方式,在发生三相均匀过载、不均匀过载乃至发生一相断线事故时,通过热继电器的电流即为通过电动机绕组的电流,所以热继电器仍可如实地反映电动机的过载情况。

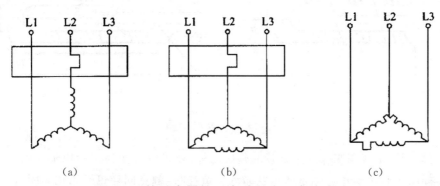

(a)　　　　　　　　(b)　　　　　　　　(c)

图 3-3　热继电器接入电动机定子电路方式

电动机的额定电流是指线电流,电动机在三角形联结时,额定线电流为每相绕组额定相电流的三倍。当发生断相运行时,如果故障线电流达到电动机的额定电流,可以证明,此时电动机电流最大一相绕组的电流将达到额定相电流的 1.15 倍。若将热继电器的热元件串联在三角形联结电动机的电源进线中,并且按电动机的额定电流选择热继电器,当故障线电流达到额定电流时,在电动机绕组内部,电流较大的那一相绕组的故障相电流将超过额定电流。因热继电器串在电源进线中,所以热继电器不产生动作,但此时电动机就有过热危险。

因此,当电动机定子绕组为三角形联结时,若采用普通热继电器,为了能进行断相保护,必须将三个发热元件串联在电动机的每相绕组上,如图 3-3(b)所示。如果采用断相式热继电器,可以采用图 3-3(c)的接线形式。

3.1.6　干簧继电器

干式舌簧继电器简称为干簧继电器,是近年来迅速发展起来的一种新型密封触点的继电器。前面讲到的电磁式继电器由于动作部分惯量较大,动作速度不快,同时因线圈的电感较大,其时间常数也较大,因而对信号的反应不够灵敏;而且普通继电器的触点暴露在外,易受污染,使触点接触不可靠。干簧继电器克服了上述缺点,具备快速动作、高度灵敏、稳定可靠和功耗低等优点,为自动控制装置和通信设备所广泛采用。

1. 干簧继电器的工作原理

干簧继电器的主要部件是由铁镍合金制成的干簧片,它既能导磁又能导电,兼有普通电磁继电器的触点系统和磁路系统的双重作用。干簧片装在密封的玻璃管内,管内充有纯净干燥的惰性气体,以防触点表面氧化。为了提高触点的可靠性和减小接触电阻,通常在干簧片的触点表面镀有导电性能良好,耐磨的贵金属(如金、铂、铑及合金等)。

在干簧管外面套一个励磁线圈就构成一只完整的干簧继电器,如图 3-4(a)所示。当线圈通以电流时,在线圈的轴向产生磁场,该磁场使密封管内的两个干簧片被磁化,于是两个干簧片触点产生极性相反的磁极,它们相互吸引而闭合;当切断线圈电流时,磁场消失,两个干簧片也失去磁性,依靠其自身的弹性恢复原位,使触点断开。

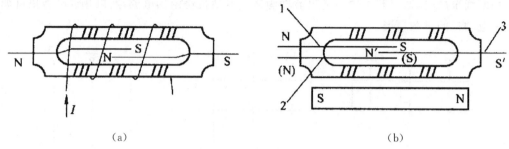

(a)   (b)

图 3-4　干簧继电器

除了可以用通电线圈来作为干簧片的励磁之外,还可以直接使用一块永久磁铁靠近干簧片来励磁,如图 3-4(b)所示。当永久磁铁靠近干簧片时,触点同样也被磁化而闭合,当永久磁铁离开干簧片时,触点即断开。

干簧片的触点有两种形式,一种是如图 3-4(a)所示的动合式触点;另一种是如图 3-4(b)所示的切换式触点。后者当给予励磁时(例如用条形永久磁铁靠近),干簧管中的三个干簧片均被磁化,其中,干簧片 1、2 的触点被磁化后产生相同的磁极(图示为 S 极性),因而互相排斥,使动断触点断开;而干簧片 1、3 的触点则因被磁化后产生的磁性相反而吸合。

2.常用的干簧继电器

常用的干簧继电器有 JAG-2 型,小型 JAC-4 型,大型 JAC-5 型等,其中又分动合、动断与转换三种不同的类型。另外,还有双列直插式塑料封装的干簧继电器,其外形尺寸和引脚与 14 根引出端的 DIP(双列直插)标准封装的集成电路完全一致,因此称为 DIP 封装的干簧继电器,它符合安装标准,可直接装配在印制电路板上。该继电器具有一组动合触点,可内装保护电子回路的抑制二极管。线圈工作电压有 5 V、6 V、12 V、24 V 等,可用半导体元件或集成电路直接驱动。

3.1.7　固态继电器

1.固态继电器的概念

固态继电器简称 SSR,是一种无触点通断电子开关,可实现电磁式继电器的功能,因其"断开"和"闭合"均无触点、无火花,因而又称其为无触点开关。

由于固态继电器是由固体元件组成的无触点开关元件,所以与电磁式继电器相比,它具有体积小、重量轻、运行可靠、寿命长、对外界干扰小、能与逻辑电路兼容、抗干扰能力强、开关速度快、使用方便等一系列优点;同时由于采用整体集成封装,使其具有耐腐蚀、抗振动、防潮湿等特点,因而在许多领域有着广泛的应用,在某些领域有逐步取代传统电磁式继电器的趋势。

固态继电器还可应用在电磁式继电器难以胜任的领域,如计算机和可编程序控制器的输入输出接口、计算机外围和终端设备、机械控制、中间继电器、电磁阀、电动机等的驱动装置、调压装置、调速装置等。在一些要求耐振、耐潮、耐腐蚀、防爆的特殊装置和恶劣的工作环境以及工作可靠性要求非常高的场合,固态继电器都较传统电磁式继电器具有无可比拟的优越性。

2.固态继电器的分类

固态继电器可以从不同的角度进行分类。

(1)按负载电源类型分类

固态继电器可分为交流型固态继电器(AC-SSR)和直流型固态继电器(DC-SSR)两种。AC-SSR 以双向晶闸管作为开关元件,而 DC-SSR 一般以功率晶体管作为开关元件,分别用来接通或断开交流或直流负载电源。

交流型固态继电器可分为随机导通型(调相型)和过零型(过零触发型)两种,它们之间的主要区别在于负载端交流电流导通的条件不同。对于随机导通型 AC-SSR 来说,当在其输入端加上导通信号时,不管负载电源电压处于何种相位状态下,负载端立即导通;而对于过零型 AC-SSR 来说,当在其输入端加上导通信号时,负载端并不一定立即导通,只有当电源电压过零时才导通,因此,减少了晶闸管接通时的干扰,谐波干扰少,可用于计算机 I/O 接口等场合。随机导通型 AC-SSR 由于是在交流电源的任意状态(指相位)上导通,因而导通瞬间可能产生较大的干扰。

由于双向晶闸管的关断条件是控制极导通电压撤除,同时负载电流必须小于双向晶闸管导通的维持电流。因此,对于随机导通型和过零型 AC-SSR,在导通信号撤除后,都必须在负载电流小于双向晶闸管维持电流时才能关断,因此,这两种固态继电器的关断条件是相同的。

直流固态继电器(DC-SSR)内部的功率器件一般为功率晶体管,在控制信号的作用下工作在饱和导通或截止状态。DC-SSR 在导通信号撤除后可以立刻关断。

AC-SSR 为四端器件,两个输入端,两个输出端;DC-SSR 有四端型和五端型之分,其中,两个为输入端,对于五端型增加一个输出端。

需要注意的是,对于过零型 AC-SSR 来说,电路的所谓过零并非真的在 0 V 处导通,而是一般在($\pm 10 \sim \pm 25$)V 区域内,这是由于开关电路需要供电。

有些交流固态继电器采用的是晶闸管型光隔离器。对于过零型光耦合双向晶闸管驱动器,其内部还带过零检测电路。

(2)按安装形式分类

按安装形式固态继电器可分为装配式固态继电器、焊接式固态继电器和插座式固态继电器。装配式固态继电器可装配在电路板上,焊接式固态继电器可直接焊装在印制电路板上。

3.2　继电器—接触器控制的常用线路

3.2.1　原理线路图的绘制规则

工程上电器线路都用一些规定的图形符号来表示。如图 3-5 所示为用接触器控制鼠笼式异步电动机的安装线路图,它是电气施工时最重要的资料之一。随着生产的发展,控制系统日趋复杂,使用的电器元件越来越多,安装线路图中相交的线也越来越多,阅读起来很不方便。为了满足分析线路或设计线路的需要,产生了根据工件原理与便于阅读而绘制的线路图,这种图就是原理线路图,简称原理图(图 3-6)。实际上,它就是图 3-5 的展开形式,所以又称为展开线路图。原理图是机床电气设备设计的基本和重要的技术资料,机床的生产率和它的运行可靠性在很大程度上与原理图的质量有关。

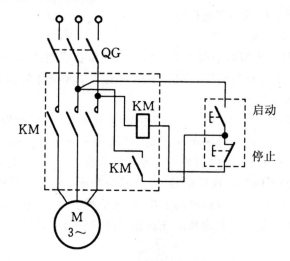

图 3-5　安装线路图

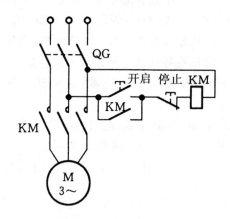

图 3-6　原理线路图

为了便于读者有规律地阅读原理图或者拟定简单的原理图,下面以 C534J$_1$ 立式车床中拖动工作台旋转的电动机原理线路图(图 3-7)为例,介绍一下绘制原理图的基本规则。

①为了区别主电路与控制电路,在绘制线路图时,主电路用粗线表示,控制电路用细线表示。通常习惯将主电路放在线路图的左边(或上部),而将控制电路放在右边(或下部)。

②在原理图中,控制线路中的电源线分列两边,各控制回路基本上按照各电器元件的动作顺序自上而下平行绘制。

③在原理图中,各个电器并不是按照它实际的布置情况绘制在线路上,而是采用同一电器

的各个部件分别绘在它们完成作用的地方。

④为区别控制线路中各电器的类型和作用,每个电器及它们的部件用一定的图形符号来表示,且给每个电器一个文字符号,属于同一电器的各个部件(如接触器的线圈和触头)都用同一文字符号来表示。而作用相同的电器都用一定的数字序号来表示。

⑤由于各个电器在不同的工作阶段分别作不同的动作,触点时闭时开,而在原理图中只能表示一种情况,因此,规定所有电器的触点均表示正常位置,即各种电器在线圈没有通电或机械尚未动作时的位置。例如,对于接触器和电磁式继电器来说就是电磁铁未吸上的位置,对于行程开关、按钮等则为未压合的位置。

⑥为了查线方便,在原理图中两条以上导线的电气连接处要打一个圆点,且每个接点要设置一个编号。编号的原则是:靠近左边电源线的用单数标注,靠近右边电源线的用双数标注,通常都是以电器的线圈或电阻作为单、双数的分界线,故电器的线圈或电阻应尽量放在各行的一边——左边或右边。

⑦对于具有循环运动的机构,应给出工作循环图,对于万能转换开关和行程开关则应绘出动作程序和动作位置。

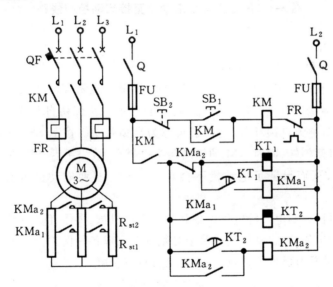

图 3-7　C534J₁ 立式车床中拖动工作台旋转的电动机原理线路图

3.2.2　继电器—接触器自动控制的基本线路

本节将以交流异步电动机为控制对象来研究它的启动、正反转、点动、连锁控制等基本线路。

1. 启动控制线路及其保护装置

只要在图 3-6 中加上一些保护电器便成了机械生产中常用的"不反转的鼠笼式异步电动机直接启动控制线路",如图 3-8 所示,它是 C620-1 卧式车床主传动电动机的控制线路。将线路中的控制设备组成一体称为不可逆磁力启动器,它包括一个接触器 KM、一个热继电器 FR

和一个双联按钮(启动按钮 SB_1 和停止按钮 SB_2)。图中,QG 是刀开关,FU 是熔断器。接触器的吸引线圈和一个动合辅助触头接在控制电路中,而它的三个动合主触头则接在主电路中。

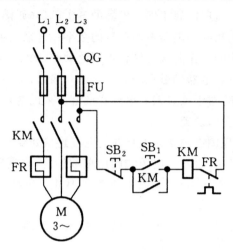

图 3-8　鼠笼式异步电动机直接启动控制线路

其操作过程如下:

合上开关 QG(作启动准备),按下 SB_1,接触器 KM 的吸引线圈得电,衔铁吸上,其主触头闭合,电动机便开始转动起来。与此同时,KM 的辅助触头也闭合,将启动按钮 SB_1 短接,这样当松开 SB_1 时接触器仍旧有电。像这种利用电器自己的触头保持自己的线圈得电,从而保证长期工作的线路环节称为自锁环节,这种触头称为自锁触头。按下 SB_2,KM 的线圈断电,其主触头打开,电动机便停转,同时 KM 的辅助触头也打开,故松手后,SB_2 虽仍闭合,但 KM 的线圈不能继续得电,从而保证了电动机不会自行启动。要使电动机再次工作,可再按 SB_1 按钮。

为了避免电动机、控制电器等电气设备和整个生产机械、操作者受到不正常工作状态的不利影响,使工作更为可靠,在自动控制线路中必须具有完成各种保护作用的保护装置。其中部分电器设备在前面的章节已经介绍过,在这里进行重点讲解。

(1)短路保护

短路保护的作用在于防止电动机突然通过短路电流而引起电动机绕组、导线绝缘及机械上的严重损坏或防止电源损坏。此时,保护装置应立即可靠地使电动机与电源断开。常用的短路保护元件有熔断器、过电流继电器和自动开关等。

①熔断器(保险丝)。它是一种广泛应用于电力传动控制系统中的保护电器。熔断器串于被保护的电路中,当电路发生短路或严重过载时,它的熔体能自动迅速熔断,从而切断电路,使导线和电气设备不致损坏。

熔断器从结构上分,有插入式、密封管式和螺旋式。熔断器的熔体一般由熔点低、易于熔断、导电性能好的合金材料制成。常用的插入式熔断器有 RCIA 系列,螺旋式熔断器有 RLS 系列和 RL1 系列,无填料密封管式熔断器有 RM10 系列,有填料密封管式熔断器有 RT0 系列,快速熔断器有 RS0 系列和 RS3 系列。RS0 系列可作为半导体整流元件的短路保护,RS3

系列可作为晶闸管整流元件的短路保护。

熔断器的熔断时间与通过熔体的电流有关。它们之间的关系称为熔断器的熔断特性,如图 3-9 所示(电流用额定电流的倍数来表示)。从特性可看出,当通过的电流 $I/I_N \leqslant 1.25$ 时,熔体将长期工作;当 $I/I_N = 2$ 时,熔体在 $30 \sim 40$ s 内熔断;当 $I/I_N > 10$ 时,可以认为熔体瞬时熔断。所以当电路发生短路时,短路电流将使熔体瞬时熔断。

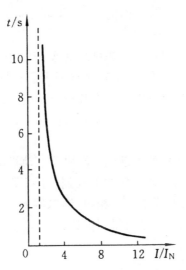

图 3-9 熔断器的熔断特性

熔断器一般是根据线路的工作电压和额定电流来选择的。对一般电路、直流电动机和线绕式异步电动机的保护电路来说,熔断器是按它们的额定电流选择的。但对于鼠笼式异步电动机却有特殊的要求,因为,鼠笼式异步电动机直接启动时的启动电流为额定电流的 $5 \sim 7$ 倍,按额定电流选择时,熔体将即刻熔断。因此,为了保证所选的熔断器既能起到短路保护的作用,又能使电动机启动,一般鼠笼式异步电动机的熔断器按启动电流的 $1/K(K=1.6 \sim 2.5)$ 来选择。若轻载启动、启动时间短,则 K 可选得大一些;若重载启动、启动时间长,则 K 应选得小一些。由于电动机的启动时间是短促的,故这样选择的熔断器在启动过程中是来不及熔断的。

熔断器结构简单、价廉,但动作准确性较差,熔体断了后需重新更换,而且若只断了一相还会造成电动机的单相运行,所以它只适用于自动化程度和其动作准确性要求不高的电力传动控制系统中。

②过电流继电器。在前面一节我们将到了过电流继电器,它的动作准确性较高,多为自动复位,使用方便,不会造成单相运行,但它不能直接断开主电路,需要和接触器等配合使用。它广泛应用于直流电动机和线绕式异步电动机的短路保护和瞬时最大电流(超载)保护,而在鼠笼式异步电动机中一般很少采用。

③自动开关(自动空气断路器)。这种电器的接触系统与接触器的接触系统非常相似,它既具有熔断器能直接断开主电路的特点,又具有过电流继电器动作准确性高、容易复位、不会造成单相运行等优点。它不仅具有作为短路保护的过电流脱扣器,而且具有作为长期过载保护的热脱扣器,还有失压保护。但它价格较高,故在自动化程度和工作特性要求高的系统中,

它是一种很好的保护电器。常用的自动空气断路器有塑料外壳式的DZ5、DZ10系列和框架式的DW10、DW5系列。

短路保护装置在线路中应安装得愈靠近电源愈好，因愈靠近电源，保护的范围愈广。

（2）长期过载保护

长期过载是指电动机带有比额定负载稍高一点[（115%～125%）I_N]的负载长期运行，这样会使电动机等电气设备因发热而导致温度升高，甚至会超过设备所允许的温升而使电气设备的绝缘层损坏，所以必须给予保护。

目前使用得最多的长期过载保护装置是热继电器FR。在图3-7所示的线路中，热继电器FR的热元件串联在电动机的主电路中，而其触点则串联在控制电路接触器线圈的电路中。当电动机过载时，热继电器的热元件就发热，将其在控制电路内的动断触点断开，接触器线圈失电，触点断开，电动机停转。在重复短期工作制的情况下，由于热继电器和电动机的特性很难一致，所以一般不采用热继电器。

热继电器还可用于保护电动机单相运行。但如果电动机单相运行时热继电器也失灵了，电动机仍会烧坏。采用长期过载与缺相保护的控制线路（图3-10）就可以防止这种故障的发生。在这个线路中，当电动机的电源断了一相时，继电器KV_1和KV_2至少有一个失电，其常开触点使接触器KM失电，从而使电动机得到保护。

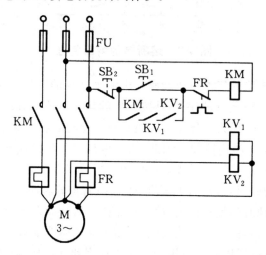

图 3-10　长期过载与缺相保护的控制线路

（3）零励磁保护

直流电动机除了短路保护和长期过载保护外，还应有零励磁保护。这是因为直流电动机在运行过程中若失去励磁电流或励磁电流减小很多，轻载时将产生超速运行甚至发生飞车，重载时则会使电枢电流迅速增加，电枢绕组会因发热而损坏，所以，要采用零励磁保护，如图3-11所示。当合上开关QF后，电动机励磁绕组WF中通过额定励磁电流，该电流使电流继电器KUC动作，其常开触头KUC闭合。当按下启动按钮SB_1时，接触器KM动作，直流电动机M开始工作。若运行过程中励磁电流消失或降低太多，就会使电流继电器KUC释放，常开触头KUC打开，从而使接触器KM释放，电动机断电而停车。图中，与WF并联的二极管V主要用来降低切断电源时由励磁绕组感应产生的高电压。

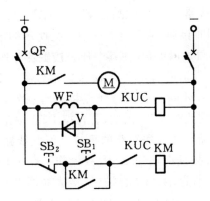

图 3-11　零励磁保护线路

(4)零压(或欠压)保护

零压(或欠压)保护的作用在于防止因电源电压消失或降低而可能发生的不容许故障,如经常出现由于车间的某种原因引起变电所的开关跳闸而暂时停止供电事情。对于手控电器,此时若未拉开刀开关或转换开关,当电源重新供电时,电动机就会自行启动,可能会造成设备或人身事故。但在图 3-7 所示的自动控制线路中,若电源暂停供电或电压降低,接触器线圈就会因失电而断开触点,电动机脱离电源而得到保护;过后当电源电压恢复时,不重新按启动按钮,电动机就不会自动启动。这种保护称为零压(或欠压)保护。

2.正反转控制线路

许多生产机械运动部件,根据工艺的要求经常需要进行正反方向两种运动,采用电力传动时可借电动机的正反转来实现这两种运动。由异步电动机的工作原理可知,将电动机的供电电源的相序倒接,就可以控制异步电动机做反向运动。为了实现相序的变更,需要使用两个接触器来完成。图 3-12 所示为异步电动机正反转控制线路的简单线路。正转接触器 FKM 接通正向工作电路,反转接触器 RKM 接通反向工作电路,从而实现电动机定子端的相序的变更。

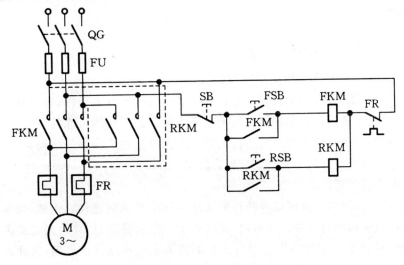

图 3-12　异步电动机正反转控制线路的简单线路

图 3-12 所示的自动控制线路具有以下缺点:若同时按下正向按钮 FSB 和反向按钮 RSB, 可以使 FKM、RKM 接触器同时接通,从而造成图中虚线所示的电源短路事故。

为避免产生上述事故,必须加以保护,使其中任一接触器工作时,另一接触器即失效,不能工作。为此,采用图 3-13(a)所示的有电气连锁保护的线路。当按下 FSB 按钮后,接触器 FKM 动作,使电动机正转。FKM 除有一动合触点将其自锁外,另有一动断触点串联在接触器 RKM 线圈的控制电路内,它此时断开,因此,若再按 RSB 按钮,接触器 RKM 受 FKM 的动断触点连锁不能动作,这样就防止了电源短路的事故。但此线路也存在不足之处:反向时,必须先按停止按钮 SB,不能直接按反向按钮 RSB,故操作不太方便。如果直接按 RSB,不能断开正向接触器 FKM 的电路。因此,采用复合按钮,接成如图 3-13(b)所示的线路即可解决这一问题。所以,此线路是一个较完整的正反转自动控制线路,生产机械中比较实用。在实际生产中,常把此线路装成一个成套的电气设备,称之为可逆磁力启动器或电磁开关。常用的启动器有 QC10 系列。

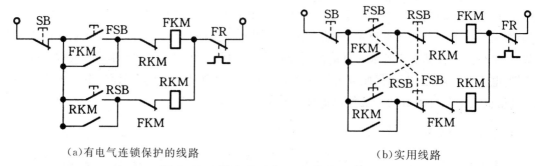

(a)有电气连锁保护的线路　　　　　　　　　(b)实用线路

图 3-13　异步电动机正反转控制线路

采用可逆与不可逆磁力启动器可以控制电动机长期工作。实际操作中,除长期工作状态外,生产机械还有一种调整工作状态,如机床中做加工准备时的对刀。在这一工作状态中对电动机的控制要求是一点一动,即按一次按钮动一下,连续按则连续动,不按则不动,这种动作常称为"点动"或"点车"。

3.多电动机的连锁控制线路

前面介绍的都是单电动机传动动的控制线路,实际上,生产机械已广泛采用多电动机传动,在一台设备上采用几台、几十台甚至上百台的电动机传动各个部件,而设备的各个运动部件之间并不是毫无关联的。为实现复杂的工艺要求和保证工作的可靠性,各运动部件常常需要按一定的顺序工作或连锁工作。使用机械方法来完成这项工作将使机构异常复杂,有时还不易实现,而采用继电器—接触器控制却极为简单。

(1)两台电动机的互锁

如机床主传动与润滑油泵传动间的连锁就是一种最常见的连锁。例如,当车床主轴工作时,首先要求在齿轮箱内有充分的润滑油;龙门刨床工作台移动时,导轨内也必须先有足够的润滑油。因此,通常要求主传动电动机应该在润滑油泵工作后才准启动,这样的连锁采用图 3-14(a)所示的自动控制线路即可满足。图中,M_1 为润滑油泵电动机,M_2 为主传动电动机,因

只有当 KM_1 动作后，KM_2 才能有所动作。上述线路中两台电动机的停车是同时的。

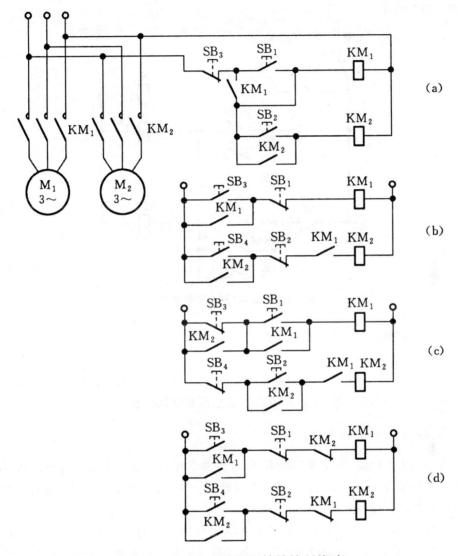

图 3-14　两台电动机互锁的控制线路

生产机械上有时还要求有另一种连锁，例如，铣床中不仅要求进给装置只有在主轴旋转后方能工作（避免刀具损坏）和两者能同时停车，而且要求在主轴旋转时进给装置可以单独停车。采用图 3-14（b）所示的线路即可满足要求，这里 M_1 代表主轴电动机，M_2 代表进给电动机。

上述两种线路都是 M_2 受 M_1 的约束，而 M_1 不受 M_2 约束的。但实际操作中往往要求两者相互约束。如上述铣床不仅要求主轴旋转后才允许进给装置工作，而且最好能满足只有在进给装置停止后，才允许主轴停止旋转。采用图 3-13（c）所示的线路即可满足这种要求。

（2）其他控制方法

图 3-15 所示为集中控制与分散控制的线路。这个线路的特点是各传动电动机的操作独立性更好，操作也简单，许多生产自动线上都采用这样的控制线路。图 3-15 中，SB_1、SB_3 和

SB₂、SB₄ 分别装在每一台机床的控制台上，而 SB₅ 和 SB₆ 装在集中控制台上，因此，就形成了集中控制与分散控制。

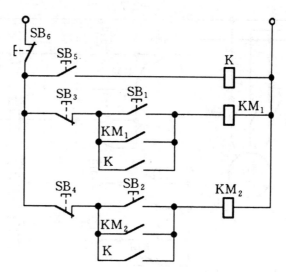

图 3-15　集中控制与分散控制

如果将集中控制台放在离机床较远的地方，通过较长的连线将按钮与其他的电器连接，则可形成遥远控制。

多电动机传动的生产机械工作中常需要联合动作，而在调整时又需单独动作，如机床的主运动和进给运动之间就有这种要求，故存在联合控制和分别控制。

4. 多点控制和顺序控制线路

对于大型的生产机械，为了操作的方便，常常要求在两个或两个以上的地点都能进行操作。实现这种要求方法就是在各操作地点各安装一套按钮，其接线的原则是各启动按钮的常开触点并联而各停止按钮的常闭触点串联。

在自动化的生产中，根据加工工艺的要求，加工需按一定的程序进行，即工步要依次转换，一个工步完成后，要求能够自动转换到下一个工步。在组合机床和专用机床中常用继电器程序控制线路来完成这类任务。

大多数生产机械的加工工艺是经常变动的，为了解决程序的可变性问题，简单的可用继电器—接触器控制，复杂的则要用可编程序控制器或微型计算机控制。

5. 电磁铁的几种控制线路

对于容量大的电磁机构，由于其电感大，电磁储能大，时间常数大，因此，线圈通电时，过渡过程时间长，机构动作慢；而线圈断电时，电流迅速降到零，线圈会产生很高的自感电动势而被击穿，且在控制电器的触头间容易产生很强的电弧，使触头烧损。故在其控制线路中要采取措施，以缩短启动时的动作时间和防止断电时电感储能造成的危害。

①小容量电磁铁可用中间继电器或接触器的辅助触头控制，如图 3-16 所示。由于电磁铁

本身没有记忆功能,所以,必须用继电器等来记忆其启动信号。

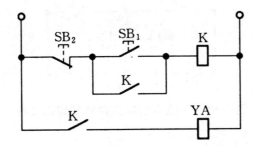

图 3-16　小容量电磁铁的控制线路

②加快直流电磁铁启动过程的线路如图 3-17 所示,这是用电容 C 在启动初始,瞬时将串入的降压电阻 R_s 旁路的办法来加快电磁铁线圈电流的增长。

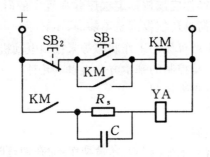

图 3-17　加快启动过程的控制线路

③防止直流电磁铁线圈过电压和触头烧损的控制线路。图 3-18(a)所示的线路在接触器 KM 触头断开瞬间,用电容器 C 对触头旁路,使电磁铁 YA、的线圈电流逐渐降低和使 KM 触头两端电压逐渐升高,从而保护了线圈和触头。图 3-18(b)和 3-18(c)所示的线路用放电电阻 Re 为电磁铁线圈提供放电回路来防止过电压。这个电路简单而有效,放电电阻值一般选为线圈电阻值的 2～3 倍。

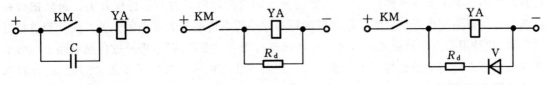

（a)接触器触头加旁路电容　　　（b)电磁铁线圈的放电回路　　　（c)电磁铁线圈的放电回路

图 3-18　电磁铁消磁线路

④电磁离合器正反向传动切换的线路如图 3-19 所示。其中 YC1 和 YC2 分别为正、反向传动的电磁离合器,一个线圈励磁工作,另一个线圈则通过 R_d 反向励磁以快速消磁,两个离合器分别在从动轴正反转时工作。

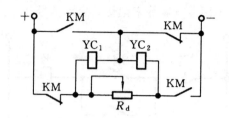

图 3-19　电磁离合器正向传动切换线路

3.3　生产机械中常用的自动控制方法

生产机械的工艺过程是很复杂的,为使机械实现自动化,需要在机电传动控制系统中完成一系列的电路转换操作,这些操作应该按一定次序并在规定的时间内完成。要满足这些复杂的要求,仅仅依靠前面所述的简单连锁控制是不够的,还必须利用电动机启动、变速、反转和制动过程中的各种变化因素和生产机械的工作状态等来控制电动机,因此,就出现了各式各样的控制方法。常用的机电传动自动控制的基本方法有以下几种。

①根据工作机械的运动行程来控制。

②利用电动机的速度来控制。

③根据一定时间间隔来控制。

④利用电动机主电路的电流来控制。

下面将通过一些基本线路环节来说明这些方法,而这些线路环节不一定是最完善的,但确实是组成生产机械机电传动自动控制的基础。

3.3.1　按行程的自动控制

为满足生产工艺的要求,生产机械的工作部件要作各种移动或转动。例如,龙门刨床的工作台应根据工作台的行程位置自动地实现启动、停止、反转和调速的控制,这就需要按行程进行自动控制。为了实现这种自动控制,就需要有测量位移的元件——行程开关。通常把放在终端位置用以限制生产机械的极限行程的行程开关称为终端开关或极限开关。按行程进行自动控制,就是根据生产机械要求运动的位置通过行程开关发出信号,再经过控制电路中的继电器和接触器来控制电动机的工作状态。这种控制方法在机床中被广泛采用,尤其是组合机床和滚齿机等机床。

1. 行程开关

行程开关分为机械式和电子式两种,机械式又可分为按钮式和滑轮式等。

（1）按钮式行程开关

按钮式行程开关构造与按钮相仿,但它不是用手按,而是由运动部件上的挡块移动碰撞。它的触头分合速度与挡块的移动速度有关,若移动速度太慢,触头不能瞬时切换电路,电弧在触头上停留的时间较长,容易烧坏触头,因此,它不宜用在移动速度小于 0.4m/min 的运动部件上。但它结构简单,价格便宜。常用的型号有 X₂ 系列。

（2）滑轮式行程开关

滑轮式行程开关是一种快速动作的行程开关。当行程开关的滑轮受挡块触动时,上转臂向左转动,由盘形弹簧的作用,同时带动下转臂转动,在下转臂未推开爪钩时,横板不能转动,因此钢球压缩了下转臂中的弹簧,使此弹簧积储能量,直至下转臂转过中点推开爪钩后,横板受弹簧的作用,迅速转动,使触点断开或闭合。因此,触点分合速度不受部件速度的影响,故常用于低速度的机床工作部件上。常用的型号有 LX19、JLXK1、LXK2 等系列。此类行程开关有自动复位和非自动复位两种。

（3）微动开关和接近开关

微动开关用于要求行程控制准确度较高的情况,它具有体积小、重量轻、工作灵敏等特点,且能瞬时动作。微动开关还用来作为其他电器（如空气式时间继电器、压力继电器等）的触头。常用的微动开关有 JW、JWL、JLXW、JXW、JLXS 等系列。

一般的行程开关与微动开关工作时均有挡块与触杆的机械碰撞和触点的机械分合,在动作频繁时,易于产生故障,工作可靠性较低。接近开关是无触点行程开关,接近开关有高频振荡型、电容型、感应电桥型、永久磁铁型、霍尔效应型等多种。其中,以高频振荡型最为常用,它是由装在运动部件上的一个金属片移近或离开振荡线圈来实现控制的。接近开关使用寿命长、操作频率高、动作迅速可靠,故得到了广泛应用。常用的型号有 WLX1、LXU1 等系列。

2. 按行程控制的基本线路举例

生产机械中常要求工作部件移动至预定位置时自行停车,其传动电动机停转。控制线路如图 3-20 所示,当按下 SB 时,由电动机所驱动的工作部件 A 从点 1 开始移动直到点 2,在这里,挡块 B 压下行程开关 ST 使工作部件停止移动。图中,行程开关 ST 的动断触点自动地起了一个"停止"按钮的作用。

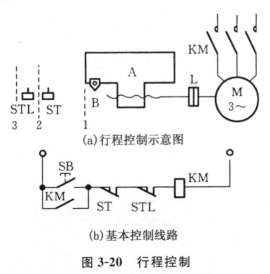

(a)行程控制示意图

(b)基本控制线路

图 3-20　行程控制

如果工作部件 A 的工作较频繁,则 ST 的动作次数很多,使可靠性大为降低,为了保证工作部件可靠工作而不致跑出导轨,可再装一个极限开关 STL 作限位(终端)保护。

3.3.2 按时间和按速度的自动控制

按行程的自动控制的特点是命令信号直接由运动部件发出,但是,在某些生产机械中不能由运动部件直接给出信号,例如,电动机启动电阻的切除,它需要在电动机启动后隔一定时间切除,这就产生了按时间的自动控制方法。同时也出现了反映时间长短的时间继电器,这是一种在输入信号经过一定时间间隔才能控制电流流通的自动控制电器。

此外,由于电动机的启动或制动时间与负载力矩的大小等因素有关,因此,按时间控制电动机的启动或制动过程是不够准确的,在反接制动的情况下,甚至有可能使电动机反转。为了准确地控制电动机的启动和制动,需要直接测量速度信号,再用此速度信号进行控制,这就产生了按速度的自动控制。同时也出现了测量速度的元件——速度继电器。

时间继电器和速度继电器在 1.1 节已经详细介绍过了,这里不再赘述。

3.3.3 按电流的自动控制

在机电传动控制系统中,除了按行程、时间、速度等进行自动控制外,还可以测量电动机的电流来进行控制,如电动机的启动过程可以根据电流的大小进行控制,以逐步切除启动电阻,进行启动。有时候,根据生产的需要,还要求测量出负载的机械力大小进行控制。例如,对于机床的进刀传动,当主轴负载过大时,要求减小其进刀量。又如各种机床的夹紧机构,当夹紧力达到一定时,要求给出信号使电动机停止工作。机床的负载与机械力往往与交流异步电动机或直流他激电动机中的电流成正比,因此,测量电流值即能反映负载或机械力大小。电流值可以采用电流继电器、电流互感器等元件来测量。

实际上,线绕式转子电路串电阻的启动和他激直流电动机电枢电路串电阻的启动,都可以按电流控制来进行。

第4章 直流传动与控制技术

4.1 直流电动机

4.1.1 直流电动机的工作原理和励磁方式

1. 直流电动机的工作原理

直流电动机的应用范围非常广泛,从廉价玩具的微型电动机到人造卫星上要求极高的执行电动机;从电动工具的驱动电动机到电子计算机、数控机床和电动车中的电动机,种类繁多,要求各异。但从其工作原理来看,都可以简化为如图 4-1 所示的模型。

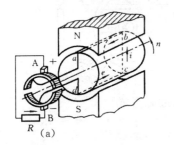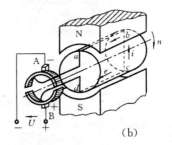

图 4-1 直流电动机的简化模型

若把电刷 A、B 接到一个直流电源上,电刷 A 接电源的正极,电刷 B 接电源的负极,此时在电枢线圈中将有电流通过。在图 4-1(a)所示的情况下,位于 N 极下的导体 ab 所受电磁力的方向向左,而位于 S 极下的导体 cd 所受电磁力的方向向右,该电磁力与转子半径之积即为电磁转矩,电磁转矩的方向为逆时针。当电磁转矩大于阻转矩时,电枢线圈按逆时针方向旋转,当电枢线圈旋转到图 4-1(b)所示位置时,原位于 S 极上的导体 cd 转到 N 极下,其受力方向变为向左;而原位于 N 极下的导体 ab 转到 S 极上,其受力方向变为向右,电磁转矩的方向仍为逆时针方向,电枢线圈在此转矩作用下继续按逆时针方向旋转。这样,虽然导体中通过的电流为交变的,但 N 极下导体的受力方向和 S 极上导体的受力方向并未发生变化,电动机在这个方向不变的转矩的作用下持续转动。电刷的作用就是把直流电变成电枢线圈中的交流电。

电磁力的方向由两个因素决定:一是导体中的电流方向;二是气隙磁场的极性。改变其中之一就可以改变电磁力的方向。

同一台直流电动机既可作发电机运行,也可作电动机运行,关键在于输入功率的性质,发电机原理和电动机原理总是同时出现的,即电磁的相互作用,电枢电动势和电磁转矩是同时存在的。

发电机:带上负载后,在输出电功率的同时,导体元件中产生的电流与磁场相互作用,根据电磁定理产生电磁转矩,其方向与发电机的转速方向相反,阻碍发电机旋转,是制动转矩,原动机要输入足够大的拖动转矩来克服制动转矩,使发电机转速稳定,从而把机械能转化为电能输出。

电动机:轴上输出机械功率的同时导体元件在主极下运动,根据电磁感应定理产生电动势,其方向与电流方向相反,阻碍电流输入,是反电动势,外加电源电压必须大于反电动势,才能把电流输入电动机,从而把电能转化为机械能输出。

2.直流电动机的励磁方式

直流电动机的四种励磁方式如图 4-2 所示。根据励磁方式的不同,直流电动机可以分为以下几种。

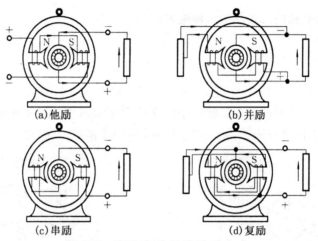

(a)他励　　　　　　(b)并励

(c)串励　　　　　　(d)复励

图 4-2　直流电动机的励磁方式

(1)直流他励电动机

在这种电动机中,励磁绕组与转子绕组没有电的联系,励磁电流是由另外的直流电源(如蓄电池组)供给的。

(2)直流并励电动机

在这种电动机中,励磁绕组与转子绕组并联,并励绕组两端电压就是转子绕组两端电压,其值较高,但励磁绕组用细导线绕成,其匝数很多,因此具有较大的电阻,通过它的励磁电流较小。

(3)直流串励电动机

在这种电动机中,励磁绕组与转子绕组串联,为使励磁绕组不引起大的损耗和压降,其电阻越小越好,所以串励绕组通常用较粗的导线绕成,其匝数也较少。

(4)直流复励电动机

在这种电动机中有两个励磁绕组,一个与转子绕组并联,称为并励绕组;另一个与转子绕组串联,称为串励绕组。电动机中的磁通由这两个绕组内的励磁电流共同产生。

4.1.2　直流电动机的基本结构

直流电动机由定子和转子两大部分组成,定子和转子之间的空隙称为气隙。

1.定子部分

包括主磁极、换向极及机座等装置。

（1）主磁极

王磁极包括主磁极铁芯和套在上面的励磁绕组，其主要任务是产生主磁场。磁极下面扩大的部分称为极靴，它的作用是使通过空气隙中的磁通分布最为合适，并使励磁绕组能牢固地固定在铁芯上。磁极是磁路的一部分，采用 1.0～1.5 mm 的硅钢片叠压而成。励磁绕组用绝缘铜线绕成。

（2）换向极

换向极用来改善电枢电流的换向性能。它也是由铁芯和绕组构成，用螺杆固定在定子的两个主磁极的中间。

（3）机座

一方面，机座用来固定主磁极、换向极和端盖等，并作为整个电机的支架，用地脚螺栓将电机固定在基础上；另一方面，它是电机磁路的一部分，故用铸钢或钢板压成。

2. 转子部分

包括电枢铁芯、电枢绕组及换向器等部件。

（1）电枢铁芯

电枢铁芯是主磁通磁路的一部分，用硅钢片叠成，呈圆柱形，表面冲了槽，槽内嵌放电枢绕组。为了加强铁芯的冷却，电枢铁芯上有轴向通风孔。

（2）电枢绕组

电枢绕组是直流电机产生感应电动势及电磁转矩以实现能量转换的关键部分。绕组一般由铜线绕成，包上绝缘层后嵌入电枢铁芯的槽中。为了防止离心力将绕组甩出槽外，用槽楔将绕组导体楔在槽内。

（3）换向器

对发电机而言，换向器的作用是将电枢绕组内感应的交流电动势转换成电刷间的直流电动势；对电动机而言，换向器的作用则是将外加的直流电流转换为电枢绕组的交流电流，并保证每一磁极下电枢导体的电流方向不变，以产生恒定的电磁转矩。换向器由很多彼此绝缘的铜片组合而成，这些铜片称为换向片，每个换向片都和电枢绕组连接。

直流电动机的截面图如图 4-3 所示。

转子铁芯上冲有槽孔，槽内放置转子绕组。转子也是直流电动机磁路的组成部分，它的一端装有换向器，换向器由许多铜质换向片组成一个圆柱体，换向片之间用云母绝缘。换向器是直流电动机的重要组成部分，换向器通过与电刷的摩擦接触，将两个电刷之间固定极性的直流电流转换成为绕组内部的交流电流，以便形成固定方向的电磁转矩。

4.1.3　直流电动机的铭牌数据及主要系列

1. 直流电动机的铭牌数据

电动机制造厂按照国家标准，根据电动机的设计和试验数据，规定了电动机的正常运行状态和条件，称之为额定运行情况。凡是表征电动机额定运行情况的各种数据，称为额定值。额定值一般都标注在电动机的铭牌上，所以也称为铭牌数据，它是正确、合理使用电动机的依据。

直流电动机的铭牌数据包括以下几种。

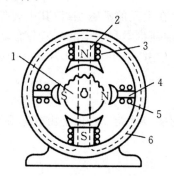

图 4-3　直流电动机的截面图

1—电枢;2—主磁极;3—励磁绕组;4—换向极;5—换向极绕组;6—机座

（1）额定功率

是指电动机的输出功率,对发电机系指出线端输出的电功率;对电动机系指转轴上输出的机械功率。

（2）额定电压

是指在额定工作条件下,电动机出线端的平均电压。对于发电机是指输出额定电压;对于电动机是指输入额定电压。

（3）额定电流

是指电动机在额定电压下,运行于额定功率时的电流值。

（4）额定转速

是指电动机运行于额定功率、额定电压、额定电流时所对应的转速。

（5）额定温升

是指电动机的温度高出环境温度的最大允许值（我国规定环境最高温度为 40 ℃）。在一般电动机中绕组取决于电动机绝缘材料的绝缘等级。

2.直流电动机的主要系列

常用直流电动机有 ZF 和 ZD 系列,为一般用途的中型直流电动机系列。"F"表示发电机,"D"表示电动机。容量为 55～1450kW（320～1000r/min）。电动机的电压为 220V、330V、440V 和 600V 四种;电动机为强迫通风式。

ZZJ 系列为起重、冶金用直流电动机系列,电压有 220V 和 440V 两种;励磁方式有串励、并励和复励三种;工作方式有连续、短时和断续三种;基本形式为全封闭自冷式。

此外,还有 ZQ 直流牵引电动机系列及 Z-H 和 ZF-H 船用发电机和电动机系列等。

4.1.4　直流电动机的机械特性

直流电动机也按励磁方法分为他励、并励、串励和复励四类,它们的运行特性也不尽相同。

1.他励直流电动机的机械特性

图 4-4 所示为他励直流电动机与并励直流电动机的电路原理图。电枢回路中的电压平衡

方程式为

$$U = E + I_a R_a \tag{4-1}$$

以 $E = K_e \Phi n$ 代入式(4-1)并略加整理后,得

$$n = \frac{U}{K_e \Phi} - \frac{R_a}{K_e \Phi} I_a \tag{4-2}$$

式(4-2)称为直流电动机的转速特性 $n = f(I_a)$,再 $I_a = \dfrac{T}{(K_t \Phi)}$ 代入式(4-2),即可得直流电动机机械特性的一般表达式,即

$$n = \frac{U}{K_e \Phi} - \frac{R_a}{K_e K_t \Phi} T = n_0 - \Delta n \tag{4-3}$$

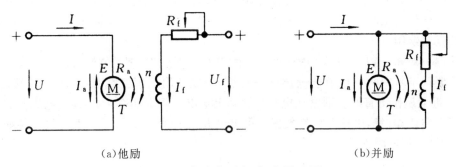

(a)他励　　　　　　　　　　　　(b)并励

图 4-4　直流电动机电路原理图

　　由于电动机的励磁方式不同,磁通 Φ 随 I_a 和 T 变化的规律也不同,所以在不同励磁方式下,式(4-3)所表示的机械特性曲线就有差异。对他励与并励而言,当 U_f 与 U 同属一个电源且不考虑供电电源的内阻时,这两种电动机励磁电流 I_f(或磁通 Φ)的大小均与电枢电流 I_a 无关,因此,它们的机械特性是一样的。他励电动机的机械特性如图 4-5 所示。

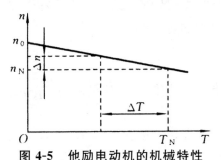

图 4-5　他励电动机的机械特性

　　式(4-3)中,$T = 0$ 时的转速 $n_0 = \dfrac{U}{(K_e \Phi)}$ 称为理想空载转速。实际上,电动机总存在空载制动转矩,靠电动机本身的作用是不可能使其转速上升到 n_0 的,"理想"的含义就在这里。

　　为了衡量机械特性的平直程度,引进机械特性硬度 β 的概念,其定义为

$$\beta = \frac{\mathrm{d}T}{\mathrm{d}n} = \frac{\Delta T}{\Delta n} \times 100\% \tag{4-4}$$

即转矩变化 $\mathrm{d}T$ 与所引起的转速变化 $\mathrm{d}n$ 的比值。根据 β 值的不同,可将电动机机械特性分为以下三类。

①绝对硬特性($\beta \to \infty$),如交流同步电动机的机械特性。

②硬特性($\beta > 10$),如他励直流电动机的机械特性,交流异步电动机机械特性的上半部。

③软特性($\beta < 10$),如串励直流电动机和复励直流电动机的机械特性。

在生产实际中,应根据生产机械和工艺过程的具体要求来决定选用何种特性的电动机。例如,一般金属切削机床、连续式冷轧机、造纸机等需选用硬特性的电动机,而起重机、电车等则需选用软特性的电动机。

2.固有机械特性

电动机的机械特性有固有特性和人为特性之分。固有特性又称自然特性,是指在额定条件下的 $n = f(T)$ 曲线。对于直流他励电动机,就是指在额定电 U_N 和额定磁通 Φ_N 下,电枢电路内不外接任何电阻时的 $n = f(T)$ 曲线。直流他励电动机的固有机械特性可以根据电动机的铭牌数据来绘制。

由式(4-3)知,当 $U = U_N$、$\Phi = \Phi_N$ 时,由于 K_e、K_t、R_a 都为常数,故 $n = f(T)$ 是一条直线。只要确定其中两个点就能画出这条直线,一般就用理想空载点 $(0, n_0)$ 和额定运行点 (T_N, n_N) 近似地作出直线。通常在电动机铭牌上给出了额定功率 P_N、额定电压 U_N、额定电流 I_N、额定转速 n_N 等,由这些已知数据就可求出 R_a、$K_e\Phi_N$、n_0、T_N,其计算步骤如下。

(1)估算电枢电阻 R_a

电动机在额定负载下的铜耗 $I_a^2 R_a$ 一般占总损耗 $\sum \Delta P_N$ 的 $50\% \sim 75\%$。因

$$\sum \Delta P_N = 输入功率 - 输出功率$$
$$= U_N I_N - P_N = U_N I_N - \eta_N U_N I_N$$
$$= (1 - \eta_N) U_N I_N$$

故

$$I_a^2 R_a = (0.50 \sim 0.75)(1 - \eta_N) U_N I_N$$

式中:η_N 为额定运行条件下电动机的效率,$\eta_N = \dfrac{P_N}{U_N I_N}$。

此时 $I_a = I_N$,故

$$R_a = (0.50 \sim 0.75)\left(1 - \frac{P_N}{U_N I_N}\right)\frac{U_N}{I_N} \tag{4-5}$$

(2)求 $K_e\Phi_N$

额定运行条件下的反电动势 $E_N = K_e\Phi_N n_N = U_N - I_N R_n$,故

$$K_e\Phi_N = \frac{U_N - I_N R_n}{n_N} \tag{4-6}$$

(3)求理想空载转速

理想空载转速,即

$$n_0 = \frac{U_N}{K_e\Phi_N}$$

(4)求额定转矩,即

$$T_N = \frac{P_N}{\omega} = 9.55\frac{P_N}{n_N} \tag{4-7}$$

根据 $(0,n_0)$ 和 (T_N,n_N) 两点,就可以作出他励电动机近似的机械特性曲线 $n=f(T)$。

前面讨论的是他励直流电动机正转时的机械特性,它的曲线在 TOn 直角坐标系的第一象限内。实际上电动机既可正转,也可反转,若将式(4-3)两边反号,即得电动机反转时的机械特性表示式。因为 n 和 T 均为负,故其特性曲线应在 TOn 直角坐标系的第三象限中,如图4-6所示。

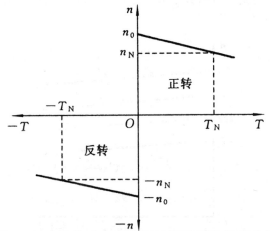

图 4-6　直流他励电动机正反转时固有机械特性

3.人为机械特性

人为机械特性就是指式(4-3)中供电电压 U 或磁通 Φ 不是额定值、电枢电路串接附加电阻 R_{ad} 时的机械特性,亦称人为特性。

(1)电枢回路中串接附加电阻时的人为机械特性

如图 4-7(a)所示,当 $U=U_N$、$\Phi=\Phi_N$、电枢回路中串接附加电阻 R_{ad} 时,以 $R_{ad}+R_a$ 代替式(4-3)中的 R_a,就可求得人为机械特性方程式,即

$$n = \frac{U_N}{K_e \Phi_N} - \frac{R_{ad}+R_a}{K_e K_t \Phi_N^2}T = n_0 - \Delta n \tag{4-8}$$

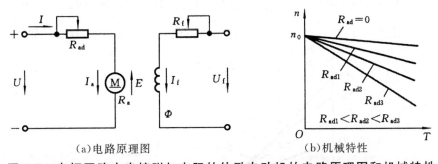

(a)电路原理图　　　　　　　　(b)机械特性

图 4-7　电枢回路中串接附加电阻的他励电动机的电路原理图和机械特性

将式(4-8)与固有机械特性方程式(4-3)比较可看出,当 U 和 Φ 都是额定值时,二者的理想空载转速 n_0 是相同的,而转速降 Δn 却变大了,即特性变软。R_{ad} 越大,特性越软,在不同的 R_{ad} 值时,可得一族由同一点 $(0,n_0)$ 出发的人为机械特性曲线,如图 4-7(b)所示。

(2)改变电枢电压 U 时的人为机械特性

当 $\Phi=\Phi_{\mathrm{N}}$、$R_{\mathrm{ad}}=0$ 而改变电枢电压 U(即 $U\neq U_{\mathrm{N}}$)时,由式(4-3)可见,理想空载转速 $n_0=\dfrac{U}{(K_{\mathrm{e}}\Phi_{\mathrm{N}})}$ 要随 U 的变化而变化,但转速降 Δn 不变,所以,在不同的电枢电压 U 时,可得一族平行于固有机械特性曲线的人为机械特性曲线,如图 4-8 所示。由于电动机绝缘耐压强度的限制,电枢电压只允许在其额定值以下调节,所以,不同 U 值时的人为机械特性曲线均在固有机械特性曲线之下。

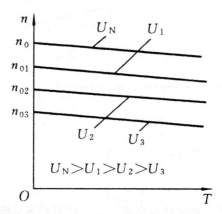

图 4-8 改变电枢电压的人为机械特性

(3)改变磁通 Φ 时的人为机械特性

当 $U=U_{\mathrm{N}}$、$R_{\mathrm{ad}}=0$ 而改变磁通 Φ 时,由式(4-3)可见,理想空载转速 $\dfrac{U_{\mathrm{N}}}{(K_{\mathrm{e}}\Phi)}$ 和转速降 $\Delta n=\dfrac{R_{\mathrm{a}}T}{K_{\mathrm{e}}K_{\mathrm{t}}\Phi^2}$ 都要随磁通 Φ 的改变而变化。由于励磁线圈发热和电动机磁饱和的限制,电动机的励磁电流和它对应的磁通 Φ 只能在低于其额定值的范围内调节,所以,随着磁通 Φ 的降低,理想空载转速 n_0 和转速降 Δn 都要增大。又因为在 $n=0$ 时,由电压平衡方程式 $U=E+I_{\mathrm{a}}R_{\mathrm{a}}$ 和 $E=K_{\mathrm{e}}\Phi n$ 知,电枢电流 $I_{\mathrm{st}}=\dfrac{U}{R_{\mathrm{a}}}$ 为常数,故与其对应的电磁转矩 $T_{\mathrm{st}}=K_{\mathrm{t}}\Phi I_{\mathrm{st}}$ 随 Φ 的降低而减小。根据以上所述,就可得不同磁通 Φ 值下的人为机械特性曲线族,如图 4-9 所示。

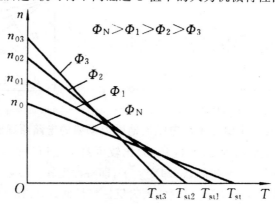

图 4-9 改变磁通 Φ 的人为机械特性

必须注意的是：当磁通过分削弱后，如果负载转矩不变，电动机电流将大大增加而使电动机严重过载。

需要注意的是，当 $I_f = 0$ 时，从理论上讲有 $\Phi = 0$，但实际上定子铁芯还有比较小的剩磁，剩磁所产生的启动转矩很小，理想的空载转速又很大，特性曲线很陡。当电动机空载时，转速会升到机械强度所不允许的值，这种现象通常称为"飞车"；当电动机带负载时，很容易出现轴上的负载转矩大于电磁转矩的现象，电动机又不能启动，电枢电流 $I_{st} = \dfrac{U}{R_a}$ 远远大于额定电流，这种现象通常称为"堵转"。"飞车"和"堵转"都会损坏电动机，因此，直流他励电动机启动前必须先加励磁电流，在运转过程中，绝不允许励磁电路断开或励磁电流为零。为此，直流他励电动机在使用中，一般都设有"失磁"保护。

4.1.5　直流电动机的调速特性

很多生产机械根据生产工艺的要求，都需要调节速度，如金属切削机床、轧钢机、造纸机、纺织机械、提升机械等。一般说来，调速可采用机械和电气两种方法，此处主要讨论电气调速方法，即调节电动机的速度。电动机调速是指采用人为的方法，改变电气参数，在负载转矩不变的条件下，得到不同的转速。

1.改变电压调速

改变电枢电压调速，需要有电压可调的直流电源给直流电动机供电。目前可调直流电源有两种。

（1）晶闸管整流装置

由它供电的直流调速系统称为晶闸管-电动机系统，即 V-M 系统，如图 4-10 所示。

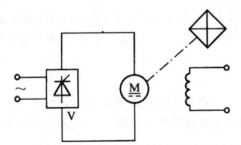

图 4-10　晶闸管供电的直流调速系统（V－M 系统）

（2）变流机组

由交流电动机拖动直流发电机 G 实现变流。由发电机 G 向需要调速的直流电动机 M 供电，改变发电机的输出电压 U 是用调节其励磁电流 I_f 来实现的，从而调节直流电动机的转速 n。这样的调速系统称为发电机-电动机系统，即 G-M 系统，如果改变 I_f 的方向，则 U 的极性和 n 的方向都会随之改变，如图 4-11 所示。

改变电源电压 U 时的机械特性方程式为

$$n = \frac{U}{C_e \Phi_N} - \frac{R_a}{C_e C_T \Phi_N^2} T = n_0 - \beta T \tag{4-9}$$

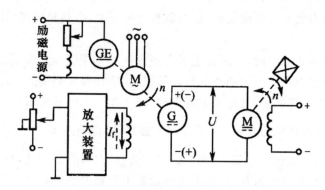

图 4-11　变流机组供电的直流调速系统（G-M 系统）

这种调速方法的特点如下。

①由于最大电压受到 U_N 的限制，因此只能在 U_N 以下调速。

②在 T_L 不变时，改变电压，Δn 不变，即机械特性的硬度不变。

2. 改变电阻调速

电枢串联电阻为 R 时，机械特性方程为

$$n = \frac{U_N}{C_e \Phi_N} - \frac{R_a + R}{C_e C_T \Phi_N^2} T = n_0 - \beta T \qquad (4-10)$$

这是一种改变电枢回路电阻的人为特性。

这种调速方法的特点如下。

①在负载转矩 T_L 为常数时，R 越大，转速降落越大，转速也越低，因此，只能在额定转速以下调速。

②轻载或空载时，T_L 很小，转速降落也很小，调速时的转速变化也很小。

③串联电阻越大，机械特性斜率越大，机械特性越软，负载变化引起的转速变化越大。

3. 改变磁通调速

一般说来，小容量电动机可以在励磁电路中串联可调电阻 r_0 来改变励磁磁通，如图 4-11（a）所示。大容量电动机则可用晶闸管整流装置 V 向励磁回路供电如图 4-12（b）所示。

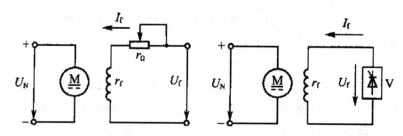

（a）励磁电路串接可调电阻　　（b）晶闸管整流装置 V 向励磁回路供电

图 4-12　改变磁通调速电路

改变磁通一般是指在额定磁通 Φ_N 以下调速。在电动机设计时，Φ_N 已接近饱和，即使励磁电流增加很大，Φ_N 却增加很小。在 Φ_N 以下调速称为弱磁调速。改变磁通 Φ 时的机械特性方程式为

$$n = \frac{U_N}{C_e \Phi_N} - \frac{R_a}{C_e C_T \Phi_N^2} T = n_0 - \beta T \qquad (4-11)$$

这种调速方法的特点如下。

①减少磁通 Φ 时，n_0 增加，Δn 也会增加。由于 R_a 很小，所以 n_0 增加得比 Δn 增加快。因此减弱磁通使转速升高，即在额定转速以上调速。

②减少磁通 Φ 时，硬度 β 加大，机械特性变软。

由于弱磁调速只能升速，转速的升高一般要受到换向条件和机械强度的限制。普通电动机的转速最高只能到 $(1.2 \sim 2) n_N$；特殊设计的调磁电动机，其额定转速较低，最高能达到 $(3 \sim 4) n_N$，因此，单独使用弱磁调速方法，其调速范围不大。对于要求调速范围较大的系统，常常要把调压与调磁两种方法配合起来使用，以电动机额定转速作为基础速度，在基础速度以下调压，基础速度以上调磁。

4. 调速方案的选择

(1) 根据调速指标选择电动机

在进行电气调速时，通常应根据生产机械提出的一系列调速技术指标来选择拖动方案。例如：

①要求调速范围 $D = 2 \sim 3$、调速级数 $= 3 \sim 4$ 时，一般采用交流可变极数的双速或多速鼠笼式异步电动机拖动。

②要求调速范围 $D < 3$、调速级数 $= 2 \sim 6$、重载启动、短时工作或重复短时工作的负载情况，常采用交流绕线式异步电动机拖动，如拖动桥式起重机的电动机。

③要求调速范围 $D = 10 \sim 100$、无级调速、且功率不大时，若不经常正反转、不经常低速运行，常采用带滑差离合器的异步电动机拖动系统；若需经常正反转、经常低速运行，则可采用晶闸管直流拖动系统。

④要求调速范围 $D > 100$ 时，常采用宽调速晶闸管直流拖动系统。

(2) 根据生产机械负载性质选择调速方式

在调速过程中，电动机的负载能力在不同转速下是不同的，为保证电动机在整个调速范围内始终得到最充分的利用，在选择机电传动控制系统的调速方案时，电动机的负载能力必须与生产机械的负载性质相匹配。主要表现在以下两点。

①生产机械的负载特性。生产机械在调速过程中，从负载特性看，可分为恒转矩负载、恒功率负载和通风机负载三类。

当生产机械在不同的转速下运行时，其负载转矩 T_L 为常数，负载功率 P_L 随着转速的增加成正比地增加。起重机起吊一定质量的工件时所产生的负载转矩和负载功率就是恒转矩负载的一个典型例子。

当生产机械在不同的转速下运行时，其负载功率 P_L 为常数，负载转矩 T_L 随转速的升高呈双曲线形式下降。车床主轴运动就是这类生产机械一个典型的例子，车床粗加工时采用低

转速,吃刀量大,因而 T_L 大;精加工时采用高转速,吃刀量小,因而 T_L 小,即主轴转速和吃刀量选择的相互配合,应保证切削过程中切削功率 P_L 不变。

而通风机类负载其转矩的大小与系统运动速度的平方成正比,即 $T_L = Cn^2$,式中 C 为比例常数。这类的生产机械的典型例子包括通风机、离心式水泵等。

②电动机调速过程中的负载能力。为了充分利用电动机的负载能力,一般在调速过程中应保持电枢电流 I_a 为额定值 I_N,此时,在不同转速下电动机轴上输出的转矩和功率就是电动机所允许长期输出的最大转矩和最大功率,也就是电动机调速过程中的负载能力。

直流电动机采用改变电压调速时,其输出转矩不变且等于额定转矩,而输出功率则随转速增加成正比地增加,电动机的负载能力具有恒转矩性质,即调压调速属恒转矩性质的调速方式。

直流电动机采用改变磁通调速时,其输出功率不变且等于额定功率,而输出转矩则随转速的增加呈双曲线规律下降,即弱磁调速属恒功率性质的调速方式。

交流电动机变极调速时,若采用双速电动机,当定子绕组由 Y 改成 YY 时,电动机的输出转矩保持不变,属恒转矩调速方式;而当定子绕组由 △ 改成 YY 时,则为恒功率调速方式。交流电动机变频调速时,如果在基频以下调速,属恒转矩调速,在基频以上调速,则属恒功率调速。

③ 电动机的调速方式与生产机械负载性质的配合。电动机在调速过程中,在不同的转速下运行时,实际输出转矩和输出功率能否达到且不超过其允许长期输出的最大转矩和最大功率取决于生产机械在调速过程中负载转矩 T_L 和负载功率 P_L 的大小和变化规律。为使电动机的负载能力得到最充分的利用,在选择调速方案时,必须注意电动机的调速方式与生产机械负载性质的配合要恰当。负载为恒转矩性质的生产机械应尽可能选用恒转矩调速方式,且电动机的额定转矩 T_N 应等于或略大于负载转矩 T_L;负载为恒功率性质的生产机械应尽可能选用恒功率调速方式,且电动机的额定功率 P_N 应等于或略大于负载功率 P_L。如此一来,才可能使电动机在调速范围内的任何转速下运行时,均可保持电流 I_a 等于或略小于额定电流 I_N,从而使电动机得到最充分的利用。

(3)根据调速系统的经济指标考虑

调速系统的经济指标是指调速设备的初期投资、维修维护费用以及调速过程中的电能损耗等。

对直流传动系统而言,若采用电枢电路串联电阻的调速方式,系统简单,设备费用较低;采用调压调速方式时,必须为拖动电动机配置专门的可调电源,因此设备费用较高,运行效率也较高;采用弱磁调速方式时,一般也必须为励磁线圈配置专门的可调电源,且由于特殊设计的调速电动机价格较普通直流电动机要高,因而设备投资大,但运行效率高。

对交流传动系统来说,若采用变极调速方式,则系统简单,设备费用低,能量损耗小,系统运行效率高;若采用转子串附加电阻的调速方式,则系统简单,设备费用低,但能量损耗大,系统运行效率低;若采用调频调压的调速方式,则必须配置专门的可调电源,系统复杂,设备费用高,但运行效率也高。

5.直流调速系统

直流电动机一直是电力传动控制系统的主要执行元件,具有良好的启动、制动性能,适宜在较宽范围内进行平滑调速。长期以来,在应用和完善直流传动控制系统的同时,人们不断致力于研制性能与价格都能与直流系统相媲美的交流传动控制系统。随着计算机技术、电力电子技术和控制技术的发展,交流调速系统正逐渐取代直流调速系统,但目前的现状仍然是以直流调速系统自动调速系统为主要形式。鉴于直流传动控制系统的理论和实践都比较成熟,而从闭环反馈控制的角度上看,它也是交流传动控制系统的基础。因此,下一节将从单闭环调速系统、双闭环调速系统、PWM 调速几个方面着重讨论直流调速系统。

不同的生产机械对调速系统的转速控制的要求不同,具体有以下三个方面转速控制类别。

①调速。在一定的转速范围内,应用有级(分档)和无级(平滑)来调节转速。

②稳速。运行过程中不因各种可能出现的因素(如动力电源、负载变化等)而产生转速波动。

③加、减速控制。对频繁启动、制动的设备要求尽快地加、减速,缩短启动、制动时间,以提高生产率;对不宜经受剧烈速度变化的生产机械,则要求启动、制动尽量平稳。

一般说来,有时以上三个方面都要具备,有时只需满足其中一项或两项就可以了。

4.2　单闭环调速系统

4.2.1　单闭环有静差调速系统

1. 单闭环调速系统的构成

如前所述,闭环控制系统是按被控量偏差进行调节的系统,只要被控量出现偏差,它就会自动产生纠正这一偏差的作用。只有一个反馈环的调速系统称为单闭环调速系统。采用速度负反馈的单闭环调速系统框图如图 4-13 所示。

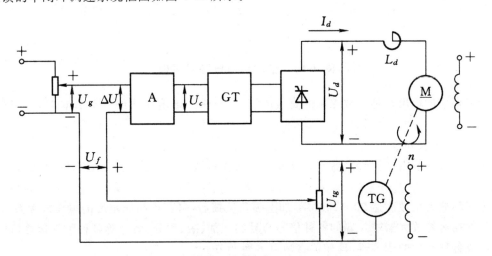

图 4-13　采用速度负反馈的单闭环调速系统

在电动机主轴上安装一台测速发电机 TG,从而引出与被控量(即转速)成正比的负反馈

电压 U_f，将 U_f 与给定电压 U_g 进行比较后，得到偏差电压 $\Delta U = U_g - U_f$，然后 ΔU 经过放大器 A，产生 GT（触发装置）的控制电压 U_c，用于控制电动机的转速。显然，闭环调速系统是能够大大减少转速降落的。

系统的开环机械特性方程为

$$n = \frac{K_p K_s \Delta U}{C_e \Phi} - \frac{(R_a + R_n) I_d}{C_e \Phi} = n_{0k} - \Delta n_k \qquad (4-12)$$

式中：n_0 为电动机电枢电流 I_d 连续时电动机理想空载转速，$\mathrm{r/min}$；Δn 为电枢电流 I_d 对应的转速，$\mathrm{r/min}$；R_n 为晶闸管变流器等效内阻、平波电抗器电阻及线路电阻之和，Ω；R_a 为电动机电枢电阻，Ω；K_p 为放大器的电压放大倍数；K_s 为晶闸管变流器的电压放大倍数；ΔU 为电压偏差，$\Delta U = U_g - U_f$；C_e 为直流电动机的电动势常数；Φ 为磁通量。

系统的闭环机械特性方程为

$$n = \frac{K_p K_s U_g}{C_e \Phi(1+K)} - \frac{(R_a + R_n) I_d}{C_e \Phi(1+K)} = n_{0b} - \Delta n_b \qquad (4-13)$$

（1）给定环节

给定环节的输入端是一稳定的直流电压，此电压可由微机设定；也可直接整流稳压后得到。给定环节的电路图如图 4-14 所示。

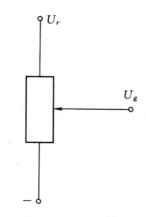

图 4-14　给定环节电路图原理

给定环节的输出端是一被控制的直流电压，它与输入端电压成线性且具有双输入双输出的关系。

（2）比较放大环节

比较放大环节由运算放大器或分立元件放大器构成。从功能上看，运算放大器具有如下优点：

①开环放大系数高达 $80 \sim 160\ \mathrm{dB}$，加上强负反馈后，可获得高稳定度的电压放大系数。

②加在运算放大器输入端的各种信号容易实现加、减、积分、微分等各种数学运算，可以方便地组成各种类型的调节器，且相关参数可方便调节。

③放大器输入阻抗大，可达几兆欧，因而输入电路可以串联几十千欧的电阻，也不会影响放大器的工作，所取的信号电流很小，信号源内阻及其压降可以忽略不计。

④输入信号共地，受到干扰的机会较小。

⑤输出端可用钳位限幅或接地保护,使系统工作的安全性和可靠性得到保障。

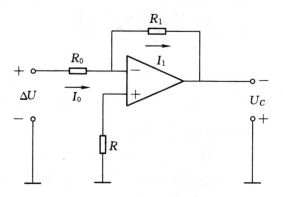

图 4-15　比例放大器原理图

如图 4-15 所示为运算放大器构成的比例放大器。为了与前面速度负反馈的单闭环调速系统的符号一致,以便于理解,图 4-14 中的输入电压用 ΔU 表示,输出电压用 U_c 表示。R_0 为输入电阻,R 为同相输入端的平衡电阻,且有以下公式成立

$$i_1 \approx i_0 = \frac{\Delta U}{R_0} \tag{4—14}$$

$$U_c = i_1 R_1 = \frac{R_1}{R_0} \Delta U \tag{4—15}$$

由式(4—14)与式(4—15)知

$$K_p = \frac{U_c}{\Delta U} = \frac{R_1}{R_0} \tag{4—16}$$

从式(4—16)可知,改变 R_1 的数值可以改变放大系数,若能够连续改变 R_1 的数值,则可以构成放大系数连续可调的运算放大器。

若放大器的输入信号不止一个,可采用综合多信号的比例放大器。

2. 系统特性分析

(1)静态特性分析

分析调速系统的静态特性时作以下假定。

①假定系统中各环节输入和输出都是线性关系而忽略非线性因素。

②假定晶闸管变流器提供的电流是连续的。

③忽略直流电源和电位器的等效内阻。

由以上的假设可得,转速负反馈系统中各个环节的静态方程如下

电压比较环节

$$\Delta U = U_g - U_f \tag{4—17}$$

放大器

$$U_c = K_p \Delta U \tag{4—18}$$

晶闸管变流器

$$U_{d0} = K_s U_c \tag{4—19}$$

晶闸管—电动机系统的开环机械特性

$$n = \frac{U_{d0} - (R_a + R_n)I_d}{C_e\Phi} \qquad (4-20)$$

测速发电机

$$U_f = \alpha n \qquad (4-21)$$

式中：U_c 为触发器的移相控制电压；U_{d0} 为晶闸管变流器的空载电压；α 为测速发电机的电压反馈系数。

将式(4-17)、式(4-18)代入式(4-19)中得

$$U_{d0} = K_p K_s (U_g - U_f) \qquad (4-22)$$

将式(4-19)代入式(4-17)得速度负反馈的单闭环调速系统的开环机械特性方程

$$n = \frac{K_p K_s (U_g - U_f) - (R_a + R_n)I_d}{C_e\Phi_N} \qquad (4-23)$$

将式(4-21)代入式(4-23)解出转速 n，得到转速负闭环反馈调速系统的静态特性方程

$$n = \frac{K_p K_s U_g}{C_e\Phi(1+K)} - \frac{(R_a + R_n)I_d}{C_e\Phi(1+K)} = n_{0b} - \Delta n_b \qquad (4-24)$$

$$K = \frac{K_p K_s \alpha}{C_e\Phi}$$

式中：K 为闭环系统开环放大系数。

由此可知，闭环系统的静态特性方程斜率为 $-\dfrac{(R_a + R_n)}{C_e\Phi(1+K)}$、截距为 $\dfrac{K_p K_s U_g}{C_e\Phi(1+K)}$ 的直线方程，当 U_d 变化时，截距改变，但斜率保持不变，静特性将平行移动。其静态结构图如图 4-16 所示。

（2）硬度特性分析

由式(4-15)可知开环速降为

$$\Delta n_k = \frac{(R_a + R_n)I_d}{C_e\Phi} \qquad (4-25)$$

由式(4.10)可知闭环速降为

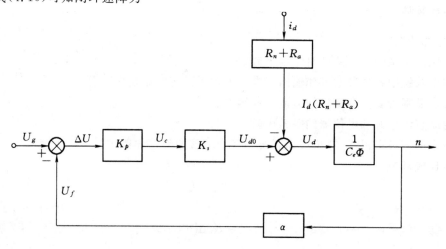

图 4-16 单闭环负反馈调速系统静态结构图

$$\Delta n_{\mathrm{b}} = \frac{(R_{\mathrm{a}} + R_{\mathrm{n}}) I_{\mathrm{d}}}{C_{\mathrm{e}} \varPhi (1 + K)} = \frac{\left[\dfrac{(R_{\mathrm{a}} + R_{\mathrm{n}}) I_{\mathrm{d}}}{C_{\mathrm{e}} \varPhi} \right]}{1 + K} = \frac{\Delta n_{\mathrm{k}}}{1 + K} \tag{4-26}$$

由式(4.23)可知,当负载相同时,闭环系统的静态速降 Δn_{b} 仅为开环系统的 $\dfrac{1}{1+K}$,大大提高了系统静态特性的硬度。闭环系统开环放大系数 K 越大, Δn_{b} 就越小,静态特性硬度越大。需要注意的是, K 值的上限受闭环系统稳定性的限制。

在要求开环和闭环系统电动机的最高转速以及最低转速时的静差率相同的条件下,闭环控制可以得到比开环控制硬很多的特性,可以保证在限定的静差率要求下,提高调速范围。

(3)稳定性分析

当负载变化时,引起转速的变化,通过反馈环,再将此变化传到输入控制端,从而调节转速。

对于有静差调速系统,在突加负载的情况下,从变化到稳定需要一个动态过程。闭环调速系统具有以下三个基本特征:

①有静差调速系统是依靠被调量偏差的变化才能实现自动调节作用,比例调节器的放大倍数不可能无穷大,也不可能消除静差。

②闭环反馈控制系统具有良好的抗干扰特性,对于被负反馈环包围的前向通道(如比较放大器、触发器、晶闸管变流器、电动机等)上的一切扰动都能有效的加以抑制。作用在前向通道上的任何一种扰动作用的影响都会被测速发电机测出来,通过反馈作用,减小它们对静态转速的影响。

③闭环反馈控制系统对给定电源和被调量检测装置中的扰动无能为力,给定电源的任何波动和反馈检测元件本身的误差,都会使转速偏离应有的值,因此控制系统的精度依赖于给定直流电源和反馈量检测元件的精度。

4.2.2　单闭环无静差调速系统

有静差调速系统是通过放大转速偏差实现调速的,没有偏差就没有放大输出,所以系统始终有静差。系统静态误差与放大环节的放大系数有关,放大系数越大,转速的静态误差越小,为了减小静态误差,提高控制的精度,只有增大放大环节的放大系数,但放大系数的增加通常是有限的,放大系数过大会使系统的动态性能变坏。如果采用具有积分记忆功能的积分(I)或比例积分(PI)调节器代替比例调节器后,可使系统稳定,还有足够的稳定裕度,从而形成了无静差调速系统。

1. 积分调节器(I 调节器)

积分调节器的电路原理如图 4-17 所示,假定运算放大器是理想的,则有

$$|U_{\mathrm{c}}| = \frac{1}{C} \int i \, dt = \frac{1}{R_0 C} \int |U_{\mathrm{r}}| \, dt = \frac{1}{T_{\mathrm{i}}} \int |U_{\mathrm{r}}| \, dt \tag{4-27}$$

其中

$$T_{\mathrm{i}} = R_0 C$$

当 U_{r} 是阶跃信号时,则有

$$|U_c| = \frac{1}{T_i}\int |U_r|\ dt = \frac{1}{T_i}\int |U_r| \int dt = \frac{1}{T_i}|U_r|(t+C) \tag{4-28}$$

若 $U_c(0)=0$，则 $C=0$。此时

$$|U_c(t)| = \frac{1}{T_i}|U_r|t \tag{4-29}$$

则 $|U_c|$ 与 t 呈线性关系。需要注意的是，输出不可能无限增大，由于积分调节器的限幅作用，$|U_c|$ 只能随时间增长至幅值 U_{cm}。

U_r 是其他输入信号或 U_c 的初始条件不为零的情况下的输出，也很容易由式（4-27）求得。

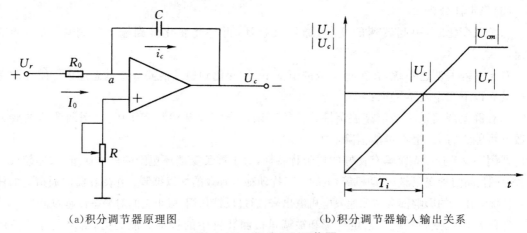

（a）积分调节器原理图　　　　　　（b）积分调节器输入输出关系

图 4-17　积分（I）调节器

如果单闭环调速系统中采用积分调节器，则输出电压 U_c 是输入电压 ΔU 的积分，由式（4-27）可知

$$U_c = \frac{1}{T_i}\int \Delta U\ dt \tag{4-30}$$

由式（4-30）可知，积分器的输出量正比于输入量的积分，U_c 与 ΔU 和横轴包围的面积成正比，如图 4-15 所示，所以积分器具有积累作用。当输入为零时，ΔU 和横轴包围的面积等于零，积分器的输出保持不变，具有保持作用；当输入突然发生变化时，输出不会发生突然变化，具有延缓作用。

在动态过程中，由于转速变化而使 ΔU 发生变化时，只要其极性不变，即只要保证 $U_g > U_r$，输出电压 U_c 便一直增长，至 $\Delta U = 0$ 时，U_c 才停止上升。不到 ΔU 变负，U_c 不会下降。值得特别注意的是，当 $\Delta U = 0$ 时，$U_c \neq 0$，而是一个恒定的数值 U_{c0}，这是积分控制和比例控制的区别。因此，积分控制可以使系统在偏差电压为零时保持恒速运行，从而得到无静差调速。在突加负载引起动态速降时产生电压 ΔU，达到新的稳态时，电压 ΔU 又恢复到零，但已从 U_{c0} 上升到 U_{c1} 这里的 U_c 的改变并非仅靠 ΔU 本身，而是依靠 ΔU 在一段时间内的积累来实现的，其实质是积分调节器的电容元件储能性质的具体实现。

2. 比例积分调节器（PI 调节器）

比例积分调节器的输出由比例和积分两个部分叠加而成，集合了比例调节器输出动态响

应快,积分调节器稳态精度高的双重优点。比例积分调节器电路原理图如图 4-18 所示。

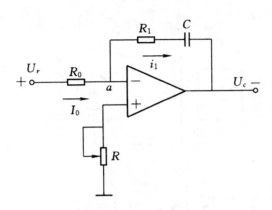

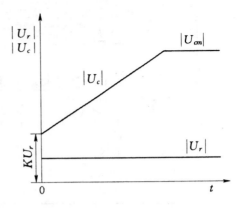

(a)比例积分调节器原理图　　　　　　　　(b)比例积分调节器输入输出关系

图 4-18　比例积分(PI)调节器

为了避免涉及反相问题,U_r、U_c 取绝对值

$$|U_r| = i_0 R_0 \tag{4-31}$$

$$|U_c| = i_1 R_1 + \frac{1}{C_1}\int i_1 \ \mathrm{d}t \tag{4-32}$$

$$i_0 = i_1 \tag{4-33}$$

由式(4-31)、式(4-33)可得

$$i_1 = \frac{|U_r|}{R_0} \tag{4-34}$$

将式(4-31)代入式(4-29)中可得

$$|U_c| = \frac{R_1}{R_0}|U_r| + \frac{1}{R_0 C_1}\int |U_r| \ \mathrm{d}t = K|U_r| + \frac{1}{T_i}\int |U_r| \ \mathrm{d}t \tag{4-35}$$

其中

$$K = \frac{R_1}{R_0} \ , \ T_i = R_0 C_1$$

如果单闭环调速系统中采用比例积分调节器,则输出电压 U_c 与输入电压 ΔU 的关系式为

$$U_c = R_1 i_1 - \frac{1}{C_1}\int i_1 \ \mathrm{d}t = -\frac{R_1 \Delta U}{R_0} + \frac{1}{R_0 C_1}\int \Delta U \ \mathrm{d}t = -K\Delta U - \frac{1}{T_i}\int \Delta U \ \mathrm{d}t \tag{4-36}$$

由式(4-36)可以看出,比例积分调节器的输出电压由比例部分与积分部分两部分组成。当输入信号突然变化时,比例部分立即起作用,使得输出信号发生突变,然后积分部分起作用,输出信号按积分规律变化。当输入为零时,输出将保持不变。

总之,比例积分控制具备了比例控制和积分控制的优点,又弥补了各自的缺点。比例调节能快速响应控制作用,而积分调节则消除稳态偏差。

3. 由比例积分调节器构成的无静差调速系统

如图 4-19 所示是由比例积分(PI)调节器构成的单闭环无静差调速系统原理图,若将调节器改为积分调节器,则变成由积分调节器构成的无静差调速系统。

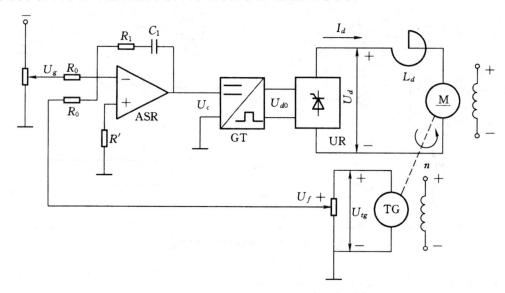

图 4-19　由比例积分(PI)调节器组成的无静差调速系统

启动时突加给定电压 U_g,由于机械惯性,电动机转速开始缓慢增加,转速反馈电压 U_f 很小,比例积分调节器的输入电压 $\Delta U = U_g - U_f$ 较大,输出电压 U_c 立即达到较大值,使整流电压 U_{d0} 瞬时达到较大值,并不断增大。此时,由于转速较小,电动机电枢电流迅速产生一个较大的冲击,使电动机转速迅速升高。因此它的启动过程较快,但冲击较大。当稳定运行时,$U_g = U_f$ 则 $\Delta U = 0$,U_c 保持不变,实现无静差调速。

传动系统的负载转矩如果突然增大,电动机转矩来不及跟随负载转矩变化,转速 n 将下降,U_f 随着减小,调节器的输入 $\Delta U > 0$。调节器输出 U_c 升高,整流电压 U_{d0} 增大,电动机电枢电流 I_d 随之增大,最后使电动机转矩 T 与负载转矩 T_L 重新平衡,n 回升到原来的数值。

如果负载突然减小,转速 n 将上升,U_f 随之升高,调节器的输入 $\Delta U < 0$,与启动时相反。对于不可逆调速系统而言,由于晶闸管变流器不能流通反向电流,因此只能迫使主电路的电流迅速为零,但不产生电气制动转矩,系统只能依靠负载转矩制动减速。最后达到电动机转矩 T 与负载转矩 T_L 重新平衡,n 降到原来的数值。此时系统可能会产生振荡。可以用可逆调速系统代替不可逆调速系统来解决这一问题。

当系统要减速制动时,使 U_g 突然减小,由于系统的机械惯性,转速不可能立即减小,$U_g < U_f$,ΔU 与启动时相反,立即使调节器输出反向电压。对于不可逆调速系统而言,由于晶闸管变流器不能流通反向电流,因此只能迫使主电路的电流迅速为零,但不产生电气制动转矩。此后,系统只能依靠负载转矩制动减速。

"无静差"只存在于理论上,因为积分调节器或比例积分调节器在稳态时电容两端电压不变,相当于开路,运算放大器的放大系数理论上为无穷大,所以才能达到输入电压 $\Delta U = 0$,而输出电压 U_{ct} 为任意所需值。实际上,此时,放大系数是运算放大器本身的开环放大系数,其数值虽大,还是有限的,因此仍存在着很小的 ΔU,也就是说,仍有很小的静差 Δn,只是在一般精度要求下可以忽略不计而已。

4.3　双闭环调速系统及脉宽调速系统

4.3.1　双闭环调速系统

如前所述,采用 PI 调节器的单闭环调速系统,既保证了动态稳定性,又能达到转速无静差,较好地解决了系统中动态和静态之间的矛盾。

在单闭环调速系统中,只有电流截止负反馈环节是专门用来控制电流的,但超过临界电流值后,只能靠强烈的负反馈作用限制电流的冲击,并不能完全按照需要来控制制动过程的电流或转矩,这样加速过程必然拖长,不能满足快速系统最佳启动、制动的要求。这是由于电流截止负反馈只能限制最大电流,随着转速的增加及电机反电动势的增长,会使电流迅速下降,电动机转矩亦迅速减小,使启动和加速过程拖长。

为了充分利用电动机允许的过载能力,最好是在过渡过程中一直保持电流为允许最大值,使电力传动系统以最大的可能加(减)速启(制)动,到达稳态转速时,电流应及时降下来,使得转矩与负载相平衡,从而进入稳速运行阶段。

实际上,由于主电路电感的作用,电流 I_d 不可能发生突变,只能近似的去逼近理想波形。从控制的角度来看,关键是如何获得一段使电流保持为最大值 I_{dm} 的恒流过程。

根据反馈控制规律可知,采用某一物理量的反馈,可以近似的保持该量恒定不变。因此,可以采用电流负反馈的方式得到近似的恒流,但是如果在同一个调节器的输入端引入转速和电流负反馈,则双方会互相牵制,非但得不到理想的过渡过程波形,反而会破坏稳速的静特性。于是只能选择在小于截止电流的运行段将电流截止,负反馈"截止"。

为了进一步改进系统的性能,如果在系统中设置两个调节器,分别将转速和电流进行自动和独立调节,二者之间串联,将转速调节器的输出转换成电流调节器的输入,再用电流调节器的输出去控制晶闸管的触发装置,使两种调节器相辅相成。

从闭环反馈的结构上来看,在里面的电流调节环节是内环,在外面的转速调节环节是外环,即形成转速、电流双闭环调速系统。

1.双闭环调速系统的构成

转速、电流双闭环调速系统原理图如图 4-20 所示,图中的两个调节器的输入输出电压的实际极性是按照触发装置的控制电压 U_c 需要正电压而标出的,考虑到了运算放大器的倒相作用。

图 4-20 中两个调节器的输出都是限幅的,转速调节器 ASR 的输出限幅电压是 U_{im},它决定了电流调节器给定电压的最大值。电流调节器 ACR 的输出限幅电压是 U_{cm},它限制了晶闸管装置输出电压的最大值。

这种系统是把转速调节器作为主调节器,电流调节器作为副调节器,系统通过主调节回路(外环)调节电动机转速,通过副调节回路(内环)调节电枢电流,这样就形成了转速、电流双闭环调速系统。

采用运算放大器作为调节器时,输出限幅的方法有两类:一类称外限幅;另一类称内限幅。外限幅电路中要有正、负辅助电源,分别给两个电位器供电,利用二极管来钳位。内限幅电路采用二极管或三极管来钳位。

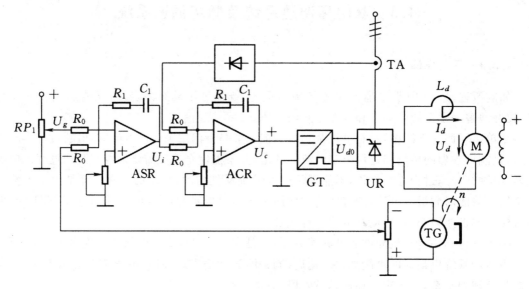

图 4-20　双闭环调速系统电路原理图

2.系统特性分析

(1)静态特性分析

分析双闭环调速系统的静态特性,其关键是掌握限幅输出的 PI 调节器在稳态时的特征。一般包括两种状况:饱和即输出达到限幅值;不饱和即输出达不到限幅值。饱和时输出为恒值,输入量的变化不再影响输出,除产生反向的输入,使得调节器退出饱和。换句话说,就是饱和时调节器暂时隔断了输入和输出的关系联系。而当调节器不饱和时,比例积分作用使输入偏差电压在稳态时保持为零。

在正常运行时,电流调节器 ACR 总是设计成不饱和状态,而静态特性只有 ASR 饱和、不饱和两种情况。

①ASR 饱和。速度调节器输出限幅值,即 U_i 达到 U_{im},转速的变化对系统没有影响,转速外环呈开环的状态,系统变成一个单纯的电流无静差调速系统。

稳态情况下,

$$U_{im} = U_{fi} = \beta I_d \tag{4-37}$$

因此,

$$I_d = \frac{U_{im}}{\beta} = I_{dm} \tag{4-38}$$

I_{dm} 是 U_{im} 所对应的电枢电流的最大值,其值取决于传动系统允许的最大加速度和电动机的容许过载能力。此时,静态特性表示为图 4-21 中的 $A—B$,这样的下垂特性只适合于 $n < n_0$ 的情况。如果 $n > n_0$,则 $U_{fn} > U_g$,ASR 将退出饱和,进入不饱和状态。

负载电流小于 I_{dm} 时表现为转速无静差,而当负载电流达到 I_{dm} 后表现为电流无静差,使系统得到保护。也就是采用两个 PI 调节器分别形成两个"闭环"的效果,这样的静态特性比带电流截止负反馈的单闭环系统静态特性要强得多。

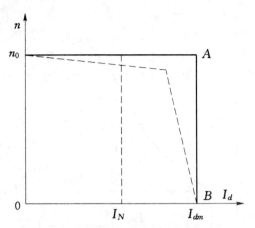

图 4-21　双闭环调速系统静态特性图

②ASR 不饱和。在稳态时，两个调节器的输入偏差电压均为零，此时，$U_g = U_{fn} = \alpha n$，静态特性表示为图 4-19 中的 $n_0 - A$ 段。

此时，有 $U_i = U_{fi} = \beta I_d$。ASR 不饱和，$U_i < U_{im}$，所以有 $I_d < I_{dm}$。这段静态特性从 $I_d = 0$ 一直延续到 $I_d = I_{dm}$。并且，一般情况下 $I_{dm} > I_N$，I_N 为电动机的额定电流。

如图 4-19 所示，当负载电流小于 I_{dm} 时，转速无静差，这时转速负反馈起主要调节作用，电流负反馈使电流 L 从属于其给定电压变化，帮助转速调节；当负载电流达到 I_{dm} 后，转速调节器饱和，这时电流调节器起主要调节作用，系统表现为最大电流给定条件下的电流无静差，形成过电流自动保护。可见双闭环调速系统的稳定运行段及下垂段都为理想特性，采用了两个 PI 调节器分别形成内外两个闭环，其静态特性显然比带电流截止负反馈的单闭环系统要好。而实际上运算放大器的开环放大系数并非无穷大，尤其是为了避免零点漂移而采用"准 PI 调节器"时，静特性的两段实际上均略有较小幅度的静差，表现为如图 4-19 所示的虚线。

（2）稳态工作点和稳态参数

双闭环调速系统在稳态工作过程中，当两个调节器都不饱和时，在稳态工作点上，转速 n 由 U_g 决定，ASR 的输出量 U_i 由 I_L（负载电流）决定，控制电压由 n 和 I_d 同时决定。PI 调节器输出量的稳态值与输入无关，而是由其后面连接的环节所决定。后面需要 PI 调节器提供多大的输出，它就能提供多少，直至饱和为止。

鉴于这一特点，双闭环调速系统的稳态参数计算应该根据各调节器的给定值和相应的反馈量来计算有关的反馈系数。

两个给定电压的最大值 U_{im} 和 U_{gm} 是由运算放大器的输入电压决定的。

（3）双闭环调速系统的动态特性

设置双闭环控制就是为了获得接近于理想的启动过程。为了更好分析双闭环调速系统的动态性能，在此先探讨双闭环调速系统的启动过程。双闭环调速系统突加给定电压 U_g 由静止状态启动时转速和电流的过渡图如图 4-22 所示。在启动过程中转速调速器 ASR 经历了不饱和、饱和、退饱和三个阶段，整个过渡过程也就分为相应的三个阶段，在图 4-22 中分别以 Ⅰ、Ⅱ

和Ⅲ标示。

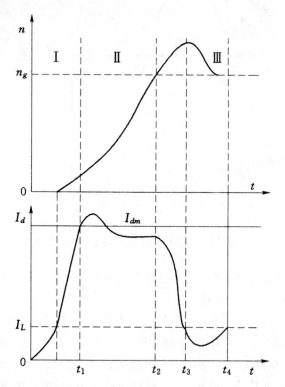

图 4-22　双闭环调速系统启动时的转速和电流波形

①第Ⅰ阶段：$0 \sim t_1$ 是电流上升阶段。在这一阶段中，ASR 由不饱和的状态很快达到饱和状态，而 ACR 一般不饱和，以保证电流环的调节作用。

②第Ⅱ阶段：$t_1 \sim t_2$ 是恒流升速阶段。电流升到最大值 I_{dm} 开始，到转速升到给定值为止，是启动过程的主要阶段。在这个阶段中，ASR 一直是饱和的，转速环节近似处于开环状态，系统表现为恒值电流给定电压 U_{im} 作用下的电流调节系统，保持传动系统的加速度恒定，转速呈线性增长，电动机的反电动势 E 也呈线性增长。

③第Ⅲ阶段：t_2 以后是转速调节阶段，ASR 与 ACR 均不饱和，同时起调节作用，转速调节在外环，所以 ASR 处于主导地位，而电流调节在内环，所以 ACR 的作用是形成一个电流随动系统。

综上所述，双闭环调速系统的启动过程有以下三个特点。

①饱和非线性控制。系统的启动过程由 ASR 的饱和与不饱和形成三个阶段：第Ⅰ阶段包含了 ASR 饱和与不饱和两部分；第Ⅱ阶段 ASR 饱和；第Ⅲ阶段 ASR 不饱和。当 ASR 饱和时转速环开环，形成恒值电流调节的单闭环系统；当 ASR 不饱和时转速环闭环，系统是无静差调速系统，而电流内环则是电流随动系统。饱和限幅特性是非线性特性，于是采用非线性系统分段线性化的方式来处理，在每段系统都是线性的，但结构不同。

②准时间最优控制。第Ⅱ阶段恒流升速标志着双闭环系统启动过程的主要特点，其实现了在电流受限的条件下的"时间最优控制"，因而能充分发挥电机的过载能力，使启动过程尽可能最快，接近于理想的启动过程。它和理想启动过程的区别在于第Ⅰ、Ⅲ两阶段，因而只能称

作"准最优控制",但由于第Ⅰ、Ⅲ两阶段在时间上不是主要的启动阶段,所引起的差异非常细微。这种采用饱和非线性控制实现最短时间控制的方法对于多种多环控制系统以及快速随动系统等都非常适用。

③转速超调。在第Ⅲ阶段中,只有转速超调才能使 ASR 环退出饱和,之后才能使系统达到稳态。这也说明如果不另加措施,双闭环调速系统的转速动态响应必然有超调,不过,一般情况下,转速稍微超调对实际运行的影响不大。

4.3.2　脉宽调速系统

在全控型电力电子器件问世以后,出现了通过采用脉冲宽度调制的高频开关控制方式,并形成脉宽调制变换器的直流电动机调速系统,简称直流脉宽调速系统,即直流 PWM(Pulse Width Modulation)调速系统。

脉宽调速的重点是脉宽调制控制技术,脉宽调制通常称为 PWM 控制技术,它是通过利用半导体开关器件的导通和关断使直流电压转换成电压脉冲序列,以控制电压脉冲的宽度和周期来达到变压、变频目的的一种控制技术。PWM 控制技术广泛用于开关稳压源、不间断电源(UPS)以及直流电动机传动、交流电动机传动等电气传动系统中。

1. PWM 控制技术

随着电力电子技术的发展,不仅促进了交流传动的发展,也促进了直流传动的更新。以往通过应用晶闸管相控整流—直流电动机调压调速系统,现在发展到全波不可控整流—PWM 斩波—直流电机调压调速系统。

PWM 斩波是直流调速发展的重点。如开关磁阻电动机是由直流斩波器供电,这种电动机是由反应式步进电动机发展而来,定子为凸极式,上面绕有定子集中绕组,转子上安装一个位置检测器,由其检出的转子位置信号控制直流斩波器,顺序的切换供给定子绕组的直流脉动电流,形成旋转磁场而使转子转动。直流斩波器不存在逆变器,同一桥臂两个半导体开关器件的同时导通造成了直流短路问题,所以可靠性较高,成本也较低,目前主要在控制精度要求较高的数控技术上应用。主要存在的问题是消除低速时转矩脉冲和设法取消位置检测器。

由半导体开关器件和 PWM 控制技术构成的直流斩波器可以完成直流—直流电压变换(DC—DC 变换)。

改变电压的脉冲宽度和周期,在输入电压 U_d 不变的情况下,可以通过改变输出直流电压 U_L 的大小来达到调压的目的。这种 DC—DC"功率变压"广泛用于开关稳压电源、UPS 及步进电动机、直流电动机调速传动系统中。

在交流变频调速传动中,用变频器来进行功率变频,在变频的同时也必须协调改变电动机的端电压,否则电机将出现过励或欠励。因此交流电气传动中的变频器实际上是变频电压(Variable Voltage Variable Frequency,VVVF),与此对应的定额定压即 CVCF,通常也作为定额定压电源使用。

VVVF 控制技术最先采用 PAM(Pulse Amplitude)脉冲幅值调制。随着全控型快速半导体开关器件 BJT(双极型晶体管)、IGBT(绝缘栅双极晶体管)、GTO(可关断晶闸管)等功率器件容量和开关速度的不断提高,高性能单片机的高速发展,外围电路元件专用集成件的不断出现,使得脉宽调制型可控直流电源越来越受到人们的重视和应用。此时整流器无需控制而简化了电路结构,且由于以全波整流替代了相控整流,提高了输入端的功率因素,减小了高次谐波对电网的影响。输出电压波形由 PWM 波取代了方波,因而减少了低次谐波,从而解决了电机在低频区段的转矩脉冲问题,同时也降低了电动机的谐波损耗和噪声。

PWM 控制技术依据其控制思想的不同,可分为四类。

①等脉宽 PWM 法。

②正弦波 PWM 法。

③电流跟踪型 PWM 法。

④磁链追踪型 PWM 法。

2. 直流电动机的 PWM 控制原理

直流电动机的转速 n 的控制方法分为两类,即励磁控制法与电枢电压控制法。直流电动机的转速 n 的表达式为

$$n = \frac{U_a - I_a R_{\sum}}{C_e \Phi} \tag{4-39}$$

由式(4.36)可知,励磁控制法是通过控制磁通 Φ,其控制功率较小,在低速时受到磁饱和强度的限制,在高速时受到换向火花和换向器结构强度的限制,并且,由于励磁线圈电感较大致使其动态响应较差,所以常用的控制方法是改变电枢端电压调速的电枢电压控制法。

直流电源电压为 U_d,将电枢串接一个电阻 R 接到电源 U_d 上,有以下关系

$$U_a = U_d - I_a(R + R_a) \tag{4-40}$$

因此,可以通过调节电阻 R 来达到改变端电压调速的目的。这种传统的调压调速方法的效率甚低,目前已发展出了许多新的电枢电压控制方法,如使用晶闸管整流器进行相控调压等。

晶闸管相控调压或 PWM 斩波器调压优于电阻调压。而 PWM 斩波调压又要优于相控调压,如 PWM 斩波调压需要的滤波装置很小甚至只用电枢电感就足够了,而不需要外加滤波等。

直流电动机的 PWM 控制可采取不同的控制手段来实现,如使用专用集成控制器,或使用微处理器等,也可以把集成 PWM 控制器与微处理器配合使用。

第5章　交流传动与控制技术

5.1　交流异步电动机

5.1.1　异步电动机的组成结构和工作原理

1.异步电动机的组成 结构

异步电机主要由定子和转子两大部分组成,定子和转子之间是气隙。异步电机是靠定子、转子间的电磁感应关系而传递和转换能量的交流电机。由于它的转子转速与气隙旋转磁场转速总是存在差异,所以称为异步电机。

异步电机有电动机、发电机和电磁制动三种运行方式,其中以电动机运行方式应用范围最广。尤其是三相异步电动机,它具有结构简单、制作容易、运行可靠、使用维护方便、效率较高和价格便宜等突出优点,但也存在调速性能比直流电动机差和功率因数低等缺点。

异步电动机从定子相数来看可分为单相、两相和三相的。从转子结构来看可分为笼型和绕线型两大类,笼型又可分为普通单笼型、深槽单笼型和双笼型三种。从防护方式来看可分为防滴式、封闭式和防爆式等几种。

与普通旋转电机一样,异步电动机主要由定子和转子两部分所组成,一般还包括端盖、轴承、机座和风扇等。需要指出的是,异步电动机定子、转子之间的气隙比其他类型的电动机要小得多,一般为 0.2～2mm,这是因为异步电动机是依靠定子、转子之间的电磁感应而工作的,其激磁电流是由电源供给的,为了减小激磁电流,提高电动机运行时的功率因数,在满足运行可靠和不使装配检修发生困难的前提下,希望气隙越小越好。

普通笼型异步电动机结构简单、制造方便、价格最低、运行可靠,是工农业生产中应用最广的一种电动机。

2.三相异步电动机的工作原理

三相异步电动机的工作原理是基于定子旋转磁场(定子绕组内三相电流所产生的合成磁场)和转子电流(转子绕组内的电流)的相互作用。

如图 5-1(a)所示,当定子的对称三相绕组接到三相电源上时,绕组内将通过对称三相电流,并在空间产生旋转磁场,该磁场沿定子内圆周切线方向旋转。图 5-1(b)所示为具有一对磁极的旋转磁场,磁极位于定子铁心内画阴影线处。

当磁场旋转时,转子绕组的导体切割磁通将产生感应电动势 e,假设旋转磁场是按照顺时针方向旋转,则相当于转子导体向逆时针方向旋转切割磁通,根据右手定则,在 N 极面下转子导体中的感应电动势方向由图面指向读者,而在 S 极面下转子导体中感应电动势方向则由读

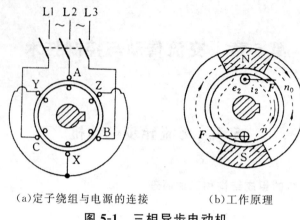

(a)定子绕组与电源的连接　　　　(b)工作原理

图 5-1　三相异步电动机

者指向图面。

　　由于电动势 e 的存在，转子绕组中将产生转子电流 i。根据安培电磁定律，转子电流与旋转磁场相互作用将产生电磁力 F（其方向由左手定则决定，这里假设 i 和 e 同相），该力在转子的轴上形成电磁转矩，且转矩的作用方向与旋转磁场的旋转方向相同。转子受此转矩作用，便按旋转磁场的旋转方向旋转起来。但是，转子的旋转速度 n（即电动机的转速）恒比旋转磁场的旋转速度 n_1（同步转速）小，因为如果两种转速相等，转子和旋转磁场就没有相对运动，转子导体不切割磁通，便不能产生感应电动势 e 和电流 i，也就没有电磁转矩，转子将不会继续旋转。因此，转子和旋转磁场之间的转速差是保证转子持续旋转的必要条件。

　　由于转子转速不能等于同步转速，所以称这种电动机为异步电动机，而把转速差（n_1-n）与同步转速 n_1 的比值称为异步电动机的转差率，用 s 表示，即

$$s = \frac{n_1 - n}{n} \tag{5-1}$$

转差率 s 是分析异步电动机运行情况的主要参数。

　　当转子旋转时，如果在轴上加有机械负载，则电动机输出机械能。从物理上来说，异步电动机的运行和变压器相似，即电能从电源输入定子绕组（原绕组），通过电磁感应的形式，以旋转磁场为媒介，传送到转子绕组（副绕组），而转子中的电能通过电磁力的作用变换成机械能输出。由于在这种电动机中，转子电流的产生和电能的传递是基于电磁感应现象，因此，异步电动机又称为感应电动机。

　　通常异步电动机在额定负载时，n 接近于 n_1，转差率 s 很小，约为 $0.015\sim0.060$。

5.1.2　异步电动机的铭牌数据

　　铭牌是电动机的身份证，认识和了解电动机铭牌中有关技术参数的意义，可以进一步正确地选择、使用和维护电动机。Y 系列是中国 20 世纪 80 年代设计投产的取代 J2、J02 系列的系列小型通用笼型异步电动机，它符合国际电工协会（IEC）标准，具有国际通用性；YR 系列是系列绕线型转子异步电动机，对应的老系列为 JR；YQ 系列是系列高启动转矩异步电动机；YB 系列是小型防煤笼型异步电动机；YCT 系列是调磁调速异步电动机等。图 5-2 所示的是我国

使用最多的 Y 系列三相感应电动机的铭牌。

商标	三相感应电动机		
型号：Y-112M-4	出厂编号：×××××		接线方法：△
功率：4.0 kW	电压：380 V		电流：8.7 A
频率：50 Hz	转速：1440 r/min		噪声值：74 dB (A)
工作制：S1	绝缘等级：B		防护等级：IP44
质量：49 kg	标准编号：ZBK 22007—88		出厂日期：
	厂家名称		

图 5-2　异步电动机的铭牌

（1）型号

三相异步电动机的型号主要说明电动机的机型及规格。具体说明如图 5-3 所示。

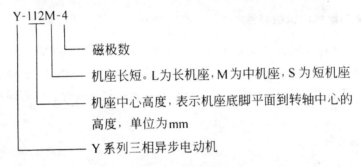

图 5-3　型号说明

（2）额定值

在异步电动机铭牌上标注有一系列额定数据。一般情况下，电动机都要按其铭牌上标注的条件和额定数据运行，即所谓的额定运行。异步电动机的额定数据主要如下。

①额定功率 P_N。指电动机在额定运行时轴上输出的机械功率，单位为 kW。

②额定电压 U_N。指电动机在额定运行状态下加在定子绕组上的线电压，单位为 V 或 kV。

③额定电流 I_N。指电动机在定子绕组上加额定电压且轴上输出为额定功率时的线电流，单位为 A。

④额定频率 f_N。我国规定工业用电的频率是 50 Hz，也有部分国家采用 60 Hz。

⑤额定转速 n_N。指电动机在定子绕组上加额定电压和额定频率且轴上输出为额定功率时电动机的转速，单位为 r/min。可以根据额定转速与额定频率计算出电动机的磁极对数 p 和额定转差率 s_N。

⑥噪声值 LW。指电动机在运行时的最大噪声，单位为 dB。一般电动机功率越大、磁极对数越少、额定转速越高，噪声就越大。

⑦工作制。指电动机允许工作的方式,共有 $S_1 \sim S_{10}$ 十种工作制。

⑧绝缘等级。绝缘等级与电动机内部的绝缘材料、电动机允许工作的最高温度(简称允许温升)有关,共分 A、B、D、F、H 五种等级。允许温升是指电动机温度高出环境温度的最大限度,例如 B 级绝缘的电动机温升为 80 ℃(环境温度以 40 ℃为标准)。

⑨防护等级。IP 为防护代号,其后的第一位数字(0~6)规定了电动机防护体的等级标准;第二位数字(0~8)规定了电动机防水的等级标准,如 IP00 为无防护。IP 后的数字越大,防护等级越高。

⑩接线方法。三相异步电动机的引出线有星形和三角形两种。有些电动机只有固定的一种接线方法;有些电动机有两种接线方法,且可切换工作,但是要注意工作电压,防止错误接线烧坏电动机。高压大、中型容量的异步电动机定子绕组常采用星形接线,只引出三根引出线;对中、小容量低压异步电动机,通常把定子三相绕组的六根引出线都引出来,根据需要接成星形或三角形。

⑪其他。绕线型异步电动机必须标明转子绕组接法、转子额定电动势及额定电流,有些还要标明电动机的转子电阻,有些特殊电动机还需标明冷却方式等。

5.1.3 异步电动机的机械特性

电磁转矩 T 与转速差率 S 的关系 $T = f(S)$ 通常称为 $T - S$ 曲线。

在异步电动机中,转速 $n = (1 - S)n_0$,为了符合习惯画法,可将 $T - S$ 曲线换成转速与转矩之间的关系 $n - T$ 曲线,即 $n = f(T)$ 称为异步电动机的机械特性。它有固有机械特性和人为机械特性之分。

1.固有机械特性

异步电动机在额定电压和额定频率下,用规定的接线方式,定子和转子电路中不串联任何电阻或电抗时的机械特性称为固有(自然)机械特性,三相异步电动机的固有机械特性,如图 5-4 所示。从特性曲线可以看出,其上有四个特殊点可以决定特性曲线的基本形状和异步电动机的运行性能,这四个特殊点如下。

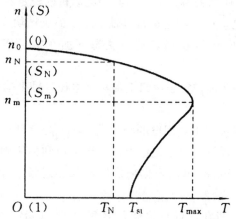

图 5-4 异步电动机的固有机械特性

① $T=0$，$n=n_0(S=0)$，为电动机的理想空载工作点,此时电动机的转速为理想空载转速九o。

② $T=T_N$，$n=n_N(S=S_N)$，为电动机的额定工作点,此时额定转矩和额定转差率分别为

$$T_N = 9.55 \frac{P_N}{n_N} \tag{5-2}$$

$$S_N = \frac{n_0 - n_N}{n_0} \tag{5-3}$$

式中：P_N 为电动机的额定功率；n_N 为电动机的额定转速；S_N 为电动机的额定转差率；T_N 为电动机的额定转矩。

③ $T=T_{st}$，$n=0(S=1)$，为电动机的启动工作点。

可得

$$T_{st} = K \frac{R_2 U^2}{R_2^2 + X_{20}^2} \tag{5-4}$$

可见,异步电动机的启动转矩 T_{st} 与 U、R_2 及 X_{20} 有关。当施加在定子每相绕组上的电压 U 降低时,启动转矩会明显减小;当转子电阻适当增大时,启动转矩会增大;而转子电抗增大时,启动转矩则会大为减小,这是我们所不需要的。通常把在固有机械特性上启动转矩与额定转矩之比 $\lambda_{st} = \dfrac{T_{st}}{T_N}$ 作为衡量异步电动机启动能力的一个重要数据,一般 $\lambda_{st} = 1.0 \sim 1.2$。

④ $T=T_{max}$，$n=n_m(S=S_m)$，为电动机的临界工作点。欲求转矩的最大值,令 $\dfrac{dT}{dS}=0$,而得临界转差率为

$$S_m = \frac{R_2}{X_{20}} \tag{5-5}$$

即可得

$$T_{max} = K \frac{U^2}{2X_{20}} \tag{5-6}$$

从式(5-5)和式(5-6)可看出：最大转矩 T_{max} 的大小与定子每相绕组上所加电压 U 的二次方成正比,这说明异步电动机对电源电压的波动是很敏感的。电源电压过低,会使轴上输出转矩明显下降,甚至小于负载转矩,而造成电动机停转。最大转矩 T_{max} 的大小与转子电阻 R_2 的大小无关,但临界转差率 S_m 却正比于 R_2,这对线绕式异步电动机而言,在转子电路中串接附加电阻,可使 S_m 增大,而 T_{max} 却不变。

异步电动机在运行中经常会遇到短时冲击负载,如果冲击负载转矩小于最大电磁转矩,电动机仍然能够运行,而且电动机短时过载也不会引起剧烈发热。通常把在固有机械特性上最大电磁转矩与额定转矩之比

$$\lambda_m = \frac{T_{max}}{T_N} \tag{5-7}$$

称为电动机的过载能力系数。它表征了电动机能够承受冲击负载的能力大小,是电动机的又一个重要运行参数。各种电动机的过载能力系数在国家标准中有规定,如普通的 Y 系列笼型异步电动机的 $\lambda_m = 2.0 \sim 2.2$,供起重机械和冶金机械用的 YZ 和 YZR 型绕线异步电动

机的 $\lambda_m = 2.5 \sim 3.0$。

2.人为机械特性

异步电动机的机械特性与电动机的参数有关,也与外加电源电压、电源频率有关,将关系式中的参数人为地加以改变而获得的特性称为异步电动机的人为机械特性,即改变定子电压 U、定子电源频率 f 定子电路串入电阻或电抗、转子电路串入电阻或电抗等,都可得到异步电动机的人为机械特性。

(1)降低电动机电源电压时的人为机械特性

电压 U 的变化对理想空载转速行。和临界转差率 S_m 不发生影响,但最大转矩 T_{max} 与 U^2 成正比,当降低定子电压时,n_0 和 S_m 不变,而 T_{max} 大大减小。在同一转差率情况下,人为机械特性与固有机械特性的转矩之比等于相对应电压的二次方之比。因此在绘制降低电压的人为机械特性时,是以固有机械特性为基础,在不同的 S 处,取固有机械特性上对应的转矩乘以降低电压与额定电压比值的二次方,即可得到人为机械特性,如图 5-5 所示。当 $U_a = U_N$ 时,$T_a = T_{max}$;当 $U_b = 0.8U_N$ 时,$T_b = 0.64T_{max}$;当 $U_c = 0.5U_N$ 时,$T_c = 0.25T_{max}$。可见,电压愈低,人为机械特性曲线愈往左移。异步电动机对电网电压的波动非常敏感,运行时,如电压降低太多,它的过载能力与启动转矩会大大降低,电动机甚至会发生带不动负载或者根本不能启动的现象。例如,电动机运行在额定负载 T_N 下,即使 $\lambda_m = 2$,若电网电压下降到 $70\% U_N$,则由于这时

$$T_{max} = \lambda_m T_N \left(\frac{U}{U_N} \right)^2 = 2 \times 0.7^2 T_N = 0.98 T_N \qquad (5-8)$$

电动机也会停转。此外,电网电压下降,在负载转矩不变的条件下,将使电动机转速下降,转差率 S 增大,电流增加,引起电动机发热甚至被烧坏。

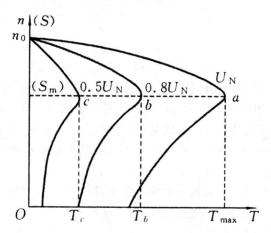

图 5-5 改变电源电压时的人为机械特性

(2)定子电路串接电阻或电抗时的人为机械特性

在电动机定子电路中串接电阻或电抗后,电动机端电压为电源电压减去定子串接电阻上或电抗上的压降,致使定子绕组相电压降低,这种情况下的人为机械特性与降低电源电压时的

相似,如图 5-6 所示。图中,实线 1 为降低电源电压的人为机械特性,虚线 2 为定子电路串接电阻 R_{1s} 或电抗 X_{1s} 的人为机械特性。可以看出,定子串入 R_{1s} 或 X_{1s} 后的最大转矩要比直接降低电源电压时的最大转矩大一些,这是因为随着转速的上升和启动电流的减小,在 R_{1s} 或 X_{1s} 上韵压降减小,加到电动机定子绕组上的端电压自动增大,致使最大转矩较大;而降低电源电压的人为机械特性在整个启动过程中,定子绕组的端电压是恒定不变的。

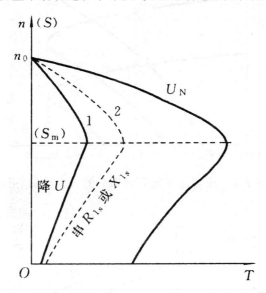

图 5-6　定子电路串接电阻或电抗时的人为机械特性

(3)改变定子电源频率时的人为机械特性

改变定子电源频率,f 对三相异步电动机机械特性的影响是比较复杂的,下面仅定性地分析 $n = f(T)$ 的近似关系。注意到上列式中 $X_{20} \propto f$, $K \propto \dfrac{1}{f}$,且一般变频调速采用恒转矩调速,即希望最大转矩 T_{max} 保持为恒值,为此在改变频率 f 的同时,电源电压 U 也要作相应的变化,使 $\dfrac{U}{f}$ 等于常数,这实质上是使电动机气隙磁通保持不变。在上述条件下就存在 $n_0 \propto f$, $\dfrac{S_m \propto 1}{f}$, $\dfrac{T_{st} \propto 1}{f}$ 和 T_{max} 不变的关系,即随着频率的降低,理想空载转速以。要减小,临界转差率要增大,启动转矩要增大,而最大转矩基本维持不变,如图 5-7 所示。

(4)转子电路串接电阻时的人为机械特性

在三相绕线异步电动机的转子电路中串接电阻 R_{2r} [见图 5-8(a)]后,转子电路中的电阻为 $R_2 + R_{2r}$ 。可看出, R_{2r} 的串接对理想空载转速 n_0 、最大转矩 T_{max} 没有影响,但临界转差率 S_m 则随着 R_{2r} 的增大而增大,此时的人为机械特性将是比固有机械特性更软的一条曲线,如图 5-8(b)所示。

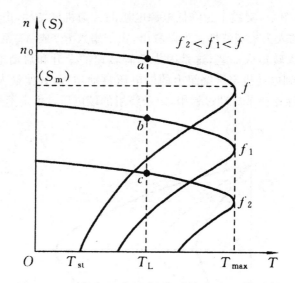

图 5-7　改变定子电源频率时的人为机械特性

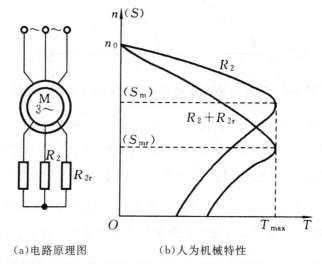

（a）电路原理图　　　　　（b）人为机械特性

图 5-8　绕线异步电动机转子电路串接电阻时的电路原理图和人为机械特性

5.2　交流调速系统

5.2.1　交流调速系统的发展历程

交流调速系统是一种以交流电动机作为电能—机械能转换装置的系统，它通过对电能的控制来产生所需的转矩和转速。它与直流电动机调速系统的最大差异就在于交流电动机没有直流电动机的机械换向器——整流子。

19 世纪 80 年代以前，由于直流电动机转矩容易控制，直流电动机作为调速电动机的代表一直广泛应用于工业生产中。19世纪末,由于发明了交流电,解决了三相制交流电的输送与分配问题,加之又制成了经济实用的交流鼠笼异步电动机,这就促使交流电动机在工业中逐步得到了广泛的应用。但是随着生产技术的发展,对电动机在起制动、正反转以及调速精度、调速范围等静态特性与动态响应方面提出了新的、更高的要求。而交流电动机比直流电动机在控制技术上更难实现这些要求,所以20世纪前半叶,在可逆、可调速与高精度的传动技术领域中,几乎都是采用直流调速技术。

虽然直流调速系统的理论基础和实践应用都已经比较成熟,但是由于电动机的单机容量、最高电压、最高转速以及过载能力等受机械式换向的约束,限制了直流调速系统的进一步发展,促使人们开始寻求用交流电动机代替直流电动机的调速方案,研究没有换向器的交流调速系统。交流电动机的主要优点是:没有电刷和换向器,容量、电压、电流和转速的上限不受限制,结构简单,成本较低,运行可靠,使用寿命长,维护方便。

早在20世纪30年代就有人提出用交流调速代替直流调速的理论,但是交流调速中简单调速方案的性能始终与直流调速系统有着很大的差距。电动机速度控制的本质是转矩的控制,直流电动机之所以具有优良的调速性能,根本原因是其能够保持主磁通的恒定,由于直流电动机的转子电流是由外部电路独立控制的,所以可以直接、线性地控制转矩。而交流电动机作为一个多输入多输出、非线性、强耦合且时变的被控对象,其主磁通是由定子电流和转子电流共同产生的。定子电流和转子电流不仅是相互耦合的变量,而且一般的鼠笼电动机的转子电流是无法测量的,更不可能直接控制,所以实现交流电机的调速远远难于实现直流电动机的调速。因此,直到20世纪60年代,随着电力电子技术的发展,采用电力电子变换器的交流调速系统才得以实现。

1971年,F. Blaschke 提出了交流电动机矢量控制原理,使交流传动技术从理论上解决了交流电动机转矩控制的问题,其控制特点与直流电动机一样。但是矢量控制理论的提出只解决了交流传动控制理论上的问题,想要真正地实现矢量控制技术其实相当麻烦。可以说,直到全控型大功率电力电子器件及大规模集成电路和计算机控制出现后,才可以用软件来实现适量控制算法,使硬件电路规范化,从而降低了成本,提高了控制系统的可靠性,因此高性能的交流调速系统也应运而生。由此可见,电力电子技术和计算机控制技术的发展给交流调速系统的发展奠定了物质基础,是推动交流调速系统不断发展的动力。

随着交流调速技术的发展,出现了各种交流调速方法。在实际应用中,交流调速不仅具有优良的调速性能,而且能节约能源,减少维护费用,节约占地面积,能在恶劣的甚至是含有易爆炸性气体的环境中安全运转。

在各种交流调速方法中,变频调速方法的性能最好,它具有调速范围大,静态稳定性好,运行效率高的优点,是现阶段最常用的调速方法。目前,已经基本上克服了交流电动机调速性能差的缺点。交流调速系统的性能已经可以和直流调速系统相当,甚至超过直流调速系统。

20世纪60年代以后,由于生产的迅速发展并提出节省电能的要求,促使世界各国重视交流调速技术的研究与开发。尤其是20世纪70年代以来,由于科学技术的迅速发展,为交流调速的发展创造了极为有利的技术条件和物质基础。从此交流调速理论和应用技术大致沿下述三个方面发展。

①一般性能的节能调速。在过去大量不变速交流传动中,浪费了许多电能。如果换成交

流调速系统,效果明显。

②高性能交流调速系统。交流电动机具有结构简单、效率高等特点。但是由于原理上的原因,很难进行有效控制。直到发明了矢量控制技术,即通过变换坐标,把交流电动机的定子电流分解成励磁分量和转矩分量,用来分别控制磁通和转矩,从而获得和直流电动机近似的高动态的性能。交流电动机的调速技术从此有了突破性进展。

③特大容量、极高转速的交流调速。由于直流电动机换向器的换向能力限制了它的容量和转速,其极限容量与转速的乘积约为 $10^6 \text{kW} \cdot \text{r/min}$,一旦超过这一数值,直流电动机的设计和制造就会变得非常的困难。但交流电动机不受这个限制,因此,特大容量的传动和极高转速的传动,都采用交流调速。

5.2.2　交流调速的基本类型

交流电机主要分为异步电动机和同步电动机两大类。其中,异步电动机的调速方法包括变频调速、变极调速和变转差率调速三种,而变转差率的方法可采取调节定子电压、转子电阻和转差电压等来实现。同步电动机的调速可以通过改变供电频率,从而改变同步转速的方法来实现。因此,电动机存在多种不同的调速方法。

1. 异步电动机调速方式的分类

异步电动机的调速方式有以下不同的分类方法。

(1)按电机类型划分

鼠笼型异步电动机一般分为变频调速、变极调速、调压调速、电磁转差离合器调速等。

绕线型异步电动机一般只采用串阻或串级调速。

(2)按异步电动机的参变量划分

①改变定子供电频率 f_1——变频调速。当改变定子供电频率时,异步电动机的同步转速 n_1 也随之正比地发生变化,在转速降 Δn 一定时,电机的转速 n 发生变化,从而达到调速目的。此时,电机机械特性的硬度不受影响。如果改变 f_1 的同时也改变定子绕组感应电动势 E_1,则电动机的启动转矩和电磁转矩不受影响,就能得到与直流电动机调压调速类似的调速特性。因此,该方法是交流电动机调速方法中最有发展前途的一种方法。

②改变定子绕组的磁极对数 p。改变定子绕组的磁极对数 p 可得到不同的同步转速。改变定子极数时,转子极数也必须同时改变,鼠笼型转子其极数随定子磁场的极数而定,能自动适应磁极对数的变化,故变极调速只适于鼠笼型异步电动机。这种调速方法很简单,但存在调速不连续、调速范围窄、电动机结构复杂等缺点,目前几乎不再采用。

③改变转差率 s。改变转差率的方法有以下几种。

·改变电动机的定子电压——调压调速。由异步电动机的机械特性方程可知,改变电动机的定子电压时,电动机轴上输出的转矩将发生变化,导致转差率变化,从而达到改变电动机的转速的目的。这种方法实现起来容易,尤其是采用双向晶闸管组成的调压装置,运行可靠,结构简单,可以达到几百千瓦以上,也容易实现电流、电压等闭环控制。但由于转矩受电压影响较大,对电网的谐波侵害也比较严重。因此,晶闸管调压调速较适合于小容量的风机、水泵等负载装置。

· 电磁转差离合器调速。由鼠笼型异步电动机、电磁转差离合器以及控制装置组合而成。在该方法中,异步电动机作为原动机,它带动电磁离合器的主动部分电枢,离合器的从动部分磁极与负载连在一起,它与主动部分只有磁路的联系,没有机械联系。通过控制励磁电流改变磁路磁通,使离合器产生不同的涡流转矩对负载进行调速。励磁电流较大时,磁极磁场强,磁极与电枢间较小的转差率就能产生足够大的涡流转矩来带动负载,故转速较高;励磁电流较小时,磁极磁场弱,磁极与电枢间须有较大的转差率才能产生带动负载的涡流转矩,故转速较低。可见,改变电磁离合器励磁电流的大小即可实现调速。由于该离合器是基于电磁感应原理的,因此必须有转差才能产生涡流转矩带动负载工作,故称为"涡流式电磁转差离合器",通常将离合器与拖动它的鼠笼机一起称为"滑差电机"。该调速方法控制比较简单,系统价格也不高。但低速运行时损耗大,效率低,故适用于要求有一定调速范围而又经常运行在高速状态的一般性传动控制系统中。

· 改变转子电阻。异步电动机定子输入功率 P_1 扣除定子的铜损 P_{Cu} 和铁损 P_{Fe} 剩余部分经旋转磁场传送到转子,即为电磁功率 P_m。此电磁功率一部分转变成机械输出功率 P_{mech},另一部分成为转差功率 P_s,而转差功率以发热形式消耗于转子绕组电阻 R_2 及外串电阻 R_{add} 中。其中,

$$P_s = sP_m = 3I_2^2(R_2 + R_{add}) \tag{5-9}$$

调速时,对恒转矩负载,转子电流 I_2 近似保持不变,P_m 为常数,当改变 R_{add} 时,s 随之改变,则转速 $n = n_1(1-s)$ 便可改变。该方法是将转差功率变成热能消耗掉了,故该方法效率比较低,一般用于小容量对调速性能要求不高的场合。

· 串级调速。串级调速在绕线型异步电动机转子回路中串入与转子电动势同频率的附加电动势,通过改变附加电动势相位和幅值的大小改变转差率 s 来实现调速。该方法可将转差功率转变为机械功率送到电动机轴上,或将转差功率回馈至交流电网,是一种经济、高效的调速方法。其中,低同步的晶闸管串级调速系统不仅具有良好的调速性能以及能把转差能量回馈电网,而且结构简单,可靠性高,技术上已经成熟。性能更优越的超同步晶闸管串级调速系统也正在发展之中。

综上所述,在异步电动机调速的各种分类方法及调速方式中,变极调速——调速不连续、调速范围窄、电动机结构复杂;电磁转差离合器调速——低速运行时损耗大、效率低;串阻调速——特性软、不平滑、效率低。目前实用的是变频调速、调压调速和串级调速。其中,变频调速范围宽,响应较快,启动特性好,制动和正反转控制简便,运行经济、效率高,可以认为变频调速是交流电动机合理且理想的调速方法;调压调速可用于中、小型风机和水泵等调速控制或中、大型负载的软启动;串级调速结构简单,控制方便,是一种经济、高效的调速方法,可用于对旧设备绕线型异步电动机进行技术改造。

2.同步电动机调速方式的分类

同步电动机由于没有转差,也就没有转差功率,所以电动机调速系统只能是转差功率不变型(恒等于 0)的,而同步电机转子磁极对数又是固定的,因此只能靠变压变频调速,没有别的形式。

同步电动机的调速有以下两种方法。

①不改变同步转速的调速方法有转子串阻、转子斩波调速、改变定子电压、改变转子附加电动势、应用电磁转差离合器等方法。

②改变同步转速的调速方法有改变定子磁极对数、改变定子电压频率、应用无换向器电动机等方法。

从控制频率的方式来分,同步电机调速有他控变频调速和自控变频调速两类,后者也称为无换向器电机调速。

开关磁阻式电机是一种特殊形式的同步电机,有其独特的比较简单的调速方法。

5.3 调压调速系统及变频调速系统

5.3.1 闭环交流调压调速系统

当异步电动机定子与转子回路的参数恒定时,在定转差率下,电动机的电磁转矩 M 与加在定子绕组上电压 U 的平方成正比。因此,改变电动机的定子电压就可改变机械特性的函数关系,从而改变电动机在一定输出转矩下的转速。

交流调压调速是一种比较简便的调速方法,可以采用在异步电动机定子回路中串入饱和电抗器以及在定子侧加调压变压器来实现调压调速。当今可使用双向晶闸管元件来实现交流调压调速。

1. 晶闸管交流调压

晶闸管交流调压就是在恒定交流电源与负载之间接入晶闸管作为交流电压控制器。其控制方式有相位控制和通断控制两种。

(1)相位控制

作为相位控制时,晶闸管在每个电源电压波形周期的选定时刻将负载与电源接通。不同的控制角,可得到不同的输出负载电压波形,从而起到调压作用。为使输出电压正、负半波对称,反并联的两个晶闸管的控制角应相等。

(2)通断控制

通断控制时晶闸管起着快速开关作用,它把负载与电源按一定的频率通断关系接通与断开。晶闸管的控制角一般为 0°,可连续导通几个周期,在控制脉冲消失时自然关断。电动机作为负载时,它相当于工作在脉冲调速状态。

2. 转速负反馈闭环的交流调压调速系统

由于交流异步电动机在低压时的机械特性很软,故工作不易稳定,负载稍有波动,就会引起转速的极大变化。为了提高调压调速系统机械特性的硬度及电动机转速的稳定性,常采用闭环控制系统。转速负反馈闭环的交流调压调速系统原理图如图 5-9 所示,它是由调节器、晶闸管调压装置、转速反馈装置和异步电动机等部分组成。改变给定信号 U_n^* 的大小,即可改变电动机的转速 n。当由于某种原因引起电动机的转速不稳定时,系统可通过自动调节保持稳定。

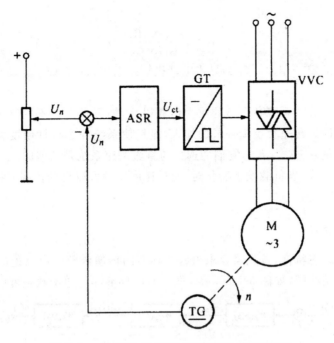

图 5-9   转速负反馈调压调速系统原理图

3. 系统的静态特性

根据图 5-9 所示的系统原理图可画出系统的静态结构图,如图 5-10 所示。

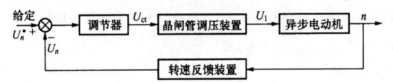

图 5-10   调压调速系统静态结构图

根据结构图可写出各环节的输出量与输入量关系:

$$U_{ct} = K_n(U_n^* - U_n)$$
$$U_1 = K_s U_{ct}$$
$$U_n = \alpha n \tag{5-10}$$

式中: K_n 为调节器的静态放大系数; K_s 为调节器(包括触发器)的放大倍数; α 为转速负反馈系数。

综合以上诸式可得

$$U_1 = K_n K_s (U_n^* - \alpha n) = K_n K_s [U_n^* - \alpha n_1(1-s)] \tag{5-11}$$

式中: n_1 为电动机的同步转速。

根据异步电动机机械特性的实用表达式,忽略定子电阻,并进行简化可得

$$T \approx K[U_n^* - \alpha n_1(1-s)]^2 s \tag{5-12}$$

其中

$$K = \frac{m_1 p K_n^2 K_s^2}{\omega_1 X_K s_m}$$

式中：m_1 为电动机的定子相数；X_K 为异步电动机短路电抗；ω_1 为加于电动机定子电压的角频率；p 为磁极对数。

在已知电动机参数与系统各环节的放大倍数以后，即可求得在不同给定电压 U_n^* 时调压调速系统的静态特性。转速负反馈环节的加入，显然使系统静态特性硬度大大增加。影响调速精度的主要因素是 α、K_p、K_s，它们的选择与直流调速系统是类似的。

采用闭环控制方式，当负载发生变化时，通过速度反馈可以自动控制加在电动机定子上的电压高低。

4.系统的动态特性

为研究系统的动态特性，首先需要求出各个环节的传递函数。由系统的静态结构图 5-10 可以直接得到动态结构图，如图 5-11 所示。图中有些环节的传递函数是可以直接写出的。

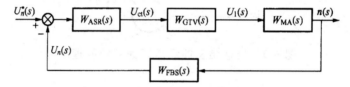

图 5-11　系统动态结构图

（1）转速调节器

常用比例积分（PI）调节器以消除静差并改善静态性能，其传递函数为

$$W_{ASR}(s) = \frac{K_n(\tau_n s + 1)}{\tau_n s} \tag{5-13}$$

（2）晶闸管调压装置

假定其输入—输出关系是线性的，在动态中可以近似成一阶惯性环节，正如晶闸管触发与整流装置一样。传递函数可写成

$$W_{GTV}(s) = \frac{K_s}{T_s s + 1} \tag{5-14}$$

对于三相全波调压电路，可取 $T_s = 3.3$ ms，对于其他形式的调压电路则须另行考虑。

（3）转速反馈环节

考虑到反馈滤波作用，其传递函数为

$$W_{FBS}(s) = \frac{\alpha}{T_{on} s + 1} \tag{5-15}$$

（4）异步电动机

由于描述异步电动机动态过程是一组非线性微分方程，要用一个传递函数来准确地表示异步电动机在整个调速范围内的输入输出关系是不可能的。只有做出比较强的假定，并用稳态工作点附近微偏线性化的方法才能得到近似的传递函数。

如果忽略电磁惯性，只考虑同轴旋转体的机电惯性，异步电动机便近似成一个一阶惯性的

线性环节。于是异步电动机的近似线性化传递函数为

$$W_{MA}(s) = \frac{K_{MA}}{T_M s + 1} \tag{5-16}$$

其中

$$K_{MA} = \frac{2s_A n_1}{U_{1A}} = \frac{2(n_1 - n_A)}{U_{1A}}$$

$$T_M = \frac{GD^2}{375} \cdot \frac{\omega_1 r_2' n_1}{m_1 p U_{1A}^2}$$

式中：K_{MA} 为异步电动机的传递系数；T_M 为异步电动机拖动系统的机电时间常数。

把上述 4 个环节的传递函数式写入图 5-11 的各方框里内，即得该系统微偏线性化的近似动态结构图。需要注意的是，使用该动态结构图时要注意以下两点。

①由于它是微偏线性化模型，所以只能用于机械特性线性段上工作点附近稳定性的判别和动态校正，对于大范围起制动时动态响应指标的计算是不适用的。

②由于忽略了电机的电磁惯性，分析和计算结果比较粗略。

5.3.2　变频调速系统

异步电动机的变频调速系统是异步电动机的变压变频调速系统的简称。由于其在调速时转差功率不变，在各种异步电动机调速系统中效率最高，性能也最好，是交流调速的主要发展方向。

由交流电动机的转速公式可以看出，若均匀地改变定子供电频率 f_1，则可以平滑也改变电动机的同步转速。在许多场合，为了保持调速时电动机的最大转矩不变，需要维持磁通恒定，这就要求定子供电电压也要做出相应调节。因此对电动机供电的变频器，一般都要求兼有调压和调频两种功能，即通常所说的 VVVF 型变频器。

随着电力半导体器件制造技术的发展和电子技术的发展，使变频调速装置获得了迅速的发展。近年来，制造厂家不断推出性能更好、质量更优的一代又一代变频器新产品。由于使用了计章机控制技术，现今的变频器不仅能调压、调频，还具有电流调节、转矩调节、加速度调节、启动制动时间调节等多种控制与调节功能，因而在工农业生产和日常生活中获得了广泛应用。

1. 基本控制方式

异步电动机改变定子频率 f_1 可以平滑地调节转速。在电机学中，异步电动机的电动势方程为

$$E_1 = 4.44 f_1 W_1 K_1 \Phi \tag{5-17}$$

如果忽略定子电阻和漏电抗的压降，则有

$$U_1 = E_1 = 4.44 f_1 W_1 K_1 \Phi \tag{5-18}$$

由此可见，当 U_1 不变，随着 f_1 的升高，Φ 将减小。又从转矩公式 $M = C_M \Phi I_2' \cos\varphi_2'$ 可以看出，磁通 Φ 减小势必导致电动机输出转矩 M 下降，使电动机的利用率变差。同时电动机的最大转矩也将降低，严重时会使电动机堵转。

若维持端电压 U_1 不变而减小 f_1，Φ 将增加，这会使磁路饱和，激磁电流 I_m 上升，导致铁

损急剧增加。

因此,在很多应用场合,要求在调频的同时改变定子电压 U_1,以维持 Φ 近似不变。根据 U_1 和 f_1 的不同比例关系,将有不同的变频调速方式可供选择。

(1)基频以下调速

在基频以下调速时,即 $f_1 < f_N$,为了保证 Φ 不变,可以得到 $\dfrac{U_1}{f_1}$ 是一个常数。基频以下调速方式是恒压频比的控制方式。

低频时,U_1 较小,定子阻抗压降所占的份额就比较显著,不能忽略。此时,可以人为地把电压 U_1 抬高一些,以便近似补偿定子压降。

(2)基频以上调速

在基频以上调速时,频率可以从 f_N 往上增,但电压却不能增加得比额定电压还大,最多只能达到 $U_1 = U_N$,这将迫使磁通与频率成反比地降低,相当于直流电动机弱磁升速的情况。

如果电动机在不同转速下都具有额定电流,则电动机都能在温升允许条件下长期运行。这时转矩基本上随磁通变化,按照机电传动原理,在基频以下,属于"恒转矩调速";而在基频以上,属于"恒功率调速"。

2.变频装置

上一小节讨论的控制方式表明,必须同时改变电源的电压和频率,才能满足变频调速的要求。事实上,现有的交流供电电源都是恒压恒频的,必须通过变频装置,获得变压变频的电源。

变频装置是变频调速系统的主要设备。从结构上分析,静止变频装置可分为间接变频和直接变频两类。间接变频装置先将工频交流电源通过整流器变成直流,然后再经过逆变器将直流变换为可控频率的交流,因此又称为有中间直流环节的变频装置。直接变频装置则将工频交流一次变换成可控频率的交流,没有中间直流环节。目前应用较多的是间接变频装置。

(1)间接变频装置(即交—直—交变频装置)

间接变频装置的结构如图 5-12 所示。按照控制方式的不同,它又可以分成三种,如图 5-13所示。

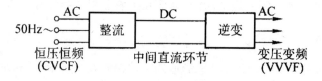

图 5-12　间接变频装置

①用可控整流器变压、逆变器变频的交—直—交变频装置。如图 5-13(a)所示,调压和调频分别在两个环节上进行,两者要在控制电路上协调配合。这种变频装置结构简单、控制方便。但是,由于输入环节采用可控整流器,当电压和频率调得较低时,电网端的功率因数较小;输出环节多采用由晶闸管组成的三相六拍逆变器,输出的谐波较大。这是这类变频装置的主要缺点。

②用不控整流器整流、斩波器变压、逆变器变频的交—直—交变频装置。如图 5-13(b)所

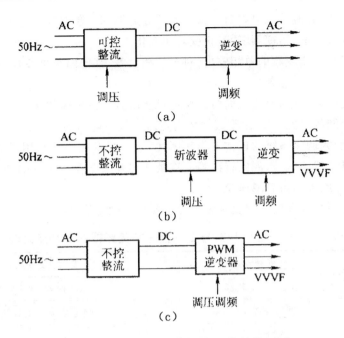

图 5-13　间接变频装置的三种结构形式

示,整流环节采用二极管不控整流器,再增设斩波器,用脉宽调压。这样虽然多了一个环节,但输入功率因数高,克服了图 5-13(a)装置的第一个缺点。输出逆变环节不变,谐波较大的问题仍然没有解决。

③用不控整流器整流、PWM 逆变器同时变压变频的交—直—交变频装置。如图 5-13(c)所示,用不控整流,则功率因数高;用脉宽调制(PWM)逆变,则谐波可以减少。这样,图 5-13(a)装置的两个缺点都解决了。谐波减少的程度取决于开关频率,而开关频率主要受器件开关时间的限制。如果仍采用普通晶闸管,开关频率比六拍逆变器也高不了多少。只有采用可控关断的全控式器件以后,开关频率才得以大大提高,输出波形几乎可以得到非常逼真的正弦波,因而又可称之为正弦波脉宽调制(SPWM)逆变器。它是当前使用最普遍的一种变频装置。

(2)直接变频装置(交—交变频装置)

直接变频装置的结构如图 5-14 所示,它只用一个变换环节就可以把恒压恒频的交流电源变换成变压变频的电源,因此又称周波变换器。

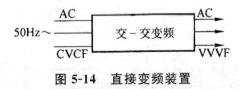

图 5-14　直接变频装置

直接变频装置输出的每一相都是一个两组晶闸管整流装置反并联的可逆线路,正、反两组按一定周期相互切换,在负载上获得交变的输出电压,其幅值决定于各组整流装置的控制角,其频率决定于两级整流装置的切换频率。

直接变频装置根据输出电压波形,可以分为方波型和正弦波型两种。如果控制角一直不变,则输出平均电压是方波。如果在每一组整流器导通期间不断改变控制角,则整流的平均输出电压就由零变到最大值,再变到零,呈正弦规律变化。

上述只说明了交—交变频的单相输出,对于三相负载,其他两相也各有一套反并联可逆线路,输出平均电压相位依次相差120°。

由于在直接变频装置中,电压反向时最快也只能沿着电源电压的正弦波形变化,所以最高输出频率不超过电网频率的1/2(由整流相数而定),一般为电网的1/3~1/2,否则输出波形畸变太大,将会影响变频调速系统的正常工作。因此,交—交变频一般只用于低转速、大容量的调速系统,如轧钢机、球磨机、水泥回转窑等。这类机械用交—交变频装置供电的低速电动机直接传动,可以省去庞大的齿轮减速箱。

交—直—交变频装置和交—交变频装置的主要特点列于表5-1。

表5-1 交—交变频器与交—直—交变频器主要特点比较

	交-交变频器	交-直-交变频器
换能方式	一次换能,效率较高	二次换能,效率略低
换流方式	电网电压换流	强迫换流或负载换流
装置元件数量	较多	较少
元件利用率	较低	较高
调频范围	输出最高频率为电网的1/3~1/2	频率调节范围宽
电网功率因数	较低	可控整流调压,低频低压时功率因数较低,用斩波器或PWM方式调压,功率因数较高
适用场合	低速大功率拖动	可用于多种拖动装置,稳频稳压电源,不停电电源

(3)电压型变频器和电流型变频器

无论是直接变频还是间接变频,根据变频电源的性质,又可分为电压型变频器和电流型变频器两类。

①电压型变频器。当间接变频器的中间直流环节采用大电容滤波时,直流电压波形比较平直,在理想情况是一种内阻抗为零的恒压源,输出交流电压是矩形波或阶梯波,这种变频器称为电压型变频器[图5-15(a)]。一般的直流变频器虽然没有滤波电容,但供电电源的低阻抗使它具有电压源的性质,也属于电压型变频器。

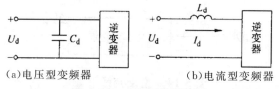

(a)电压型变频器　　　　　　　(b)电流型变频器

图5-15　间接变频装置

②电流型变频器。当间接变频器的中间直流环节采用大电感滤波时,直流回路中的电流波形比较平直,对负载来说基本上是一个恒流源,输出交流电流是矩形波或阶梯波。这种变频器叫做电流型变频器[图5-15(b)]。有的交—交变频器用电抗器将输出电流强制转换成矩形波或阶梯波,具有电流源的性质,也属于电流型变频器。

对于变频调速系统来说,由于异步电动机属感性负载,不论它处于电动还是发电状态,功率因数都不会等于 1.0,故在中间直流环节与电动机之间总存在无功功率交换。由于逆变器中的电力电子开关无法储能,无功能量只能靠直流环节中的储能元件(电压源变频中的电容器或电流源变频中的电抗器)缓冲。因此也可以说,电压型和电流型变频器的主要区别在于采用什么储能元件缓冲无功功率。

3.正弦波脉宽调制逆变器

1964 年,德国的 A. Schönung 等提出了脉宽调制变频的思想,并广泛应用于交流变频,为交流调速系统开辟了新的发展领域。图 5-16 所示为 SPWM 变频器的原理图。这是一个间接变频装置,只是整流器 UR 是不可控的,它的输出电压经电容滤波附加小电感限流后形成恒定幅值的直流电压,加在逆变器 UI 上,控制逆变器中的功率开关器件导通或断开。其输出端即可获得一系列宽度不等的矩形脉冲波形。决定开关器件动作顺序和时间分配规律的控制方法就称为脉宽调制方法。通过改变矩形脉冲的宽度,可以控制逆变器输出交流基波电压的幅值;通过改变调制周期,可以控制输出频率。这样一来,在逆变器上可同时进行输出电压幅值与频率的控制,满足变频调速对电压与频率协调控制的要求。

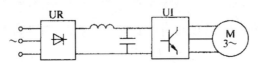

图 5-16　SPWM 变频器原理图

如图 5-16 所示电路主要有下列特点。

(1)主电路只有一个可控功率环节,简化了结构。

(2)使用了不控整流器,使电网功率因数与逆变器输出电压的大小无关而接近于 1。

(3)逆变器在调频的同时实现调压,而与中间直流环节的元件参数无关,加快了系统的动态响应速度。

(4)输出波形好,能抑制或消除低次谐波,使负载电机可在近似正弦波的交变电压下运行,转矩脉动小,大大扩展了传动系统的调速范围,并提高了系统的性能。

根据脉宽调制的特点,逆变器主电路的开关器件在输出电压半周内要开关 N 次,而器件本身的开关能力与主电力的结构及其换流能力有关。因此,将脉宽调制技术应用于交流调速系统必然受到一定条件的制约,主要包括下列两点。

1.开关频率

逆变器各功率开关器件的开关损耗限制了脉宽调制逆变器的每秒脉冲数。适合于 SPWM 逆变器使用的电力开关器件列于表 5-2。

2.调制度

为保证主电路开关器件的安全工作,必须使所调制的脉冲波有最小脉宽与最小间隙的限制,从而保证脉冲宽度大于开关器件的导通时间与关断时间。这就要求参考信号的幅值不能超过三角载波峰值的某一百分数(称为临界百分数)。

当调制度超过最小脉宽的限制时,可以改为按固定的最小脉宽工作,而不再遵守正常的脉宽调制规律。但这样会使逆变器输出电压的幅值不再是调制电压幅值的线性函数,而是偏低,并引起输出电压谐波增大。

表 5-2　电力开关器件

名称	符号	开关频率(kHz)
电力晶体管	GTR	1～5
可关断晶闸管	GTO	1～2
功率场效应管	P-MOSFET	>20

下面分别定义载波频率 f_t 与调制波频率 f_r 之比为载波比 N。视载波比的变化与否有同步调制与异步调制。

1.同步调制

在同步调制方式中，N 为常数。变频时三角载波的频率与正弦调制波的频率同步变化，因而逆变器输出电压半波内的矩形脉冲数是固定不变的。如果取 N 等于 3 的倍数，则同步调制能保证逆变器输出波形的正、负半波始终保持对称，并能严格保证三相输出波形间具有互差 $120°$ 的对称关系。但是，当输出频率很低时，由于相邻两个脉冲之间的间距增大，谐波会显著增加，使负载电动机产生较大的脉动转矩和较强的噪声。这是同步调制方式的主要缺点。

2.异步调制

为了消除同步调制的缺点，可以采用异步调制方式。在异步调制中，在逆变器的整个变频范围内，载波比 N 不等于常数。一般在改变参考信号频率 f_r 时保持三角载波频率 f_t 不变，从而提高了低频时的载波比。这样逆变器输出电压半波内的矩形脉冲数可随输出频率的降低而增加，相应地可减少负载电动机的转矩脉动与噪声，改善低频工作的特性。

相对的，异步调制在改善低频工作特性的同时，又会失去同步调制的优点。当载波比随着输出频率的降低而连续变化时，势必使逆变器输出电压的波形及其相位都发生变化，很难保持三相输出间的对称关系，因而引起电动机工作不平稳。为了扬长避短，可将同步和异步两种调制方式结合起来，成为分段同步的调制方式。

3.分段同步调制

在一定频率范围内采用同步调制，可保持输出波形对称的优点；当频率降低较多时，使载波比分段有级地增加，又采纳了异步调制的长处。这就是分段同步调制方式。具体而言，把逆变器整个变频范围划分成若干个频段，在每个频段内都维持载波比 N 恒定，对不同频段取不同的 N 值，频率低时取 N 值大些，一般按等比级数安排。

在逆变器输出频率 f_r 的不同频段内，用不同的 N 值进行同步调制，而各频段载波频率的变化范围基本一致，从而满足功率开关器件对开关频率的限制。载波比 N 值与逆变器的输出频率、功率开关器件的允许工作频率以及控制手段都有关系。为了使逆变器的输出尽量接近正弦波，应尽可能增大载波比。但若从逆变器本身看，载波比又不能太大，应受到下述关系式的限制，即

$$N \leqslant \frac{\text{逆变器功率开关期间的允许开关频率}}{\text{频段内最高的正弦参考信号频率}}$$

分段同步调制方式虽然比较麻烦，但在微电子技术迅速发展的今天，这种调制方式是很容易实现的。

第6章　步进电动机控制技术

6.1　步进电动机

6.1.1　步进电动机的概念和工作原理

6.1.1.1　步进电动机的概念

步进电动机是一种用电脉冲信号进行控制,并将电脉冲信号转换成相应的角位移或线位移的控制电动机。它可以看作是一种特殊运行方式的同步电动机,由专用电源供给电脉冲。对这种电动机施加一个电脉冲后,其转轴就转过一个角度,称为一步;脉冲数增加,角位移随之增加;脉冲频率高,则电动机旋转速度就高,反之则慢;分配脉冲的相序改变后,电动机便反转。这种电动机的运动状态与普通的匀速旋转电动机有着一定的差别,由于其是步进式运动,所以称为步进电动机。又因其绕组上所加的电源是脉冲电压,有时也称它为脉冲电动机。

步进电动机是受脉冲信号控制的,因此,它适合于作为数字控制系统的伺服元件。它的直线位移量或角位移量与电脉冲数呈正比,所以电动机的线速度或转速也与脉冲频率呈正比,通过改变脉冲频率的大小就可以在很大的范围内调节电动机的转速,并能快速起动、制动和反转。若用同一频率的脉冲电源控制几台步进电动机时,它们可以同步运行。有些型号的步进电动机在停止供电状态下还有定位转矩,有些在停机后某些相绕组仍保持通电状态,具有自锁能力,不需要机械的制动装置。

步进电动机的步距角变动范围较大,在小步距角的情况下。往往可以不经减速器而获得低速运行。电动机的步距角和转速大小不受电压波动和负载变化的影响,也不受环境条件如温度、气压、冲击和振动等影响,而仅与脉冲频率有关。它每转一周都有固定的步数,在不失步的情况下运行,其步距误差不会长期积累。这些特点使它完全适用于在数字控制的开环系统中作为伺服元件,并使整个系统大为简化而又运行可靠。当采用了速度和位置检测装置后,也可用于闭环系统。

步进电动机的精度由静态步距角误差来衡量。步距角是指步进电动机在一个电脉冲作用下(即改变一次通电方式,通常又称为一拍),转子所转过的角位移,也称为步距。步距角的大小与定子控制绕组的相数、转子的齿数和通电方式有关。目前我国生产的步进电动机,其步距角为 $0.375° \sim 90°$。

从理论上讲,每一个脉冲信号应使电动机的转子转过相同的步距角。但实际上,由于定、转子的齿距分度不均匀,定、转子之间的气隙不均匀或铁心分段时的错位误差等,都会使实际步距角和理论值之间存在偏差,由此决定静态步距角误差。在实际测定静态步距角误差时,既要测量相邻步距角.的误差,还要计算步距角的累计误差。步进电动机的最大累计误差是取电动机转轴的实际停留位置超过及滞后理论停留位置、两者各自最大误差值绝对值之和的一半计算。静态步距角误差直接影响角度控制时的角度误差,也影响速度控制时的位置误差,并影响转子的瞬时转速稳定度大小。因此,应尽量设法减小这一误差,以提高精度。

步进电动机的主要缺点是效率较低,需要配上适当的驱动电源。一般来说,其带负载惯量的能力不强,在使用时既要注意负载转矩的大小,又要注意负载转动惯量的大小,只有当两者均选取在适当的范围时,电动机才能获得满意的运行性能。此外,共振和振荡也常常出现在运行中,特别是内阻尼较小的反应式步进电动机,有时还要附加机械阻尼机构。

6.1.1.2 反应式步进电动机的工作原理

步进电动机按其工作原理划分,主要有磁电式和反应式两大类。其中,反应式步进电动机利用磁阻转矩使转子转动,是目前我国使用最广泛的步进电动机类型。这里只介绍常用的反应式步进电动机的工作原理,根据图 6-1 步进电动机简化图来加以说明。

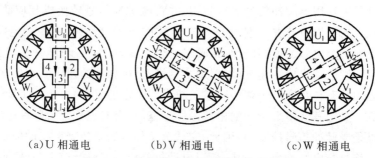

(a)U 相通电   (b)V 相通电   (c)W 相通电

图 6-1 单相通电方式时的转子位置

在步进电动机定子上有 U、V、W 三对磁极,磁极上有绕组,分别称为 U 相、V 相和 W 相,而转子则是一个带槽的铁心,这种步进电动机称为三相步进电动机。如果在绕组中通以直流电,就会产生磁场,当 U、V、W 三个磁极的绕组依次轮流通电,则 U、V、W 三对磁极就会依次产生磁场吸引转子转动。

首先,有一相绕组(设为 U)通电,则转子 1、3 两齿被磁极 U 吸住,转子就停留在 U 相通电的位置上。

其次,U 相断电,V 相通电,则磁极 U 的磁场消失,磁极 V 产生磁场,磁极 V 的磁场把离它最近的 2、4 两齿吸引过去,停止在 V 相通电的位置上,这时转子逆时针转了 30°。

然后,V 相断电,W 相通电,根据同样的道理,转子又逆时针转了 30°,停止在 W 相通电的位置上。

若再 W 相断电,U 相通电,那么转子再逆转 30°,使磁极 U 的磁场把 2、4 两齿吸引住。定子各相轮流通电一次,转子转一个齿。

这样按 U→V→W→U→V→W→U⋯次序轮流通电,步进电动机就一步步地按逆时针方向旋转。通电绕组每转换一次,步进电动机旋转 30°,步进电动机每步转过的角度称为步距角。

如果把步进电动机通电绕组转换的次序倒过来换成 U→W→V→U→W→V→U⋯的顺序,则步进电动机将按顺时针方向旋转。

　　对于一个真实的步进电动机,为了减少每通电一次的转角,在转子和定子上开有很多定分的小齿,定子上开的齿有意错开一个角度,当 U 相定子齿对正转子小齿时,V 相和 W 相定子上的齿则处于错开状态。

　　步进电动机除了做成三相外,还可以做成二相、四相、五相、六相或更多的相数。电动机的相数和转子齿数越多,步距角就越小,这种电动机在脉冲频率一定的情况下转速也就越低。但电动机相数越多,相应电源就越复杂,造价也越高。所以,步进电动机一般最多做到六相,只有个别电动机才做成更多的相数。

6.1.2　步进电动机的特点、分类及应用

6.1.2.1　步进电动机的特点

　　步进电动机主要表现出以下几个特点。

　　1.可以采用数字信号直接进行开环控制,整个系统简单廉价。

　　2.位移与输入脉冲信号数相对应,步距误差不会长期积累,可以组成结构较为简单而又具有一定精度的开环控制系统,也可在要求更高精度时组成闭环控制系统。

　　3.启动、停止、正反转控制的响应优越。在自启动区内可瞬时启动、停止,启动时间短,可任意进行瞬时正反转。

　　4.可将负载直接连接在电动机轴上进行超低速运行,不需要附加中间减速机构。

　　5.步进电动机具有较大的自保持转矩,可自由地设定其位置,而不靠电磁或者机械制动。

　　6.由于电动机的转速与输入脉冲频率成正比,因此,转速可在相当宽的范围内平滑地进行调节,同时,也可以利用一台控制器控制几台步进电动机同步运行。

　　7.没有检测传感器和反馈电路,步进电动机控制系统简单,可靠性高。

6.1.2.2　步进电动机的分类

　　步进电动机种类繁多,按其运动形式分,有旋转步进电动机和直线步进电动机两大类;按其工作原理又可分为反应式、永磁式和感应子式永磁步进电动机三类。

　　1.反应式步进电动机

　　反应式步进电动机亦称磁阻式(VR)步进电动机,其基本结构主要由定子和转子两部分组成。其定子和转子磁路均由软磁制成,定子有若干对磁极,磁极上有多相励磁绕组,在转子的圆柱面上有均匀分布的小齿。它是利用磁阻的变化产生转矩。励磁绕组的相数一般为三相、四相、五相、六相等。反应式步进电动机有以下特点:

　　(1)气隙小。为了提高反应式步进电动机的输出转矩,气隙一般都取得很小。

　　(2)步距角小。因反应式步进电动机定、转子都是采用软磁材料制成的,依靠磁阻变化产生转矩,在机械加工所能允许的最小齿距情况下,转子的齿距数可以做得很多。

　　(3)励磁电流较大。这就要求驱动电源的功率较大。

　　(4)电动机的内部阻尼较小。当相数较小时,单步运行振荡时间较长。

　　(5)断电时没有定位转矩。

　　反应式步进电动机有单段式和多段式两种形式。

①单段式。单段式又称为径向分相式,它是目前步进电动机中使用得最多的一种结构形式。其定子的磁极数 P 通常为相数 m 的 2 倍,即 $P=2m$。每个磁极上都装有控制绕组,并接成 m 相。在定子磁极的极面上开有小齿,转子沿圆周也有均匀分布的小齿,它们的齿形和齿距完全相同。为了获得较大的静转矩,通常取齿宽和齿距之比为 $0.32\sim0.38$,这种结构形式使电动机制造简便,精度易于保证;步距角又可以做得较小,容易得到较高的启动和运行频率。缺点是在电动机的直径较小而相数又较多时,沿径向分相较为困难。此外,这种电动机消耗的功率较大,断电时无定位转矩。

②多段式。多段式又称为轴向分相式,按其磁路的特点不同,又可分为轴向磁路多段式和径向磁路多段式两种。

轴向磁路多段式步进电动机的定子、转子铁芯均沿电动机轴向并按相数分段,每一组定子铁芯中间放置一相环形的控制绕组。定子、转子圆周上冲有齿形相近和齿数相同的均布小齿槽。定子铁芯(或转子铁芯)每相邻两段错开 $1/m$ 齿距。这种结构使电动机的定子空间利用率较高,环形控制绕组绕制较方便,转子的惯量较低,步距角也可以做得较小,因此启动和运行频率较高。但在制造时,铁芯分段和错位工艺较复杂,精度很难保证。

径向磁路多段式步进电动机的定、转子铁芯沿电动机轴向按相数分段,每段定子铁芯的磁极上均放置同一相控制绕组。定子的磁极数是由结构决定的,最多可与转子齿数相等,少则可为二极、四极、六极等。定子、转子圆周上有齿形相近并有相同齿距的齿槽。每一段铁芯,上的定子齿都和转子齿处于相同的位置。转子齿沿圆周均匀分布并为定子极数的倍数。定子铁芯(或转子铁芯)每相邻两段错开 $1/m$ 齿距。也可以在一段铁芯上放置两相或三相控制绕组,相当于单段式电动机的组合。定子铁芯(或转子铁芯)每相邻两段又错开相应的齿距。这种结构对于相数多而直径和长度又有限制的反应式步进电动机来说,在磁极的布置上要比以上两种方式灵活。它的步距角同样可以做得较小,并使电动机的启动和运行频率较高。但铁芯分段和错位工艺比较复杂。

(2)永磁式步进电动机

永磁式步进电动机是转子或定子的某一方为永磁体,另一方由软磁材料和励磁绕组制成,绕组轮流通电,建立的磁场与永磁体的恒定磁场相互作用,产生转矩。励磁绕组一般做成两相或四相控制绕组。永磁步进电动机的特点是:

①步距角较大,一般为 $15°$、$22.5°$、$30°$、$45°$、$90°$ 等。这是因为在一个圆周上受到极弧尺寸的限制,磁极数不能太多。

②控制功率较小,效率高。

③启动和运行频率较低,需要采用正、负电脉冲供电。

④电动机的内部阻尼较大,单步运行振荡时间短。

⑤断电时有一定的定位转矩。

永磁式步进电动机也有多种结构,它的定子是凸极式,装设两相或多相绕组。转子是一对极或多对极的星形永久磁钢。转子的极数应与定子每相的极数相同。

(3)感应子式永磁步进电动机

感应子式永磁步进电动机从定子的导磁体来看,和反应式步进电动机相似;它在转子上有永磁体,又可以看作是永磁式步进电动机。因而它既具有反应式步进电动机步距角小、响应频率高的优点,又具有永磁式步进电动机励磁功率小、效率高的优点。它是反应式和永磁式步进电动机的结合,因此又称为混合式步进电动机。

感应子式永磁步进电动机的定子结构与单段反应式步进电动机相同,转子由环形磁钢和两端铁心组成,两端转子铁芯的外圆周上有均布齿槽,它们彼此相错1/2齿距。定转子齿数的配合与单段式反应式步进电动机相同。这种电动机可以做成较小的步距角,因而也有较高的启动和运行频率,消耗的功率较小,并有定位转矩,它兼有反应式和永磁式步进电动机两者的优点。但它需要有正、负脉冲供电,在制造电动机时工艺也较为复杂。

3. 步进电动机的应用

①信息机器,如软磁盘驱动器 FDD、硬磁盘驱动器 HDD、打字机、绘图仪、电传机等。
②办公自动化设备,如复印机、电动打字机、账票印刷机等。
③汽车,如阀类的控制、计量仪表等。
④计时仪表,如钟表、计时器、计数器等。
⑤医疗机械,如输液泵、分析机等。
⑥住宅设施,如空调机、冷藏设备、缝纫机等。
⑦工厂机器,如数控机床、集成电路键合机、重复照相机、简易机器人、插装机等。
⑧其他,如游戏机、自动售货机等。

步进电动机在近 30 年实用过程中,在形状、尺寸等方面已实现了标准化,成为很普遍的一种控制电动机。

6.1.3 步进电动机的特性

1. 步进电动机的使用特性

(1)步距误差

步距误差直接影响执行部件的定位精度。步进电动机单相通电时,步距误差决定于定子和转子的分齿精度和各项定子错位角度的精度。多相通电时,步距角不仅和加工装配的精度有关,还和各相电流的大小、磁路性能等因素有关。国产步进电动机的步距误差一般为 $\pm 10' \sim \pm 15'$,功率步进电动机的步距误差一般为 $\pm 20' \sim 25'$。

(2)最高启动频率和最高工作频率

空载时,步进电动机由静止突然启动并不失步地进入稳速运行,所允许的启动频率的最高值称为最高启动频率。启动频率大于此值时步进电动机便不能正常运行。最高启动频率以 f_g 与步进电动机的负载惯性 J 有关,J 增大则 f_g 将下降。国产步进电动机 f_g 最大为 $1000 \sim 2000\,\text{Hz}$,功率步进电动机的 f_g 一般为 $500 \sim 800\,\text{Hz}$。

步进电动机连续运行时所能接受的最高频率称为最高工作频率,它与步距角一起决定执行部件的最大运行速度,也和 f_g 一样决定于负载惯量 J,还与定子相数、通电方式、控制电路的功率驱动器等因素有关。

(3)输出的转矩—频率特性

步进电动机的定子绕组本身就是一个电感性负载,输入频率越高,励磁电流就越小。另外,频率越高,由于磁通量的变化加剧,以至与铁心的涡流损失加大。因此,输入频率增高后,输出力矩 T_d 要降低。功率步进电动机最高工作频率的输出转矩只能达到低频转矩的 $40\%\sim50\%$,应根据负载要求参照高频输出转矩来选用步进电动机的规格。

2.步进电动机的运行特性

反应式步进电动机可以按特定指令进行角度控制,也可以进行速度控制。

进行角度控制时,每输入一个脉冲,定子绕组换接一次,输出轴就转过一个角度,其步数与脉冲数一致,输出轴转动的角位移与输入脉冲数成正比。

进行速度控制时,各相绕组不断地轮流通电,步进电动机就连续转动。反应式步进电动机的转速只取决于脉冲频率、转子齿数和拍数,而与电压、负载、温度等外界因素无关。当步进电动机的通电方式选定后,转速只与输入脉冲频率成正比,改变脉冲频率就可以改变转速,从而可以进行无级调速,调速范围很宽。同时,步进电动机具有自锁能力。当控制电脉冲停止输入,而让最后一个脉冲控制的绕组继续通入直流电时,电动机可以保持在固定的位置上,这样,步进电动机可以实现停车时转子定位。

综上所述,步进电动机工作时的步数或转速既不受电压波动和负载变化的影响(在允许负载范围内),也不受环境条件(如温度、压力、冲击和振动等)变化的影响,只与控制脉冲同步。同时,它又能按照控制的要求启动、停止、正反转或改变速度,这就是它被广泛应用于各种数字控制系统的原因。

(1)矩角特性

矩角特性反映步进电动机电磁转矩 T 随偏转角 θ 变化的关系。定子一相绕组通以直流电后,如果转子上没有负载转矩的作用,转子齿和通电相磁极上的小齿对齐,这个位置称为步进电动机的初始平衡位置。当转子上加有负载时,转子齿就要偏离初始位置,由于磁力线有力图缩短的倾向,从而产生电磁转矩,直到这个转矩与负载转矩相平衡。转子齿偏离初始平衡位置的角度就叫转子偏转角 θ(空间角)。若用电角度 θ_e 表示,则由于定子每相绕组通电循环一周(360°电角度),对应转子在空间转过一个齿距($r = \dfrac{360°}{Z}$ 空间角度),故电角度是空间角度的 Z 倍,即 $\theta_e = Z\theta$。而 $T = f(\theta_e)$ 就是矩角特性曲线。可以证明,该曲线可近似地用一条正弦曲线表示,如图 6-2 所示。从图中可以看出,θ_e 达到 $\pm\dfrac{\pi}{2}$ 时,即在定子齿和转子齿错开 $1/4$ 个齿矩时转矩 T 达到最大值,称为最大静转矩 T_{jmax}。步进电动机的负载转矩必须小于最大静转矩,否则,根本就带不动负载。为了能稳定运行,负载转矩一般只能是最大静转矩的 $30\%\sim50\%$。因此,这一特性反映了步进电动机带动负载的能力,通常在技术数据中都有说明,是步进电动机最主要的性能指标之一。

(2)脉冲信号频率

当脉冲信号频率很低时,控制脉冲以矩形波输入,电流波形比较接近于理想的矩形波,如图 6-3(a)所示。

如果脉冲信号频率增高,由于电动机绕组中的电感有阻止电流变化的作用,因此电流波形产生畸变,变成如图 6-3(b)所示波形。在开始通电的瞬间,由于电流不能突变,其值不能立即

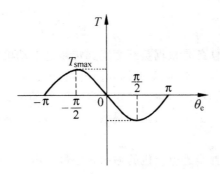

图 6-2　步进电动机矩角特性

升起,使启动转矩减小,有可能启动不起来;在突然断电的瞬间,电流也不能迅速下降,而产生反转矩致使电动机不能正常工作。

如果脉冲信号频率很高,则电流还来不及上升到稳定值 I 就开始下降,于是,电流的幅值降低(由 I 降低到 I'),变成图 6-3(c)所示的波形。因而产生的转矩减小,致使带负载的能力下降。总之,频率过高会使步进电动机启动不了或运行时因失步而停转。因此,对脉冲信号频率是有限制的。

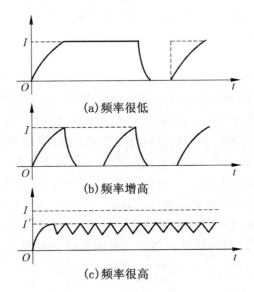

图 6-3　脉冲信号的畸变

6.1.4　步进电动机的选用原则

步进电动机与一般直流电动机或交流电动机不同,它的性能指标与所配备的驱动电源有很大关系,所以在选用步进电动机时应与选配驱动电源一起综合考虑。

选用步进电动机应根据负载性质与大小、运行方式及系统控制要求并综合考虑步进电动机的类型、基本技术指标、外径安装尺寸及价格等相关因素。

1. 输出转矩的选择

选择步进电动机的首要任务是根据负载情况选定步进电动机的输出转矩。电机制造厂家一般并不给出电机输出转矩这一指标,其原因如前所述,步进电动机的性能指标与所配备的驱动电源、负载情况有很大关系,所以对输出转矩的选择不能简单地用一个指标或公式来确定。但可以根据步进电动机技术数据中所给出的最大静转矩 T_{jmax}、矩角特性、矩频特性等数据结合起来综合分析,合理选择。

最大静转矩可以作为选择步进电动机的输出转矩最基本的参数。一般可根据最大静转矩和实际所需电机工作频率范围大致估算电机的输出转矩。通过分析步进电动机的矩角特性曲线、矩频特性曲线可以看出,电机在不同的运行频率情况下,输出转矩是不同的。在连续运行状态下,步进电动机的电磁力矩随频率的升高而急剧下降。这两者之间的关系称为矩频特性。通常,在低频运行时,最大输出转矩可达 $80\% T_{jmax}$,而随着运行频率增高,会下降到($10\% \sim$ 70%)T_{jmax}。因此,在选择输出转矩时,根据以上技术数据及实际所需电机工作频率范围,再留有一定的裕度,大致可选择电机输出转矩为最大静转矩 T_{jmax} 的 $30\% \sim 50\%$。

另外,不同外形尺寸的步进电动机对输出转矩的选择也有一定影响。外形尺寸大的步进电动机,静转矩较大,在低速运行时可以产生较大转矩,适合带动低频工作负载。而外形尺寸小的步进电动机,运行频率较高,在较高运行速度时也能产生较大的转矩。所以,要根据负载转动惯量及运行频率范围选择步进电动机的外形尺寸。

2. 步距角的选择

不同步进电动机的步距角可能相差甚远。现在市场上提供给用户的步进电动机品种很多,步距角大致有 $0.36°$、$0.75°$、$0.9°$、$1.5°$、$2.25°$、$3.0°$、$7.5°$等。不同的步进电动机步距角可能相差数十倍,因此,一般应根据系统的定位精度要求、运行速度要求选择合适的步距角。对于定位精度或运行速度要求不高的控制系统,可以选择步距角较大、运行频率较低的步进电动机。这样,控制系统的成本也可降低。而对于定位精度较高、运行速度范围较广的控制系统,则应选择步距角较小、运行频率较高的步进电动机。有时所选择的步距角不一定完全符合系统的控制要求,则可在电机与负载之间加装齿轮变速系统,以获得任意步距角。在定位精度要求特别高的情况下,还可以采用细分电路等对步距角进一步细分,以满足控制系统的精度要求。

3. 启动频率与运行频率的选择

步进电动机运行频率连续上升时,电动机不失步运行的最高频率称为运行频率,它的值与负载有关。在同样负载下,运行频率远大于启动频率。

对步进电动机启动频率与运行频率的要求是根据负载对象和所需的工作速度提出的。制造厂家在所给出的步进电动机技术数据中,只有空载情况下电机的最高启动频率与最高运行频率。当步进电动机带上负载以后,启动频率与运行频率比空载时都要下降许多。因此,在选择步进电动机时,应事先估算出带上负载后的步进电动机的启动频率与运行频率,看能否满足设计要求。

带上负载后的启动频率主要与负载的转动惯量有关。根据厂家给出的空载启动频率和对电机的矩频特性进行分析,能大致估算出带负载后的启动频率。

另外,也可按以下公式近似计算带负载后的启动频率。

带惯性负载的启动频率表示如下

$$f_{gq} = \frac{f_{kq}}{\sqrt{1 + \dfrac{J_{fq}}{J_{zg}}}}$$

式中:f_{kq} 为步进电动机空载启动频率;J_{fq} 为负载惯量;J_{zg} 为步进电动机转子惯量。

既带有惯性又带有摩擦的负载时,带负载后的启动频率为

$$f_{mq} = f_{kg} \sqrt{\frac{1 - \dfrac{M_{mz}}{M_{dz}}}{1 + \dfrac{J_{fq}}{J_{zg}}}}$$

式中:f_{mq} 为负载摩擦转矩;M_{dz} 为步进电动机输出转矩,可根据空载启动频率在运行矩频特性中查找。

步进电动机的运行频率反映电机的工作速度,即快速性能。一台步进电动机的最高运行频率往往比启动频率要高出几倍,甚至十几倍。为了充分发挥步进电动机的快速性能,电动机启动后,在不失步的前提下,总是希望电机能够工作在所能达到的最高运行频率。为此,通常在控制系统中采用自动升降频电路,提高步进电动机的工作效率。图 6-4 为步进电动机工作速度分布图。

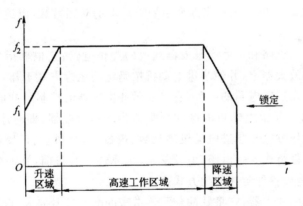

图 6-4　步进电动机工作速度分布图

图 6-4 中,f_1 为步进电动机的启动频率,f_1 应小于或等于电机带负载时的启动频率,保证可靠启动以免堵转。f_2 为工作时的高速运行频率。根据步进电动机的矩频特性,随着运行频率的升高,输出转矩将逐步下降。因此,所选择的高速运行频率应保证电机可靠拖动负载,不发生失步现象。步进电动机在停止运行前,先经过一降速区域,这样可使步进电动机平滑降速后停止,防止步进电动机在停止时产生过冲。

为了确保步进电动机的定位精度,在停止时可采用锁定方法,即最后一拍控制脉冲不撤除,将电机锁定,或把最后一拍脉冲的脉宽加大一段时间后撤除,以防止电动机停止后滑动

移位。

6.1.5 步进电动机驱动电路

1.步进电动机驱动器

步进电动机与交直流电动机的不同之处在于仅接上供电电源它是不会运行的,需要由驱动电路控制完成。步进电动机及其驱动电路是一个相互联系的整体。步进电动机的运行性能是由电动机和驱动电路两者配合所反映出的综合效果。

(1)对驱动电源的基本要求

①驱动电源的相数、通电方式和电压、电流都要满足步进电动机的要求。

②要满足步进电动机起动频率和连续运行频率的要求。

③能最大限度地抑制步进电动机的振荡。

④工作可靠,抗干扰能力强。

⑤成本低、效率高,安装和维护方便。

(2)驱动电路的组成

步进电动机的驱动电路,基本上包括脉冲发生器、脉冲分配器、脉冲放大器以及直流功率电源等部分组成,较复杂的驱动控制系统带有位置反馈环节,组成闭环系统。

脉冲发生器是两个脉冲频率,由几赫兹到几十千赫兹可连续变化的信号发生器。脉冲发生器可以采用多种线路,最常见的有多谐振荡器和单结晶体管构成的弛张振荡器两种,它们都是通过调节电阻 R 和电容 C 的大小来改变电容充放电的时间常数,以达到选取脉冲信号频率的目的。

脉冲分配器是由门电路和双稳态触发器组成的逻辑电路,它根据指令把脉冲信号按一定的逻辑关系加到脉冲放大器上,并使步进电动机按确定的运行方式工作。

脉冲分配器是时序逻辑电路的一种,它接受脉冲发生器的控制脉冲信号,输出按一定时序排列的多路电平信号。通常电动机的脉冲分配器为环形分配器,即时序按环形移位、封闭排列。脉冲分配器的工作方式与步进电动机的相数、拍数、运行状态、正反转等要求有关。脉冲分配器可以由分立元件组成数字电路,但较复杂、可靠性差。目前,脉冲分配器大多采用专用集成电路来组成,以完成各种脉冲分配方式。

脉冲放大器即功率放大器,它将脉冲分配器送来的触发信号放大,以足够的功率驱动步进电动机。通常由脉冲分配器与功率放大器组成步进电动机驱动器。

从步进电动机的绕组形式来看,驱动电路可划分为单极性和双极性电路两种。

采用单极性驱动方式(图 6-5)时,相电流经绕组始终只有一个方向。单极性电路一般用于磁阻式步进电动机和带中心抽头的永磁式步进电动机。由于绕组利用率低,故电动机输出转矩较小,但是驱动电路简单,成本较低。

双极性驱动方式(图 6-6)时,相电流在同一绕组中有两个电流方向,其绕组利用率高,输出转矩大,但与单极性绕组相反,驱动电路复杂,成本高。

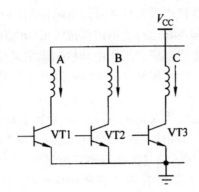

图 6-5　单极性驱动方式

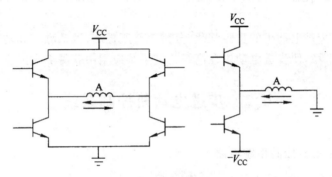

图 6-6　双极性驱动方式

2.几种典型的驱动方式

(1)恒压驱动方式

恒压驱动方式是指步进电动机绕组上加上恒定的电压。这种驱动方式的电路相当简单，通过绕组中的电流以时间常数上升，直至稳定状态。当电动机高速运转时，通过绕组的电流还未上升到稳定状态就被关断，相应的平均电流减少而导致输出转矩下降。

为改善高速状态的电动机转矩特性，通常在连接电动机绕组的线路中串联一个无感电阻，并外加更高的电压，此时，绕组电流的上升坡度变陡，平均电流因此而提高，输出转矩随之增加，但要限制该串联电阻的大小。

(2)高低压切换驱动方式

高低压驱动方式是恒电压驱动方式的改进型，它使用两种电压电源，即步进电动机额定电压和比它高几倍的电压电源。此方式可改善电动机起动时的电流前沿特性。这种电路常用于大功率驱动电源，其特点是功耗较低，高频出力较大。

(3)恒流斩波驱动方式

恒流驱动是一种采用斩波技术、使电动机在从低速到高速运行范围内保持绕组电流恒定的一种驱动方式。它弥补了高低电压电路相电流波形有凹点的缺陷，提高了输出转矩，是目前控制场合中使用最为广泛的一种线路。

在这种驱动方式中,由于线路中没有外接附加电阻,而取样电阻很小,因此,整个线路的损耗相当小,而电动机绕组电流却能在运行范围内保持恒定,电动机恒转矩输出范围增大。为了保证电流响应的快速性,这种方式下应使用比电动机额定值高得多的供电电压。该电路在低频时会使电动机产生严重的振荡,系统设计时应尽量避开这个振荡区域。

(4)微步距驱动控制技术

以相同的电流激励两相绕组,将获得半步的动作,使转子到达介于两个单相驱动的中间位置。这样,如果两相绕组的电流不相等,将导致转子位置偏向于磁场较强的定子磁极,这种效应在微步距驱动技术中得到应用。通过按比例调节两相绕组中的电流,将电动机的基本步距角细分,使得步距角大为减小,在低速下,运行的流畅性得到极大的改善。

高分辨率的细分驱动可将一个整步细分到多至 500 微步,从而使每转可达 10 万步。在这种条件下,绕组中的电流模式类似于相位差为 90°的两个正弦波,电动机运行起来类似于一台交流同步电动机。

微步距技术使步进电动机的步距细化,分辨率有所提高,振动噪声和转矩波动问题得到极大改善,运转更为平稳,使步进电动机在高级控制系统应用中获得更大的竞争力。

6.2　步进电动机控制系统

6.2.1　步进电动机控制系统概述

1.开环步进电动机控制系统的构成

步进电动机控制系统有开环和闭环两种控制方式。由于开环控制系统不使用位置、速度检测及反馈装置,没有闭环系统的稳定性问题,因此,具有结构简单、使用维护方便、可靠性高、制造成本低等优点。另外,步进电动机是受控于电脉冲信号,它比由直流电动机或交流电动机组成的开环控制系统精度高,适用于精度要求不太高的机电一体化伺服传动系统。目前,一般数控机械和普通机床的微机改造中大多数均采用开环步进电动机控制系统。

图 6-7 所示为开环步进电动机控制系统框图,主要由环形分配器、功率驱动器、步进电动机等组成。

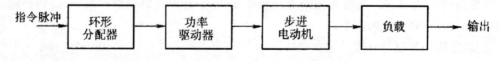

指令脉冲 → 环形分配器 → 功率驱动器 → 步进电动机 → 负载 → 输出

图 6-7　开环步进电动机控制系统框图

在开环系统中,信号是单向传递的,为了改善步进电动机的控制性能,首先必须选择良好的控制方式和高性能的驱动放大电路,以提高步进电动机的动态转矩性能。然而,由于步进电动机在启动和停止时都有惯性,尤其在步进电动机带负载后,当进给脉冲突变或启动频率提高时,步进电动机可能失步,甚至无法运转。为此应设计一种自动升降速电路,使进给脉冲在进入分配器以前,由较低的频率逐渐升高到所要求的工作频率,或者由较高的频率逐渐降低,以便电动机在较高的启动频率或突变时均能正常工作。

步进电动机在低速运行时转动是步进式的，这种步进转动势必产生振动和噪声。为此可采用细分电路，以解决微量进给与快速移动的矛盾。

此外，机械传动及轴承部件的制造精度和刚度，将直接影响驱动位移的精度。为了提高系统的精度，须适当提高系统各组成环节的精度，其中包括机械传动与支承装置的精度。

2. 步进电动机驱动系统的优点

①其步距值不受电压、电流及温度等变化的影响，位移量仅取决于脉冲的个数。步进电动机的输出转角与输入的脉冲个数成严格的比例关系，控制输入步进电动机的脉冲个数就能控制位移量或转角大小。

②尽管步进电动机存在齿间相邻误差，有步距角误差，它的大小是由制造精度、齿槽的分布和气隙等因素决定的。但每一圈的积累误差将为零，即步距误差不会产生累积误差。

③启动、停止、正反转等运行方式的改变，都可在几个脉冲内完成，且不会失步，当停止送入脉冲时，只要维持绕组内电流不变，电动机的轴可以保持在某个固定位置上，不需要采用机械等制动装置，因而其控制性能好。

④步进电动机的转速与输入脉冲频率成正比，通过控制脉冲频率可以在很宽的范围内调节步进电动机的转速；驱动精度高，响应速度快，系统结构简单（可开环控制），控制方便。正是由于有上述独特的优点，步进电动机在高精度的位置跟随系统（如数控机床、加工中心、磁盘驱动器、绘图仪、自动记录仪等）中获得广泛的应用。

必须根据生产机械的要求和步进电动机在整个系统中的实际工作情况来确定如何选用步进电动机伺服驱动系统。各种数控机械设备所完成的工作任务不同，所以它们对进给驱动的要求也不尽相同，必须经过分析计算后才能正确使用。

3. 采用步进电动机驱动的注意事项

步进电动机开环进给系统的位移或转角大小由指令脉冲数所决定。由于系统中没有位置检测器及反馈线路，因此开环系统的驱动控制精度一般仅有 0.01mm。但它结构简单，易于调整和维护，价格较低，故在一些经数控改造的普通机床、电脑绣花机、绘图仪等中得到广泛应用。也就是说，在定位精度和加工精度要求不太高的场合，可采用低档型数控系统。需要注意的是，步进电动机的进给系统有时也会使用齿轮传动，这不仅是为了得到必需的脉冲当量，而且还是为了满足结构要求和增大转矩。

步进电动机闭环伺服系统是根据来自检测装置的反馈信号与指令信号比较的结果来进行速度和位置的控制。对部分数控机床来说，其检测反馈信号是从伺服电动机轴或滚珠丝杠上取得的。对高精度机床或大型机床，可直接从安装在工作台等移动部件上的检测装置中取得反馈信号。为区别两者，前者称为半闭环系统，后者称为全闭环系统。全闭环系统直接测量工作台等移动部件的位移，可实现高精度的反馈控制，但这种测量装置的价格较高，安装及调整都比较复杂且不易保养。相比之下，半闭环系统中的转角测量就比较容易实现，但由于后继传动链传动误差的影响，测量补偿精度比全闭环系统差。半闭环系统由于系统简单而且调整方便，现在已广泛地应用在数控机床等生产设备的数控系统中。一些高性能的生产机械设备要

求驱动控制精度为 $1~\mu m$,甚至达 $0.1~\mu m$;并要求跟踪指令信号的响应要快,具有良好的快速响应特性。这就要采用高性能的高档型数控系统。

为使步进电动机正常运行(即不失步、不越步)、正常启动并满足对转速的要求,必须保证步进电动机的输出转矩大于负载所需的转矩,所以应计算机械系统的负载转矩,并使所选电动机的输出转矩有一定的余量,以保证可靠运行。

必须使步进电动机的步距角 β 与机械负载相匹配,以得到步进电动机驱动部件所需要的脉冲当量。此外,步进电动机一周内最大的步距角积累误差应满足其精度的要求。因此,合理选择传动比是非常重要的。

选电动机必须与机械系统的负载惯量及所要求的启动频率相匹配,并留有一定余量,其最高工作频率应能满足机械系统移动部件加速移动的要求。

驱动电源的优劣对步进电动机控制系统的运行影响极大,使用时要特别注意,需根据运行要求,尽量采用先进的驱动电源,以满足步进电动机的运行性能。

若所带负载转动惯量较大,则应在低频下启动,然后再慢慢上升到工作频率;停车时也应从工作频率下降到适当频率再停车;在工作过程中,应尽量避免由于负载突变而引起的误差。

步进电动机在运行中存在着振荡,它有一个固有频率 f_1,当输入脉冲频率 $f=f_1$ 时就会产生共振,使步进电动机产生振荡。对于同一步进电动机,不同负载及不同机床情况下的共振区是不同的,必要时可调节阻尼器,以保证工作正常进行。

若在工作中发生失步现象,首先应检查负载是否过大,电源电压是否正常,再检查驱动电源输出波形是否正常,在处理上述问题时不应随意变换元件。

6.2.2 环形分配器

1. 步进电动机的通电规律

步进电动机在一个脉冲的作用下,转过一个相应的步距角,因此,只要控制一定的脉冲数,即可精确控制步进电动机转过的角度。但步进电动机的各相绕组必须按一定的顺序通电才能正确工作,这种使电动机绕组的通电顺序按输入脉冲的控制而循环变化的装置称为环形分配器,又称为脉冲分配器。

步进电动机在运行中的通电顺序称为一个拍,若干个拍组成一个循环,但是即使是同一种步进电动机也能有不同的通电规律。例如,三相步进电动机就有三种通电规律,也即三种分配方式,这三种分配方式为:三相三拍、三相六拍和双三拍。

如果三相步进电动机绕组为 U、V、W,则有

三相三拍的通电顺序为

正转: $\longrightarrow$ U $\longrightarrow$ V $\longrightarrow$ W $\longrightarrow$

反转: $\longleftarrow$ U $\longleftarrow$ V $\longleftarrow$ W $\longleftarrow$

三相六拍的通电顺序为

正转: $\longrightarrow$ U $\longrightarrow$ UV $\longrightarrow$ V $\longrightarrow$ VW $\longrightarrow$ W $\longrightarrow$ WU $\longrightarrow$

反转: $\longleftarrow$ U $\longleftarrow$ UV $\longleftarrow$ V $\longleftarrow$ VW $\longleftarrow$ W $\longleftarrow$ WU $\longleftarrow$

双三拍的通电顺序为

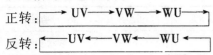

正转：⟶ UV ⟶ VW ⟶ WU ⟶

反转：⟵ UV ⟵ VW ⟵ WU ⟵

2. 环形分配的方法

实现环形分配的方法有三种。

第一种是采用计算机软件分配，采用查表或计算的方法来产生相应的通电顺序。这种方法能充分利用计算机软件资源来减少硬件成本，尤其是多相电动机的脉冲分配更显示出它的优点。但由于软件分配会占用计算机的运行时间，因而会使插补一次的总时间增加，从而影响步进电动机的运行速度。

第二种是采用小规模集成电路搭接一个硬件分配器。采用小规模集成电路搭接的环形分配器灵活性很大，可搭成任意相任意通电顺序的环形分配器，同时在工作时不占用计算机的工作时间，使插补的速度加快。

第三种是采用专用的环形分配器。目前，市面上仅有三相步进电动机的环形分配器，如CMOS 电路 CH250 即为一专用环形分配器，它的引脚功能图如图 6-8 所示，其真值表见表 6-1。这种方法的优点是使用方便，接口简单。但仅适合于三相步进电动机，三相以上的步进电动机不可以采用这种方法。

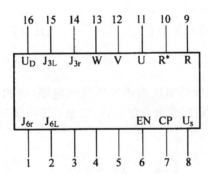

图 6-8　CH250 引脚功能图

表 6-1　CH250 真值表

CP	EN	J_{3r}	J_{3L}	J_{6r}	J_{6L}	功能
	1	1	0	0	0	双三拍正转
	1	0	1	0	0	双三拍反转
	1	0	0	1	0	单六拍正转
	1	0	0	0	1	单六拍反转
0		1	0	0	0	双三拍正转
0		0	1	0	0	双三拍反转
0		0	0	1	0	单六拍正转

CP	EN	J_{3r}	J_{3L}	J_{6r}	J_{6L}	功能
0		0	0	0	1	单六拍反转
	1	φ	φ	φ	φ	不变
φ	0	φ	φ	φ	φ	不变
0		φ	φ	φ	φ	不变
1		φ	φ	φ	φ	不变

6.2.3　功率驱动器

功率驱动器实际上是一个功率开关电路,主要用于将环形分配器的输出信号进行功率放大,得到步进电动机控制绕组所需的脉冲电流(对于伺服步进电动机,励磁电流为几安培,而功率步进电动机的励磁电流可达十几安培)及所需的脉冲波形。步进电动机的工作特性在很大程度上取决于功率驱动器的性能,对每一相绕组来说,理想的功率驱动器应使通过绕组的电流脉冲尽量接近矩形波。但由于步进电动机绕组有很大的电感,实际上要做到这一点是非常困难的。

步进电动机驱动电路的种类很多,按其采用的功率元件来分,有晶闸管功率驱动器和晶体管功率驱动器等;按其主电路结构来分,有单电压驱动和高、低电压驱动两种。目前广泛应用的是晶体管功率驱动器,它具有控制方便、调试容易、开关速度快等优点。

1.单电压驱动电路

图 6-9 所示是用大功率三极管组成的单电压驱动电路(一相)。整个驱动电路共分二级:第一级(VT_1、VT_2)是射极跟随器作电流放大;第二级(VT_3)是功率放大,直接用来驱动电动机绕组。

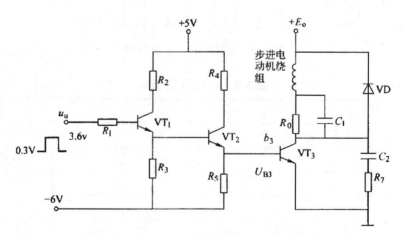

图 6-9　单电压驱动电路

下面以 U 相为例,对电路的工作原理分析如下。

当输入信号 u_u（即环形分配器输出的脉冲信号）为低电平（逻辑 0）时，虽然 VT_1、VT_2 管都导通，但只要适当选择 R_1、R_3、R_5 的阻值，使 $U_{B3} < 0$（约为 $-1V$），VT_3 管就处于截止状态，U 相绕组断电。

当输入信号 u_u 为高电平 $3.6V$（逻辑 1）时，$U_{B3} > 0$（约为 $0.7V$），VT_3 管饱和导通，步进电动机的 U 相绕组通电。

同理 V 相和 W 相，只要某相为逻辑 1，该相绕组便通电。这种单电压驱动电路，因其线路简单，常被用于驱动所需电流较小的步进电动机。

2. 双电压驱动电路

为了改善步进电动机的频率响应特性和电流波形，往往采用高压、低压双电压驱动电路，如图 6-10 所示（一相）。

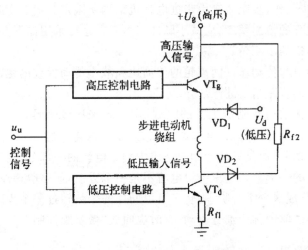

图 6-10　高压、低压驱动电路

当分配器输出 u_u 为高电平即要求该相绕组通电时，三极管 VT_g、VT_d 的基极都有信号电压输入，使 VT_g、VT_d 均导通。于是，在高压电源作用下（这时二极管 VD_1 两端承受的是反向电压，处于截止状态，可使低压电源不对绕组作用）绕组电流迅速上升，电流前沿很陡。当电流达到或稍微超过额定稳态电流时，利用定时电路或电流检测器等措施切断 VT_g 基极上的信号电压，于是 VT_g 截止，但此时 VT_d 仍处于导通状态，因此，绕组电流立即转为由低压电源经过二极管 VD_1 供给。

当环形分配器输出端的电压 u_u 消失，要求绕组断电时，VT_d 基极上的信号电压消失，于是 VT_d 截止，绕组中的电流经二极管 VD_2 级电阻 R_{f2} 向高压电源放电，电流迅速下降。采用这种高低压切换型电源，电动机绕组上不需要串联电阻或者只需要串联一个很小的电阻 R_{f1}（为平衡各相的电流），所以电源的功耗较小。由于这种供压方式使电流波形得到很大改善，所以步进电动机的转矩—频率特性好，启动和运行频率得到很大的提高。

3. 伺服控制

以步进电动机为驱动装置的伺服系统，包括驱动控制系统和步进电动机两大部分。驱动控制系统的作用是把脉冲源发出的进给脉冲进行重新分配,并把此信号转换为控制步进电动机各定子绕组依次通、断电的驱动信号,使步进电动机运转。步进电动机的转子通过传动机构(如丝杠)与执行部件联接在一起,将转子的转动转换成执行部件的移动。

在步进电动机伺服系统中,用输入脉冲的数量、频率和方向控制执行部件的位移量、移动速度和移动方向,从而实现对位移控制的要求。

6.3 步进电动机的控制方法

6.3.1 步进电动机步距角的细分控制

控制步进电动机各相绕组的导通或截止,电动机就将产生步进运动。步距角的大小只有两种,整步工作和半步工作,步距角已由步进电动机结构所限定。但在实际应用中为了提高数字控制设备等生产过程的控制精度,应减小脉冲当量δ。这可采用如下方法来实现:

①减小步进电动机的步距角。

②加大步进电动机与传动丝杠间齿轮的传动比和减小传动丝杠的螺距。

③将步进电动机的步距角β进行细分。

前两种方法受机械结构及制造工艺的限制,实现起来比较困难,一旦系统构成就难以改变。目前常采用步距角细分的方法,其基本思想是:在每次输入脉冲切换时,不是将额定电流全部通入绕组或一次切除,而是只改变相应绕组中额定电流的一部分,则步进电动机转子的每步运动也只有步距角的一部分。这里绕组电流不是一个方波,而是阶梯波;额定电流是台阶式的投入或切除;电流分成多少个台阶,则转子就以同样的个数转过一个步距角。这样将一个步距角细分成若干个步的驱动称为细分驱动,有时也叫做"微步距控制"。

1. 步距角细分的原理

以三相单双六拍步进电动机为例,其步距角细分如图6-11所示。当步进电动机A相通电时,转子停在位置A,当A、B两相通电时,转子转过30°,停在A与B之间的位置Ⅰ。若由A相通电转为A、B两相绕组通电,则B相绕组中的电流不是由0一次性上升到额定值,而是先达到额定值的1/2。由于转矩T与流过绕组的电流I成线性关系,转子将不是顺时针转过30°,而是转过15°停在位置Ⅱ。同理,当由A、B两相通电变为只有B相通电时,A相电流也不是突然一次性下降为0,而是先降到额定值的1/2,转子将不是停在位置B而是停在位置Ⅲ,这就将精度提高了一倍。分级越多,精度越高。

2. 步距角细分的控制

所谓细分电路,就是在控制电路上采取一定措施把步进电动机的每一步分得细一些。可以采用硬件、也可由微机通过软件来实现这种分配。细分的常用方法是用阶梯波控制。

目前实现阶梯波供电的方法有两种。

①先叠加后放大。这种方法利用运算放大器来叠加,或采用公共负载的方法,把方波合成为阶梯波,然后对阶梯波进行放大再去驱动步进电动机。在这种情况下,驱动电路的功率管工

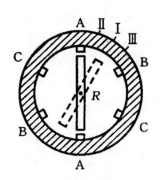

图 6-11　步距角细分示意图

作于放大区,损耗较大,因此,只适用于小功率步进电动机。

②先放大后叠加。这种方法就是将通过细分环形分配器所形成的各个等幅等宽的脉冲分别进行放大,然后在步进电动机绕组中叠加起来形成阶梯波。在这种情况下,驱动电动机的功率管工作于开关状态,效率较高,但所用的元件较多,体积大,因此,适用于大功率步进电动机。

(1)用硬件实现细分

用集成化的步进电动机环形分配器可构成细分驱动电路。用 HF-2 三相六拍环形分配器构成三相十八拍细分驱动电路时,必须采用三片 HF-2 电路。三相步进电动机的步距角为 3°/1.5°(即三相三拍工作时的步距角为 3°,三相六拍工作时的步距角为 1.5°),三相十八拍的细分驱动电路可使每一拍的驱动步距减为 0.5°。

采用细分电路后,电动机绕组中的电流不是由 0 跃升到额定值,而是经过若干小步的变化才能达到额定值;也不是由额定值陡降至 0,而是经过若干小步的变化才达到 0。所以绕组中的电流变化比较均匀。

细分技术使步进电动机步距角变小,转子到达新的稳定点所具有的动能变小,从而使振动显著减小。细分电路不但可以实现微量进给,而且可以保持系统原有的快速性,提高步进电动机在低频段运行的平滑性。

(2)用软件实现细分

用微机实施细分,关键是设计一个软件的移位分配器。对于三相步进电动机,要形成三相六拍的驱动信号,就要从三个 I/O 口周期地输出信号。

要实现细分,接口电路 I/O 口必须增加,接口电路如图 6-12 所示,其中 8155 的 $PA_0 \sim PA_3$ 中四个 I/O 口并联控制 A 相绕组,A 相分配见表 6-2,$PA_4 \sim PA_7$、$PB_0 \sim PB_2$ 分别用四个 I/O 口并联控制 B 相绕组和 C 相绕组。

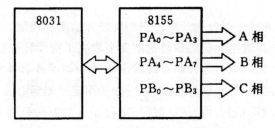

图 6-12　微机控制步进电动机的细分接口

表 6-2　A 相分配表

连接方式（A 相）				状态字
PA$_3$	PA$_2$	PA$_1$	PA$_0$	
0	0	0	1	01H
0	0	1	0	02H
0	0	1	1	03H
…	…	…	…	…
1	1	1	1	0FH

例如,要实现步进电动机的三相六拍 15 细分控制,应使每相绕组中产生从 0 开始到额定工作电流的 15 个等间距的上升电流阶梯波形,或从额定工作电流到 0 的 15 个等间距的下降电流阶梯波形。这时,由四个 I/O 口并联控制一相绕组,在这四个 I/O 口中串联的权电阻之比为 1 : 2 : 4 : 8,因此按照特定的逻辑顺序,接通不同的权电阻,便可产生上述阶梯电流。若将 8155 的 PA$_0$～PA$_3$ 四个口分别接 8 : 4 : 2 : 1 的权电阻,并联后接于 A 相,则接通时,PA$_0$～PA$_3$ 中四个口的电流之比为 1 : 2 : 4 : 8。顺序从 PA 口输出 01H、02H……0FH 时,A 相中便得到从 0 开始到额定工作电流的 15 个等间隔的上升间隔电流;当顺序从 PA 口输出 0FH、0EH……01H 时,A 相电流为从额定工作电流到零的 15 个等间隔的下降阶梯电流。三相六拍 15 细分时有对应的 90 个特殊组合的逻辑状态。硬件线路确定后,相应的 90 个四位数据及其顺序也就相应确定了。用软件实现移位分配时,将这些数计算好,按一定顺序存储在存储器中,即可建立一个环形分配表,用查表指令,依次顺序取出。改变地址指针的增减方向,就可改变取数据的顺序方向,从而达到电动机的正、反转控制。

目前,利用单片机数字信号处理技术和 D/A 转换控制技术产生步进电动机运行所需的 PWM 细分控制信号,再对各相绕组电流通过 PWM 控制,就可按规律改变其幅值的大小和方向,从而将步进电动机的一个整步均匀细分为若干个更细的微步。每个微步距可能是原来基本步距的数十分之一甚至数百分之一。PWM 细分能明显地提高步进电动机的步距角分辨率和运行平稳性,提高步进电动机动态、静态输出转矩和矩频特性,使步进电动机在高级控制系统中获得更大的竞争力。

6.3.2　步进电动机的开环控制和闭环控制

1. 步进电动机的开环控制

步进电动机的控制方式一般分为开环控制和反馈补偿闭环控制。

在开环控制系统中,步进电动机的旋转速度完全取决于指令脉冲的频率。也就是说,控制步进电动机的运行速度,实际上就是控制系统发出脉冲的频率或者换相的周期。系统可用两种方法来确定脉冲的周期:一种是软件延时;另一种是用定时器延时。软件延时方法是通过调用延时子程序的方法实现的,它占用 CPU 时间;定时器延时方法是通过设置定时时间常数的方法来实现的。

　　对于步进电动机的点—位控制系统,从起点至终点的运行速度都有一定要求。如果要求运行的速度小于系统极限启动频率,则系统可以按要求的速度直接启动,运行至终点后可直接停发脉冲串而令其停止,系统在这样的运行方式下速度可认为是恒定的。但在实际应用中,系统的极限启动频率是比较低的,而要求的运行速度往往很高。如果系统以要求的运行速度直接启动,由于该速度已经超过极限启动频率而导致系统不能正常启动,可能发生失步或根本不运行的情况。系统运行起来之后,如果到达终点时突然停发脉冲串,令其立即停止,则因为系统的惯性原因,会发生冲过终点的现象,使点—位控制发生偏差。

　　因此,必须用低速启动,然后再慢慢加速到高速,实现高速运行。同样,停止时也要从高速慢慢降到低速,最后停止下来。要满足这种升降速规律,步进电动机必须采用变速方式工作。点—位控制的加减速过程如图 6-13 所示。

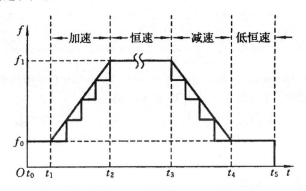

图 6-13　点—位控制的加减速过程

　　运行速度都需要有一个"加速—恒速—减速—低恒速—停止"的加减速过程,各种系统在工作过程中,都要求加减速过程时间尽量短,而恒速时间尽量长。如果移动距离比较短,为了提高速度,可以无高速恒定运行阶段。在一半距离内加速,而在另一半距离内减速,形成三角形变化的运动轨迹。升降速规律一般可以有两种选择:一是按照直线规律升降速;二是按指数规律升降速。升降速曲线如果是按指数型递增或递减进行的,则升速可用下式表示其频率:

$$f = f_0 e^{\frac{t}{T}}$$

式中:f_0 为升频前运行频率。

　　在实际应用中,需要将指数型曲线离散化为阶梯曲线,这种曲线比较符合步进电动机加减速过程的运行规律,能充分地利用步进电动机的有效转矩,快速响应性好。

　　用微机对步进电动机进行加减速控制,实际上就是改变输出脉冲的时间间隔。升速时使脉冲串逐渐加密,减速时使脉冲串逐渐稀疏。微机用定时器中断方式来控制电动机变速的过程就是不断改变定时器装载值的大小。一般用离散方法来逼近理想的升降速曲线。为了减少每步计算装载值的时间,系统设计时就把各离散点的速度所需的装载值固化在系统的 ROM 芯片中,系统运行时采用查表方法查出所需的装载值,这可大大减少占用 CPU 的时间,提高系统响应速度。

　　系统在执行升降速的控制过程中,对加减速的控制需要准备下列数据:加减速的斜率、升速过程的总步数、恒速运行总步数和减速运行的总步数。

对升降速过程的控制有很多种方法,软件编程也十分灵活,技巧很多。此外,利用 A/D 集成电路也可实现升降速控制,但缺点是实现起来较复杂且不灵活。

步进电动机的控制也完全可以用 PLC 来实现,改变 PLC 的控制程序,可实现步进电动机灵活多变的运行方式。

2.步进电动机的闭环控制

开环控制的步进电动机驱动系统,其输入的脉冲不依赖于转子的位置,而是事先按一定的规律给定的;这种控制方法的缺点是电动机的输出转矩加速度在很大的程度上取决于驱动电源和控制方式,对于不同的电动机或者同一种电动机的不同负载,很难找到通用的加减速规律,因此,步进电动机的性能指标的提高受到限制。

闭环控制是指直接或间接地检测转子的位置和速度,位置检测装置将测得的工作台实际位置信号与指令位置信号进行比较,然后利用它们的差值(即误差)进行控制,即由此差值自动给出驱动的脉冲串。

采用闭环控制,不仅可以获得更加精确的位置控制和高速平稳的转速,而且可以使闭环控制技术在步进电动机的其他许多领域内获得更大的通用性。

步进电动机的输出转矩是励磁电流和失调角的函数。为了获得较高的输出转矩,必须考虑电流的变化和失调角的大小,这对于开环控制来说是很难实现的。

根据使用要求的不同,步进电动机的闭环控制有不同的方案,主要有核步法、延迟时间法、带位置传感器的闭环控制系统法等。

采用光电脉冲编码器作为位置检测元件的闭环控制系统如图 6-14 所示,其中编码器的分辨率必须与步进电动机的步矩角相匹配。该系统不同于通常控制技术中的闭环控制装置,步进电动机由微机发出的一个初始脉冲启动,后续控制脉冲则取决于编码器的检测信号。

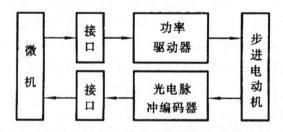

图 6-14 步进电动机闭环控制系统框图

编码器直接反映切换角这一参数。由于编码器相对于电动机的位置是固定的,因此,发出相切换的信号也是一定的,只能是一种固定的切换角数值。采用时间延迟的方法可获得不同的转速。

在闭环控制系统中,为了扩大切换角的范围,有时还要插入或删去切换脉冲。通常在加速时要插入脉冲,而在减速时则要删除脉冲,从而实现电动机的加减速控制。

在固定切换角的情况下,如负载增加,则电动机转速将下降。要实现匀速控制可利用编码器测出电动机的实际转速(编码器两次发出脉冲信号的时间间隔),以此作为反馈信号不断地调节切换角,从而补偿由负载所引起的转速变化。

第7章 伺服电动机控制技术

7.1 直流伺服电动机

7.1.1 直流伺服电动机的分类

直流伺服电动机是指使用直流电源的伺服电动机,实质上就是一台他励式直流电动机。按直流伺服电动机的结构可分为传统型和低惯量型两大类。

1. 传统型直流伺服电动机

传统型直流伺服电动机的结构形式和普通直流电动机基本相同,主要也是由定子、转子两大部分组成。

它又可以分为永磁式和电磁式两种。永磁式直流伺服电动机是定子上装置由永久磁钢做成的磁极,目前我国生产的 SY 系列直流伺服电动机就属于这种结构;电磁式直流伺服电动机的定子通常由硅钢片冲制叠压而成,磁极和磁轭整体相连,在磁极铁心上套有励磁绕组,目前我国生产的 SZ 系列直流伺服电动机就属于这种结构。

这两种电动机的转子铁心均由硅钢片冲制叠压而成,在转子冲片的外圆周上开有均匀的齿槽,和普通直流电动机的转子冲片相同。在转子槽中放置电枢绕组,并经换向器、电刷引出。

2. 低惯量型直流伺服电动机

低惯量型直流伺服电动机主要包括以下三种。

(1)盘形电枢直流伺服电动机

其定子由永久磁钢和前后磁轭组成,磁钢可在圆盘的一侧放置,也可以在两侧同时放置。电动机的气隙就位于圆盘的两边,圆盘上有电枢绕组,可分为印制绕组和绕线型绕组两种形式。印制绕组是采用与制造印制电路板相类似的工艺制成,它可以是单片双面的,也可以是多片重叠的;绕线型绕组则是先绕制出单个线圈,然后将绕好的全部线圈沿径向圆周排列起来,再用环氧树脂浇铸成圆盘形。盘形电枢上电枢绕组的电流是沿径向通过圆盘表面,并与轴向磁通相互作用产生转矩。因此,绕组的径向段为有效部分,弯曲段为端接部分。在这种电动机中也常将电枢绕组有效部分的裸导体表面兼作换向器,与电刷直接接触。

(2)空心杯电枢永磁式直流伺服电动机

空心杯电枢永磁式直流伺服电动机包括一个外定子和一个内定子。通常外定子是由两个半圆形的永久磁钢组成;内定子则由圆柱形的软磁材料做成,仅作为磁路的一部分,以减小磁路磁阻。在实际应用中,也存在内定子由永久磁钢做成,外定子采用软磁材料的结构形式。空心杯电枢上的绕组可采用印制绕组,也可以先绕出单个成型线圈,然后将它们沿圆周的轴向排列成空心杯形,再用环氧树脂热固化成型。空心杯电枢直接装在电动机轴上,在内、外定子间的气隙中旋转。电枢绕组接到换向器上,由电刷引出。

目前,我国生产的这种电动机型号为 SYK。

(3)无槽电枢直流伺服电动机

无槽电枢直流伺服电动机的励磁方式为电磁式或永磁式,其电枢铁芯为光滑圆柱体,电枢绕组直接排列在铁芯表面,再用环氧树脂将它与电枢铁芯固化成一个整体,气隙大。定子磁极可以用永久磁钢做成,也可以采用电磁式结构。无槽电枢直流伺服电动机除具有一般直流伺服电动机特点外,其转动惯量小、机电时间常数小、换向良好,一般用于需要快速动作、功率较大的伺服系统。

需要注意的是,这种电动机的转动惯量和电枢绕组的电感比前面两种电动机要大,因此,其动态性能相对较差。

目前,我国生产的这种电动机型号为 SWC。

7.1.2 无刷直流电动机

1. 无刷直流电动机的特点

直流伺服电动机具有良好的机械特性和调节特性,堵转转矩又大,因而被广泛应用于驱动装置及伺服系统中。但是,一般直流电动机都有换向器和电刷,其间形成滑动机械接触并容易产生火花,引起无线电干扰,过大的火花甚至可能影响电动机的正常运行。此外,因存在着滑动接触,维护不便,对电动机工作的可靠性产生影响,所以人们早就开始寻求直流电动机的无接触式换向。随着晶体管、大功率可控硅及其他开关元器件的广泛采用,出现了无刷直流电动机,从而用晶体管开关电路和位置传感器来代替电刷和换向器。这使无刷直流电动机既具有直流伺服电动机的机械特性和调节特性,又具备交流电动机的维护方便、可靠等优点。虽然目前的无刷直流电动机成本还较高,总的体积亦较大,但这些缺点将随着科学技术的不断发展,新材料、新元件、新技术和新工艺的出现而被逐步克服。

目前,我国生产的这种电动机型号为 SW。

2. 无刷直流电动机的结构

无刷直流电动机通常是由电动机、转子位置传感器和晶体管开关电路三部分组成。无刷直流电动机在结构上是一台反装式的普通直流电动机。它的电枢放置在定子上,永磁磁极位于转子上,与旋转磁极式同步电动机类似。它的电枢绕组为一个多相绕组,各相绕组分别与晶体管开关电路中的功率开关元件相连接,通过转子位置传感器,使晶体管的导通和截止完全由转子的位置角度所决定,从而电枢绕组的电流将随着转子位置的改变按一定的顺序转换,实现无接触式的电流换向。

无刷直流电动机中装设有位置传感器,它的作用是检测转子磁场相对于定子绕组的位置,并在确定的位置发出信号以控制晶体管元件,使定子绕组中的电流进行切换。位置传感器有多种不同的结构形式,如光电式、电磁式、接近开关式和磁敏元件式等。

无刷直流电动机具有少则两组、多至 5 组的线圈绕组,称之为相线圈或相绕组,转子的极数按设计原则分二级、四级、八级等多种。图 7-1(a)所示为二极三相无刷直流电动机的结构，其三个相绕组 A_1-A_2、B_1-B_2 和 C_1-C_2 分别绕在相对的两个磁极上。三个绕组可按三线 Y 接法、四线 Y 接法和三线△接法连接。图 7-1(b)所示为目前主要应用的三线 Y 接法。

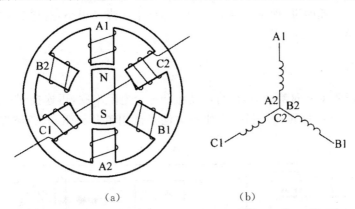

（a）　　　　　　　　　　　（b）

图 7-1　二极三相无刷直流电动机结构与三线 Y 接法

在理想的状态下，定子和转子的两个磁场应该保持互相垂直，这样才能产生与有刷直流电动机相近的性能。但是无刷直流电动机的定子相当于只有三个线圈和三个换向片的直流电动机电枢绕组，在定子的三相绕组是由直流供电的情况下，显然是达到不到相近性能的。

无刷直流电动机中转子磁动势与定子磁动势之间的夹角称为转矩角。定子磁场换相电路的设计就是要使转矩角的平均值为 90°。例如，二极三相无刷直流电动机，在转子旋转一周的过程中，定子磁场按 60°的增量步进 6 次，并且设计换相逻辑使转矩角在 60°～120°变化。也就是说，当定子磁场进入 6 个位置之一的时刻，转子磁场与定子磁场的初始夹角为 120°，并受定子磁场的吸引朝着夹角减小的方向旋转，当夹角达到 60°的时候，定子磁场又向前移动两个位置，使夹角再次增加为 120°。在转子的一个 60°旋转过程中，定子磁场保持不动。

因此，在无刷直流电动机中，定子磁场的移动有两个特点：一是这种移动是步进的而不是连续的；二是这种步进的速度不像步进电动机那样取决于外部的脉冲频率，而是取决于电动机本身的转速，通过对转子位置和旋转方向的检测来实现定子绕组的换相。所以这种电动机是自同步的，没有步进电动机和同步电动机的失步问题。

7.1.3　直流伺服电动机的驱动控制

现代电动机的传动控制技术和电子技术的发展有着密切的关系。电子技术、电子器件的新成果，极大地推动了电动机传动控制技术的发展。目前绝大多数电动机采用由开关器件如晶闸管(SCR)、功率晶体管(GTR)、场效应晶体管(MOSFET)和绝缘栅双极晶体管(IGBT)等组成的功率驱动电路。

直流电动机的现代传动控制都是采用晶体管放大器实现的。晶体管放大器可分为线性放大器和开关放大器两种类型，线性放大器几乎都采用晶体管，而开关放大器既可采用晶体管，也可采用晶闸管。

线性放大器的优点是在运行范围内有比较好的线性控制特性，没有明显的控制滞后现象，控制速度范围宽，对附近电路的干扰较小。但是线性放大器工作时产生大量的热量，工作效率和散热问题严重,其最高效率不超过 50%,必须采用大的功率器件、加大散热面积、采用强迫风冷等措施,这些都限制了其使用范围。

开关式放大器中,输出级的功率器件工作在开关状态,不是饱和导通状态就是截止状态。截止状态的器件不消耗能量,而饱和导通的功率器件上压降又很小,这样功率输出级的损耗很小,整体的效率较高。

1. 单极性驱动方式

当电动机只需要单方向旋转时,可将电动机和一个电阻串联,再连接到直流电源。调节电阻器的阻值可控制电动机转速。另一个驱动方法是使用单开关驱动、斩波控制的电路,如图7-2 所示。

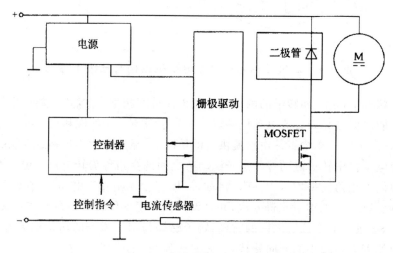

图 7-2　直流电动机单开关驱动

这种驱动方式是使用一个功率 MOSFET 开关管,并在电动机两端并接一个二极管作续流用。开关管由一个 MOSFET 栅极驱动器驱动,它又接受一个模拟控制器或一个微控制器的 PWM 斩波控制。功率开关管串接在电动机下方(靠近电源地),其栅极驱动器应采用低侧栅极驱动器。如果功率开关管串接在电动机上方(靠近电源正极),其栅极驱动器应采用高侧栅极驱动器。对于高侧开关,它的栅极驱动需要附加的电平提升电路,所以大多采用低侧驱动方式,典型应用是小型风机、泵的驱动。当采用斩波控制时,电流通过二极管续流,时间较长,损耗较大。图7-3 所示的半桥驱动电路可以克服这个缺点,它有低损耗和快速的特点。其中的二极管 VD_1、VD_2 实际上是 DMOS 管的"体"二极管,这是由于工艺原因和与 DMOS 管一起自动生成的。这样,不必再另附加续流二极管。另外,半桥驱动电路的一个附加优点是可实现电动机的制动:断开 VF_1 停止对电动机供电的同时,将 VF_2 连续开通,电动机的电动势(EMF)经 VF_2 短路,使电动机制动。此时,如果 VF_2 不是连续开通,而是 PWM 控制,可实现电动机的软制动。

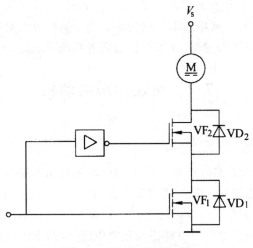

图 7-3　快速半桥驱动

2. 双极性驱动方式

由 4 个功率开关组成的 H 桥电路（又称全桥电路），它需要两个半桥驱动器。利用 H 桥驱动电路和 PWM 控制，实现对直流电动机正反两个方向的调速控制和伺服控制，如图 7-4 所示。

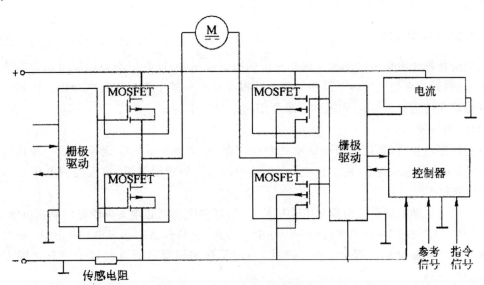

图 7-4　直流电动机的 H 桥驱动电路和 PWM 控制

双极性驱动也可以像单极性驱动那样，将电动机的电动势（EMF）短路实现电动机制动。例如，将两个低侧开关同时开通，或者将两个高侧开关同时开通。如果希望制动作用缓和些，可让短路电流通过一个开关和一个二极管。在这三种制动方法中，制动能量和产生的热损耗是相同的，只是其分配不同而已。

双极性驱动有另一种十分有效的制动方式——反向制动,这是单极性驱动不能实施的。反向制动电流的幅值大约可达到堵转电流的两倍。这个脉冲电流对电动机和驱动器都是有害的,它可以通过智能制动程序来避免,并可获得所需的系统阻尼。

7.2 交流伺服电动机

7.2.1 交流伺服电动机的分类

异步型交流伺服电动机(IM):异步型交流伺服电动机指的是交流感应电动机,它有单相和多相之分,也有笼型和绕线型之分。通常采用笼型三相感应电动机,其结构简单,与同容量的直流电动机相比,质量约轻 1/2,价格只为直流电动机的 1/3,缺点是不能经济地实现范围较广的平滑高速调速,而必须从电网吸收滞后的励磁电流,因而令电网功率因数变坏。

同步型交流伺服电动机(SM):同步型交流伺服电动机虽较交流感应电动机复杂,但比直流电动机简单,它与感应电动机一样,都在定子上装有对称的三相绕组,而转子却不相同。按不同的转子结构又分电磁式及非电磁式,也可分为磁滞式、永磁式和反应式多种。在数控机床中多用永磁式同步电动机,与电磁式相比,永磁式的优点是结构简单、运行可靠、效率较高;缺点是体积大、启动特性欠佳,但永磁式同步电动机采用高剩磁感应、高磁化力的稀土类磁铁,可比直流电动机外形尺寸小约1/2,质量减轻 60%,转子惯量减到直流电动机的1/5,它与异步电动机相比,由于采用了永磁铁励磁,消除了励磁损耗,所以效率更高。

1.两相伺服电动机

典型的传统交流伺服电动机是两相交流伺服电动机,所以常把交流伺服电动机称为两相伺服电动机,通常采用笼型转子两相伺服电动机和空心杯转子两相伺服电动机。两相伺服电动机输出功率约为 $0.1\sim100\text{W}$,其中,最常用的在 30W 以下。

(1)结构原理

两相伺服电动机,其定子两相绕组在空间相距 $90°$ 电角度。定子绕组中的一相作为激励绕组,运行时接至电压为 U_f 的交流电源上;另一相则作为控制绕组,输入控制电压 U_c,电压 U_c 与 U_f 同频率。

为了满足自动控制系统对伺服电动机的要求,伺服电动机必须具备较宽的调速范围、线性的机械特性、无"自转"现象和快速响应等性能。为此,它和普通的感应电动机相比,应具有转子电阻大和转动惯量小这两个特点。因此,必须使两相伺服电动机的转子具有足够大的电阻值。

在增大转子电阻的情况下,要防止"自转"现象。对两相伺服电动机,取消控制电压后,即 $U_\text{c}=0$,便成为单相感应电动机运行。由单相电动机理论可知,单相绕组产生的脉动磁场可以分为正序和负序两个旋转磁场。正序磁场对电动机转子起电动机作用,产生正转矩 T_1;负序磁场对转子起制动作用,产生负转矩 T_2。电动机的电磁转矩 T_m 应为转矩 T_1 和 T_2 的代数和。当转子电阻较小时,两相伺服电动机的机械特性就和普通单相感应电动机一样,当电动机正向旋转,因 $T_1 > T_2$,其电磁转矩 $T_\text{m} = T_1 - T_2 > 0$,这时,只要负载转矩小于最大电磁转矩,转子仍能继续运转,而不会因控制电压的消失而停转。这就是所谓的"自转"现象,这种现象会使伺服电动机失去控制,在自动控制系统中是绝不允许的。

若增大转子电阻,正序磁场所产生的最大转矩对应的转差率 S_{m1} 也相应增大,而负序磁场产生的最大转矩对应的转差率 $S_{m1} = 2 -$ 则相应减小,于是电动机的电磁转矩也随之减小。如果转子电阻足够大,使正序磁场产生的最大转矩所对应的转差率 $S_{m1} > 1$,则电动机的电磁转矩在电动机正向旋转范围内均为负值,即 $T_m < 0$,这就是说,控制电压消失后,处于单相运行状态的电动机由于电磁转矩为制动性质而能迅速停转。因此,增大转子电阻是克服两相伺服电动机"自转"现象的有效措施。

为了使两相伺服电动机能对控制电压的变化快速响应,还要求它有尽量小的转动惯量和尽量大的堵转转矩,以得到尽可能小的机械时间常数。

需要注意的是,普通的两相和三相异步电动机正常情况下都是在对称状态下工作的,不对称运行属于故障状态。而交流伺服电动机则可以靠不同程度的不对称运行来达到控制目的,这是交流伺服电动机在运行上与普通异步电动机的根本区别。

为了满足上述要求,两相伺服电动机的转子通常有以下三种结构形式。

①高电阻率导条的笼型转子。

②非磁性空心杯转子。

③铁磁性空心转子。

（2）控制方式

对于两相伺服电动机,若在两相对称绕组中施加两相对称电压,便可得到圆形旋转磁场。反之,两相电压因幅值不同或相位差不是 90° 时,所得的则是椭圆形旋转磁场。

两相伺服电动机运行时,因控制绕组所加的控制电压 U_c 是变化的,一般说来得到的是椭圆形旋转磁场,并由此产生电磁转矩而使电动机旋转。若改变控制电压的大小或改变它与励磁电压之间的相位角,都能使电动机气隙中旋转磁场的椭圆度发生变化,从而影响电磁转矩。当负载转矩一定时,可以通过调节控制电压的大小或相位来达到改变电动机转速的目的。因此,两相伺服电动机的控制方式包括以下三种。

①幅值控制。

②相位控制。

③幅值—相位控制（或称电容控制）。

由于微电子技术的发展,使本无调速性能的交流电动机成为新一代交流伺服电动机,并在调速性能等方面可与直流电动机媲美,但由于需要利用转子电阻的不平衡状态进行控制从而使两相伺服电动机的交流伺服系统现在已很少采用。

2. 永磁式交流同步伺服电动机

从 20 世纪 70 年代后期到 80 年代初期,随着微处理器技术、大功率高性能半导体功率器件技术和电动机永磁材料制造工艺的发展,其性价比日益提高,交流伺服技术、交流伺服电动机和交流伺服控制系统逐渐成为主导产品。目前,高性能的伺服系统大多采用永磁同步型交流伺服电动机（PMSM）,其在技术上已趋于完全成熟,具备了十分优良的低速性能并可实现弱磁高速控制,能快速、准确地进行定位,是由控制驱动器组成的全数字位置伺服系统。并且,随着永磁材料性能的大幅度提高和价格的降低,特别是钕铁硼永磁的热稳定性和耐腐蚀性的改善以及电力电子器件的进一步发展,加上永磁电动机研究开发的逐步成熟,其在工业生产领域中的应用也越来越广泛,正向大功率化(高转速、高转矩)、高功能化和微型化等方向发展。

(1)结构特点

永磁式交流同步伺服电动机的结构与普通异步电动机基本相同,不同的是在其转子上装设有永磁体。根据永磁体在转子上位置的不同,永磁式同步电动机可分为表面式和内置式。在表面式永磁式同步电动机中,永磁体通常呈瓦片形,并位于转子铁心的外表面上,这种电动机的重要特点是直、交轴的主电感相等;而内置式永磁式同步电动机的永磁体位于转子内部,永磁体外表面与定子铁心内圆之间有铁磁物质制成的极靴,可以保护永磁体,这种永磁电动机的重要特点是直、交轴的主电感不相等。

永磁式同步电动机具有结构简单、体积小、重量轻、损耗小、效率高等特点。和直流电动机相比,它没有直流电动机的换向器和电刷等需要更多维护的部件,从而给应用带来便利;相对异步电动机而言则比较简单,定子电流和定子电阻损耗减小,且转子参数可测、控制性能好。但存在最大转矩受永磁体去磁约束,抗振能力差,高转速受限,功率较小,成本高和启动困难等缺点;与普通同步电动机相比,它省去了励磁装置,简化了结构,提高了效率。永磁式同步电动机矢量控制系统能够实现高精度、高动态、大范围的调速或定位控制。

(2)控制技术

PMSM 通常采用矢量控制和直接转矩两种控制方式。矢量控制借助于坐标变换,将实际的三相电流变换成等效的力矩电流分量和励磁电流分量,从而实现电动机的解耦控制,控制概念明确;而直接转矩控制技术采用定子磁场定向,借助于离散的两点式调节,直接对逆变器的开关状态进行最优控制,以获得转矩的高动态性能,其控制简单,转矩响应迅速。

PMSM 的矢量控制系统能够实现高精度、高动态、大范围的速度和位置控制,但是它的传感器给调速系统带来了诸如成本较高、抗干扰性和可靠性不强、电动机的轴向尺寸较长等缺陷。另外,PMSM 转子磁路结构不同,电动机的运行特性、控制系统等也不同。近年来随着微型计算机技术的发展,永磁式同步电动机矢量控制系统的全数字控制也取得了很大的发展。在高精度伺服驱动中,PMSM 有较大竞争力。

7.2.2 交流伺服电动机的驱动

在当今数控机床领域中,大多采用变频器对交流伺服电动机进行变频调速。伺服控制系统的位置、速度及电流等检测回路的信号可在驱动单元中实现控制,也可由微处理器直接输入实现控制。变频器可分为交-交型和交-直-交型两大类,前者又称为直接式变频器,后者又称为带直流环节的间接式变频器。

交-交型变频器没有明显的中间滤波环节,电网交流电被直接转换成可调频调压的交流电。由于变频器的输出波形是由电源波形整流后得到的,所以输出频率不可能高于电网频率,故一般用于低频大容量调速。

交-直-交型变频器,由整流器、中间环节和逆变器三部分组成,整流器的作用是将交流转换为直流,并作为逆变器的直流电源,因中间环节的不同而分为斩波器型变频器、电压型变频器和电流型变频器等。而逆变器则用于将直流电转换为调频/调压的交流电,采用脉冲宽度调制逆变器完成。逆变器有晶闸管逆变器和晶体管逆变器之分,目前,数控机床上的交流伺服系统较多地采用晶体管逆变器。

现代交流伺服系统向数字化方向发展,以适应高速、高精度机械加工的需要,系统中有三个结构:电流环、速度环和位置环,都已实现数字化。全部伺服的控制模型和动态补偿均由高速微处理器及其控制软件进行实时处理,采样周期只有零点几毫秒。

永磁式交流同步伺服电动机构成的伺服系统,都具有高精度及更好的性能,通常构成速度控制系统、位置控制系统,或者是速度—位置系统。

在速度控制系统中,永磁式同步电动机需要由提供电能的大电流、高电压主电源的功率驱动主电路构成。主电路包括功率电源、功率放大电路,有时还需要把功率放大电路的前置驱动及正弦脉宽调制电路包括在内。在主电路中,将控制电路输入的控制信号转换成功率电能去驱动控制电动机,由电动机将电能转换为机械能。

主电路的功率电源通常都是由工频交流三相或单相电源经整流、滤波得到,功率放大电路一般都采用三相桥式电路。

电动机绕组中通过正弦变化的电流,大功率晶体管的前级驱动采用双极模式 SPWM 信号,同一桥臂上的上、下两个晶体管导通的时间互相错开而作用到电枢绕组上,得到极性正负交替的正弦电源。大功率晶体管的控制极由其专用的驱动电路进行控制。大功率晶体管可以是电力晶体管,也可是功率场效应晶体管或绝缘栅极晶体管。这些控制极的控制驱动电路有时与大功率晶体管集成在一起组成具有各种保护功能的集成电路,以至现在的智能化的、集功率放大及控制驱动于一体的集成模块可供驱动电路使用。

7.2.3　智能功率模块 IPM

随着微电子和电力电子技术的飞速发展,越来越多的交流伺服系统开始采用数字信号处理器(DSP)和智能功率模块(IPM),从而实现了从模拟控制到数字控制的转变。所谓智能功率模块是指该电路至少把逻辑控制电路和功率半导体管集成在同一芯片上,通常是输出功率大于 1W 的集成电路。在这个电路上还包括过电流、过电压、超温和欠电压等保护电路,个别电路还将电路内部状态作为一个诊断信号输出。在这个定义下,智能功率模块包括了汽车设备、工厂自动化设备、办公自动化设备和消费类电子设备所使用的电动机控制器、平板显示驱动器以及高压多路调制解调器等。

智能功率模块的出现,打破了以往微电子与电力电子技术长期分割的局面。智能功率模块可使电力电子装置缩小体积,减轻质量,并且更适合于大规模生产,从而使成本降低。功率模块是强电与弱电连接的桥梁,是机与电统一起来实现机电一体化的重要手段,目前的功率水平可达 150 A/1200 V,所采用的功率器件有双极型器件(如晶体管和晶闸管)、单极型器件(如场效应晶体管)或复合器件(如 BIMOS),控制电路大部分采用 MOS 技术。

智能功率模块实现了集成电路功率化、功率器件集成化和智能化,使功率与信息控制统一在一个器件内,成为机电一体化系统中弱电与强电的接口。它不但具有一定的功率输出能力,还具有逻辑、控制、传感、检测、保护和自诊断等功能,从而将智能赋予功率器件,通过智能作用对功率器件的状态进行监控。例如,当负载开路、过电流、输出短路、电源短路、电源欠电压、过电压、过热等不正常故障出现时,电路可以即时做出保护,并输出故障诊断信号。大多数功率集成电路的输入都与 TTL 或 CMOS 电平兼容，可以直接由微处理器控制，状态信息也可反馈至微处理器。

智能功率模块的使用给电动机控制系统带来极大方便，简化了开发和调整工作，缩小体积，减轻质量，提高可靠性和抗干扰能力，改善性能的同时也节约成本。它具有小型、多功能、使用方便等优点，适合于交流 220V 电网的应用。常用 IPM 为 R 系列 IPM。

R 系列则是富士电动机第三代的 IGBT-IPM，适用于伺服系统、通用变频器等，内设欠电压、过热、过流保护等功能，开关频率范围为 1～20MHz，如 6MBP 系列。

R-IPM 的特点如下。

①具有与 N 系列模块 N-IPM 同等的电气特性，通过软开关性能实现低浪涌、低噪声。

②高可靠性。仅由硅半导体芯片组成，与以往品种（如 J-IPM 和 N-IPM）相比，元器件数量大幅度减小，具有优良的性价比。通过探测 IGBT 芯片结温来提供温度保护，防止芯片过热损坏，使可靠性更高。

③封装互换性好。主端子、控制端子、安装孔位置与以往的品种兼容，高度比以往品种低，体积小。

7.3　伺服系统

7.3.1　伺服系统的发展

1.伺服系统主要发展阶段

伺服系统的发展紧密地与伺服电动机的不同发展阶段相联系，伺服电动机至今已有五十多年的发展历史，主要经历了三个发展阶段。

第一个发展阶段是 20 世纪 60 年代以前。此阶段是以步进电动机直接驱动液压伺服马达或功率步进电动机为中心的时代，伺服系统的位置控制为开环系统。

第二个发展阶段是 20 世纪 60～70 年代。这一阶段是直流（DC）伺服电动机的诞生和全盛发展的时代。由于直流伺服电动机具有优良的调速性能，很多高性能驱动装置采用了直流伺服电动机，伺服系统的位置控制也由开环系统发展成为闭环系统。在数控机床应用领域，永磁式直流电动机占统治地位，其控制电路简单，无励磁损耗，低速性能好。

第三个发展阶段是 20 世纪 80 年代至今。这一阶段是以机电一体化时代作为背景的，由于伺服电动机结构及其永磁材料、控制技术的突破性进展，出现了无刷直流伺服电动机（方波驱动），交流（AC）伺服电动机（正弦波驱动）等多种新型电动机。

随着微处理器、大功率高性能半导体功率器件和电动机永磁材料等技术的发展及其性价比的日益提高，交流伺服驱动技术—交流伺服电动机和交流伺服系统逐渐成为主导产品。交流伺服驱动技术已经成为工业领域实现自动化的基础技术之一，并逐渐取代直流伺服系统。

交流伺服系统按其采用的驱动电动机的类型来分，主要有永磁同步（SM 型）电动机交流伺服系统和感应式异步（IM 型）电动机交流伺服系统两大类。其中，永磁式同步电动机交流伺服系统在技术上已趋于成熟，具备了十分优良的低速性能，并可实现弱磁高速控制，拓宽了系统的调速范围,适应了高性能伺服驱动的要求,并且随着永磁材料性能的大幅度提高和价格的降低,其在工业生产自动化领域中的应用将越来越广泛,目前已成为交流伺服系统的主流。感应式异步电动机交流伺服系统由于感应式异步电动机结构坚固、制造容易、价格低廉,因而具有很好的发展前景,代表了伺服技术的发展方向,但由于该系统采用矢量变换控制,相对永磁式同步电动机伺服系统来说控制比较复杂,而且,电动机低速运行时还存在着效率低下、发热严重等技术问题,目前并未得到普遍应用。

系统的执行元件一般为普通三相笼型异步电动机,功率变换器件通常采用智能功率模块 IPM。为进一步提高系统的静态性能和动态特性,可采用位置和速度反馈的闭环控制。三相交流电流的跟随控制能有效地提高逆变器的电流响应速度,并且能限制暂态电流,从而有利于 IPM 的安全工作。速度环和位置环可使用单片机控制,以使控制策略获得更好的效果。电流调节器若为比例形式,三个交流电流环都用足够大的比例调节器进行控制,其比例系数应该在保证系统不产生振荡的前提下尽量选得大些,使被控异步电动机三相交流电流的幅值、相位和频率紧随给定值快速变化,从而实现电压型逆变器的快速电流控制。电流用比例调节,具有结构简单、电流跟随性能好以及限制电动机启、制动电流快速可靠等诸多优点。

直流伺服驱动技术受电动机本身缺陷的影响,发展受到了限制。直流伺服电动机存在机械结构复杂、维护工作量大等缺点,在运行过程中转子容易发热,进而影响与其连接的其他机械设备的精度,难以应用于要求高速及大容量的场合,机械换向器也成为了直流伺服驱动技术发展的瓶颈。

交流伺服电动机克服了直流伺服电动机存在的电刷、换向器等机械部件所带来的各种缺点,特别是交流伺服电动机的过负荷特性和低惯性更体现出交流伺服系统的优越性。所以交流伺服系统在工厂自动化(FA)等领域得到了广泛的应用。

从伺服驱动产品当前的应用来看,直流伺服产品逐渐减少,交流伺服产品日渐增加,市场占有率逐步扩大。在实际应用中,精度更高、速度更快、使用更方便的交流伺服产品已经成为主流。

2. 伺服系统的发展趋势

从前面的讨论可以看出,数字化交流伺服系统的应用越来越广,用户对伺服驱动技术的要求越来越高。总的来说,伺服系统的发展趋势可以概括为以下六个方面。

(1)交流化

伺服驱动技术将继续迅速地由直流伺服系统转向交流伺服系统。从目前国际市场的情况看,几乎所有的新产品都是采用交流伺服系统。在某些国家,交流伺服电动机的市场占有率已经超过 80%;在我国,生产交流伺服电动机的厂家也越来越多,正在逐步超过生产直流伺服电动机的厂家数量。可以预见,在不久的将来,除了某些微型电动机领域之外,交流伺服电动机将完全取代直流伺服电动机。

(2)采用新型电力电子半导体器件

目前,伺服系统的输出器件越来越多地采用开关频率很高的新型功率半导体器件,主要有大功率晶体管(GTR)、功率场效应管(MOSFET)和绝缘门极晶体管(IGBT)等。这些先进器件的应用显著降低了伺服单元输出回路的功耗,提高了系统的响应速度,降低了运行噪声。尤其值得一提的是,最新型的伺服系统已经开始使用一种把控制电路功能和大功率电子开关器件集成在一起的新型模块,称为智能控制功率模块(Intelligent Power Modules,IPM)。这种器件将输入隔离、能耗制动、过温/过压/过流保护及故障诊断等功能全部集成于一个模块之中,其输入逻辑电平与 TTL 信号完全兼容,与微处理机的输出可以直接接口。它的应用显著地简化了伺服单元的设计,并实现了伺服系统的小型化甚至微型化。

(3)全数字化

目前,伺服系统的数字控制大多数是采用硬件与软件相结合的控制方式,其中软件控制方式一般是利用微处理机实现的。基于微处理机的数字伺服控制器与模拟伺服控制器相比,具有下列优点。

①能明显降低控制器硬件成本。速度更快、功能更新的新一代微处理机不断涌现,硬件价格变得便宜。并且新的微处理机具有体积小、重量轻、耗能少等一系列优点。

②可显著改善控制的可靠性。集成电路和大规模集成电路的平均无故障时(MTBF)大大长于分立元件电子电路。

③数字电路温度漂移小,与此同时,不存在参数的影响,稳定性好。

④硬件电路容易标准化。在电路集成过程中采用了一些屏蔽措施,可以避免电力电子电路中过大的瞬态电流、电压引起的电磁干扰问题,可靠性比较高。

⑤采用微处理机的数字控制,使信息的双向传递能力大大增强,容易和上位系统机联系,可随时改变控制参数。

⑥可以设计适合于众多电力电子系统的统一硬件电路,其中,软件可以进行模块化设计,能拼装构成适用于各种应用对象的控制算法,以满足不同的用途。软件模块可以方便地增加、删减和更改,或者当实际系统变化时彻底更新。

⑦提高了信息存储、监控、诊断以及分级控制的能力,伺服系统日益智能化。

⑧随着微处理机芯片运算速度和存储器容量的不断提高,性能优异但算法复杂的控制策略有了实现的基础。

微电子技术的快速发展对伺服系统产生了十分重要的影响,交流伺服系统的控制方式迅速向微处理机控制方向发展,并由硬件伺服转向软件伺服,智能化的软件伺服将成为伺服控制的一个重要的发展趋势。

采用新型高速微处理机或专用数字信号处理机(DSP)的伺服控制单元将全面代替以模拟电子器件为主的伺服控制单元,从而实现完全数字化的伺服系统。全数字化的实现,将原有的硬件伺服控制变成了软件伺服控制,从而使在伺服系统中应用现代控制理论的先进算法(如最优控制、人工智能、模糊控制、神经元网络等)成为可能。

1. 智能化

智能化是当前一切工业控制设备发展的共同趋势,伺服系统作为一种高级的工业控制装置当然也不例外。最新数字化的伺服控制单元通常都设计为智能型产品,它们的智能化特点表现在以下三个方面。

(1)都具有参数记忆功能,系统的所有运行参数都可以通过人机对话的方式由软件进行设置,并保存在伺服单元内部,通过通信接口,这些参数甚至可以在运行途中由上位计算机加以修改,应用起来十分方便。

（2）都具有故障自诊断与分析功能,无论什么时候,只要出现故障,系统就会将故障的类型以及可能引起故障的原因通过用户界面清楚地显示出来,这就简化了维修与调试的复杂性。

（3）有些伺服系统还具有参数自整定的功能。众所周知,闭环控制系统的参数整定是保证系统性能指标的重要环节,也是需要耗费较多时间与精力的工作。带有自整定功能的伺服单元可以通过几次试运行,自动将系统的参数整定出来,并自动实现其最优化。对于使用伺服单元的用户来说,这是新型伺服系统最具吸引力的特点之一。

（5）高度集成化

新的伺服系统产品改变了将伺服系统划分为速度伺服单元与位置伺服单元两个模块的做法,代之以单一的、高度集成化的、多功能的控制单元。同一个控制单元,只要通过软件设置系统参数,就可以改变其功能,既可以使用电动机本身配置的传感器构成半闭环控制系统,又可以通过接口与外部的位置、速度或力矩传感器构成高精度的全闭环控制系统。高度的集成化还显著地缩小了整个控制系统的体积,使得伺服系统的安装与调试工作都得到了简化。

（6）模块化和网络化

近年来,在国外以工业局域网技术为基础的工厂自动化（Factory Automation,FA）工程技术得到了长足的发展,并显示出良好的发展势头。为适应这一发展趋势,最新的伺服系统都配置了标准的串行通信接口（如 RS-232C 或 RS-422 接口等）和专用的局域网接口。这些接口的设置,显著地增强了伺服单元与其他控制设备间的互联能力,从而与 CNC 系统间的连接也变得十分简单,只需要一根电缆或光缆,就可以将数台、甚至数十台伺服单元与上位计算机连接成为数控系统;也可以通过串行接口,与可编程控制器（PLC）的数控模块相连。

综上所述,伺服系统将向两个方向发展:一个是满足一般工业应用要求,用于对性能指标要求不高的应用场合,追求低成本、少维护、使用简单等特点的驱动产品,如变频电动机、变频器等;另一个是代表着伺服系统发展水平,其主导产品为伺服电动机和伺服控制器,追求高性能、高速度、数字化、智能化、网络化的驱动控制,以满足用户较高的应用要求。

7.3.2　伺服系统的组成元件和性能要求

1.伺服系统的组成元件

伺服系统中的元件虽然是各种各样的,但根据它们在控制系统中的功能和作用可以分为以下四大类。

（1）执行元件

职能是驱动控制对象直接完成控制任务。

伺服系统的执行元件主要有电动机、电磁铁、油缸和液压马达等,是伺服系统的动力部件。它是将电能转换为机械能的能量转换装置。由于它们的工作可在很宽的速度和负载范围内受到连续而精确的控制,因而在现代机电传动控制中得到了广泛的应用。

根据使用能量的不同,可以将执行元件分为电气式、液压式和气动式等多种类型。电气式将电能变成电磁力,并用电磁力驱动执行机构运动;液压式先将电能变换为液压能,并用电磁阀改变压力油的流向,从而使液压执行元件驱动执行机构运动;气动式与液压式的原理相同,只是将介质由油改为气体而已。伺服系统执行元件的类型及特点如下。

①电气式执行元件。电气式执行元件包括直流伺服电动机、交流伺服电动机、步进电动机以及电磁铁等,是最常用的执行元件。其中,对伺服电动机除了要求运转平稳以外,一般还要求动态性能好,适合于频繁使用、便于维修等。

②液压式执行元件。液压式执行元件主要包括往复运动油缸、回转油缸以及液压马达等,其中油缸最为常见。在同等输出功率的情况下,液压式执行元件具有重量轻、快速性好等特点。目前,已开发出多种数字式的液压式执行元件,其定位性能好,如电—液伺服马达和电—液步进马达,这些马达与电动机相比具有转矩大的优点,可以直接驱动执行机构,适合于重载的高加、减速驱动。对一般的电—液伺服系统,可采用电—液伺服阀控制油缸的往复运动。

③气动式执行元件。气动式执行元件除了采用压缩空气作为工作介质外,与液压式执行元件没有区别。代表性的气动式执行元件有气缸、气压马达等。气压驱动虽可得到较大的驱动力、行程和速度,但由于空气黏性差,具有可压缩性,故不能应用在定位精度要求较高的场合。

(2)测量元件

它的职能是将被测量检测出来,并将之转换成另一种容易处理和使用的量(如电压)。测量元件一般又称为传感器,如自整角机、测速发电机、阻容传感器等。

(3)放大元件

它的职能是将微弱信号放大,以便最后驱动执行元件,如线性放大器、PWM 功放、晶闸管变流器等。放大元件又可以分为前置放大元件和功率放大元件两种。功率放大元件的输出信号具有较大的功率,可以直接驱动执行元件。

(4)校正元件

为了确保系统稳定并使系统达到规定的精度指标和其他性能指标,控制系统的设计者往往还需要在系统中另外增加一些元件,这些元件就称为校正元件。校正元件的作用是改善系统的性能,使系统能正常可靠地工作并达到规定的性能指标。

2.伺服系统的性能要求

不同的受控对象、不同的工作方式和任务,对控制系统的品质指标要求也往往不相同。按照偏差调节的方法设计的伺服系统不一定都能很好地工作、精确地保持被控量等于给定值,也可能工作得很坏,甚至会发生被控量的强烈振动,使受控对象遭到破坏。伺服系统工作的好坏取决于受控对象和控制装置、各功能元件之间的特性参数是否匹配得当。

在理想情况下,伺服系统的被控量和给定值在任何时候都相等,完全没有误差,而且不受干扰的影响,即

$$c(t) \equiv r(t)$$

然而,在实际系统中,由于机械部分质量、惯量的存在(以及电路中电容、电感的存在)及能源功率的限制,使得运动部件的加速度不会很大,速度和位移不会瞬间变化,而要经历一段时间,要有一个过程。通常把系统受到外加信号(给定值或干扰)作用后,被控量随时间 t 变化的全过程称为系统的动态过程(或过渡过程),以 $c(t)$ 表示。则系统控制性能的优劣,可以从动态过程 $c(t)$ 中较充分地显示出来。

控制精度是衡量系统技术水平的重要尺度。一个高质量的系统在整个运行过程中,被控

量对给定值的偏差应该是很小的。工程上常常从快速响应性、稳定性和精度三个方面来评价伺服系统的总体精度控制。

（1）快速响应性

快速响应性是衡量伺服系统动态性能的一项重要指标，快速响应性包括两层含义，一是指动态响应过程中，输出量跟随输入指令信号变化的快慢程度；二是指动态响应过程结束的快慢程度。

伺服系统对输入指令信号的响应速度常由系统的上升时间（输出响应从零上升到稳态值所需要的时间）来表征，它主要取决于系统的阻尼比。阻尼比小则响应快，但阻尼比太小会导致最大超调量增大和调整时间加长，使系统相对稳定性降低。

伺服系统动态响应过程结束的快慢程度用系统的调整时间来描述，它取决于系统的阻尼比和无阻尼固有频率。当阻尼比一定时，提高固有频率值可以缩短响应过程的持续时间。

（2）稳定性

稳定性是指作用在系统上的干扰消失后，系统能够恢复到原来的稳定状态下运行或者在输入指令信号作用下，系统能够达到新的稳定运行状态的能力。稳定的伺服系统在受到输入信号（包括干扰）作用时，其输出量的响应随时间增加而衰减，并最终达到与给定值一致或相近；不稳定的伺服系统其输出量的响应随时间而增加，或者表现为等幅振荡。因此，对伺服系统的稳定性要求是一项最基本的要求，也是保证伺服系统正常运行的最基本条件。

伺服系统的稳定性是由系统本身特性决定的，即取决于系统的结构及组成元件的参数（如惯性、刚度、阻尼、增益等），与外界作用信号（包括指令信号和干扰信号）的性质或形式无关。

对于位置伺服系统，当运动速度很低时，通常会出现一种由摩擦特性所引起的、被称为"爬行"的现象，这是伺服系统不稳定的一种表现。"爬行"会严重影响伺服系统的定位精度和位置跟踪精度。

（3）精度

精度是伺服系统的另一项重要的性能要求，它是指伺服系统输出量复现输入指令信号的精确程度。影响精度的因素很多。就系统组成元件本身来讲，有传感器的灵敏度和精度、伺服放大器的零点漂移和死区误差、机械装置中的反向间隙和传动误差、各元器件的非线性因素等。此外，伺服系统本身的结构形式和输入指令信号的形式对伺服系统精度也有重要影响。从构成原理上讲，有些系统无论采用多么精密的元器件，也总是存在稳态误差，这类系统称为有差系统，而有些系统却是无差系统。系统的稳态误差与输入指令信号的形式有关，当输入信号形式不同时，有时存在稳态误差，有时稳态误差却为零。

伺服系统的快速响应性、稳定性和精度三项性能要求是相互关联的，在进行伺服系统设计时，必须首先满足稳定性要求，然后在满足精度要求的前提下尽量提高系统的快速响应性。

上述三项性能要求是对一般伺服系统的基本性能要求，除此之外，对机电一体化产品，常用的位置伺服系统，还有调速范围、负载能力、可靠性、体积、质量以及成本等这些要求都应在设计时给予综合考虑。

7.3.3　伺服系统的分类

伺服系统类型很多，从系统组成元件的性质来看，有电气伺服系统、液压伺服系统、电气-

液压伺服系统、电气-气动伺服系统等；从系统输出量的物理性质来看，有速度或加速度伺服系统和位置伺服系统等；从系统中所包含的元件特性和信号作用特点来看，有模拟式伺服系统和数字式伺服系统；从系统结构特点来看，有单回路伺服系统、多回路伺服系统、开环伺服系统和闭环伺服系统。

开环伺服系统的优点是结构上较为简单，技术容易掌握，调试、维护方便，工作可靠，成本低，缺点是精度低、抗干扰能力差。一般用于精度、速度要求的优点是精度高、调速范围宽、动态性能好等，缺点是系统结构复杂、成本高等。一般用于要求高精度、高速度的机电传动控制系统。

伺服电动机是电气伺服系统的执行元件，其作用是把电信号转换为机械运动。各种伺服电动机，各有其特点，适用于不同性能的伺服系统。电气伺服系统的调速性能、动态特性、运动精度等均为与该系统的伺服电动机的性能有着直接的关系。通常伺服电动机应符合从下基本要求。

①具有宽广而平滑的调速范围。

②具有较硬的机械特性和良好的调节特性。

③具有快速响应特性。

④空载始动电压小。

1. 开环伺服系统

开环伺服系统是一种没有反馈的伺服系统。它的伺服机构按照指令装置发来的进给脉冲指令驱动机械作相应的运动，但并不对机械的实际位移量或转角进行检测，也无法将其与指令值进行比较。它的位置控制精度只能依靠伺服机构本身的传动精度来保证。

早期简易型数控机床的进给驱动伺服系统常采用以步进电动机为主要部件的开环位置伺服系统，结构如图7-5所示。步进电动机实质上是一种同步电动机，每当数控装置向步进电动机发出一个进给脉冲指令的时候，步进电动机的转子就在此脉冲所产生的同步转矩的作用下旋转一个固定的角度，通常称之为步距角。因此，步进电动机是一种将电脉冲转变为角位移或线位移的电磁装置，其特点是定位精度高，但转换速度不快，约为毫秒数量级，其步距角的大小与它的结构和控制方式有关，最常用的步距角一般为1.5°。步进电动机转子转过一步距角后再经过减速齿轮带动丝杠旋转，通过丝杠、螺母的相对转动，最后形成机床工作台的运动。这样，工作台的位移量与进给指令脉冲的数量成正比，而工作台移动的速度与进给指令脉冲的频率，即单位时间的脉冲量成正比。

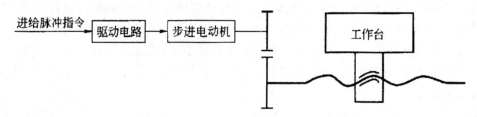

图7-5　开环位置伺服系统结构示意图

显然,这种开环伺服系统的位置控制精度完全依赖于步进电动机的步距角精度和齿轮、丝杠等传动部件的精度。若传动链存在误差,系统是无法随时进行修正的。另外,由于步进电动机本身力矩—频率特性的制约,系统的移动速度不高,所以这种开环位置伺服系统仅适用于对位置控制精度要求不高、位移速度较低的简易型数控系统。它的位置控制精度一般在0.01mm 左右。但由于它结构简单、造价低、调试容易,所以仍被广泛用于各种低档的位置控制系统。开环位置伺服系统是最早被采用的伺服系统,其系统组成与工作原理在许多教材和专著中均有详尽的描述,此处不再详述。

2. 半闭环伺服系统

与开环伺服系统不同,半闭环伺服系统是具有位置、速度检测与反馈的闭环控制系统。它的位置检测器与伺服电动机同轴相连,可通过它直接检测出电动机轴旋转的角位移。由于位置检测器不是直接装在执行机械上的,该闭环位置伺服系统最远只能控制到电动机轴,所以称为半闭环。它只能间接地检知当前执行机械(如工作台)的位置信息,且难以随时修正、消除因电动机轴后传动链误差引起的位置误差。

数控机床进给驱动中最常用的半闭环位置伺服系统的结构如图 7-6 所示。半闭环位置伺服系统中一般采用伺服电动机(交流伺服电动机或直流伺服电动机)作为执行电动机,与普通电动机相比,它具有调速范围宽和短时输出力矩大的特点。这样,系统设计时不必再为保证低速性能和增大力矩而添置减速齿轮,而可将电动机轴与丝杠(一般采用滚珠丝杠)直接连接,使传动链误差和非线性误差(齿轮间隙)大大减小。在机床导轨几何精度和润滑情况良好时,一般可以达到微米数量级的位置控制精度。另外,系统还可以采用节距误差补偿和间隙补偿的方法来提高控制精度。

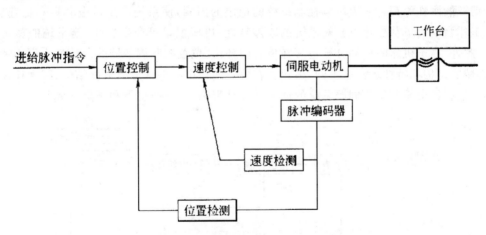

图 7-6　半闭环位置伺服系统的结构

所谓节距误差补偿,又称螺距误差补偿,是按照滚珠丝杠的每一个节距,预先把半闭环间接测量结果与机械实际位移间的误差检测出来,根据控制要求均匀取出一定数量的补偿点记入存储器。系统运行过程中,当机械运动到某一位置时就取出相应的值来对指令值加以修正以减小或消除实际位置误差。

所谓间隙补偿,又称反转误差补偿,是当机械运动方向发生改变时,由于滚珠丝杠与丝杠螺母间存在传动间隙,为使工作台反向运动,电动机必须在反转时首先带动滚珠丝杠空转一定角度,才能使滚珠丝杠与丝杠螺母贴合驱动工作台。这样一来,就会使工作台反向运动时的实际位移量小于指令值,产生反转误差。这种由传动间隙引起的反转误差在整个行程范围内一般是一定的,所以,只要在机械运动方向发生改变时,在指令值中再附加上相当于间隙量的补偿值即可有效地消除反转误差。

半闭环伺服系统在它的闭环中非线性因素少,容易整定,还可以比较方便地通过补偿来提高位置控制的精度。此外,半闭环伺服系统的结构使它的执行机械与电气自动控制部分相对独立,系统的通用性增强,因此,这种结构是当前国内外数控机床进给驱动伺服系统中最普遍采用的方案。

但严格说来,反转间隙量会随机床工作台上工件的重量和安装位置发生变化,节距误差也会因环境温度、润滑和机械磨损等因素的影响而发生变化。重型机床中一般只能采用齿条、齿轮传动,半闭环控制的精度也就更难保证。为了达到更好的控制效果,人们提出了直接对工作台实际位置进行闭环控制的结构方案。

3. 全闭环伺服系统

全闭环位置伺服系统结构示意如图 7-7 所示。它将位置检测器件直接安装在机床工作台上,从而可以获取工作台实际位置的精确信息,通过反馈闭环实现高精度的位置控制。从理论上来讲,这是一种最理想的位置伺服控制方案。但是,在实际的数控机床系统中却极少采用这种全闭环结构的方案。这主要是因为,当采用全闭环时,机床本身的机械传动链也被包含在位置闭环中,伺服的电气自动控制部分和执行机械不再相对独立,传动的间隙、摩擦特性的非线性、传动链的刚性等都将成为影响控制系统的稳定的因素,使系统产生机电共振和低速爬行。同时,工作台上的负载变化也会对系统的摩擦特性、机械惯量等产生影响,给系统的整定造成困难。此外,由于机床的一部分被包含在位置闭环内,位置控制调节器的设计就不得不考虑这部分机械的结构和特性。机床不同,被包含在位置闭环中的那部分机械的结构、特性往往也各有差异,这就给全闭环位置伺服系统的通用性设计带来了困难,也不利于降低成本。

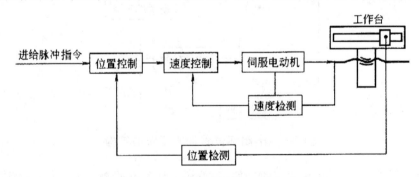

图 7-7　全闭环位置伺服系统结构示意图

在伺服系统的上述三种基本结构形式中,半闭环结构是当前应用最为广泛的结构。由于它的电气自动控制部分与机械部分相对独立,可以根据机械惯量和负载情况划分为不同的等级,独立地对其电气自动控制部分进行通用化设计。

从控制原理可知,闭环伺服系统是由进给脉冲指令信号与反馈信号相比较后得到偏差,再实现偏差控制的。在位置闭环伺服系统中,由于采用的位置检测元件不同,从而引出进给脉冲指令信号与位置反馈信号不同的比较方式。按检测信号反馈比较方式来划分,通常可分为三种,即脉冲比较、相位比较和幅值比较。以下对此三种位置闭环伺服系统分别加以阐述。

(1)脉冲比较伺服系统

在数控机床中,插补器给出的指令信号是数字脉冲。如果选择磁尺、光栅、光电编码器等元件作为机床移动部件位移量的检测装置,输出的位置反馈信号也是数字脉冲。这样,给定量与反馈量的比较就是直接的脉冲比较,相应的,构成的伺服系统就称为脉冲比较伺服系统,简称脉冲比较系统。

(2)相位比较伺服系统

在高精度的数控伺服系统中,旋转变压器和感应同步器是两种应用广泛的位置检测元件。根据励磁信号的不同形式,它们都可以包含相位或幅值两种工作方式。当位置检测元件采用相位工作方式时,控制系统要把指令信号与反馈信号都变成某个载波的相位,然后通过二者相位的比较,得到实际位置与指令位置的偏差。由此可知,旋转变压器或感应同步器相位工作状态下的伺服系统,指令信号与反馈信号的比较就是采用相位比较方式,该系统称为相位比较伺服系统,简称相位伺服系统。由于这种系统调试比较方便,精度又高,特别是抗干扰性能好而在数控系统中得到较为普遍的应用,是数控机床常用的一种位置控制系统。

采用相位比较法实现位置闭环控制的伺服系统是高性能数控机床中采用的一种伺服系统。相位比较伺服系统的核心问题是如何把位置检测转换为相应的相位检测,并通过相位比较实现对驱动执行元件的速度控制。鉴相器(又称相位比较器)的作用是鉴别指令信号与反馈信号的相位,判别两者之间相位差的大小以及相位的超前与滞后变化并把它变成为一个带极性的误差电压信号。

(3)幅值比较伺服系统

幅值比较伺服系统是以位置检测信号的幅值大小来反映机械位移的数值,并以此作为位置反馈信号与指令信号进行比较,构成闭环控制系统。该系统的特点之一是所采用的位置检测元件工作在幅值工作方式。感应同步器和旋转变压器都可以用于幅值比较伺服系统。幅值比较伺服系统实现闭环控制的过程与相位比较伺服系统有许多相似之处。鉴幅器的作用是把正弦交变信号转换成相应的直流信号。

需要注意的是,在幅值比较伺服系统中,励磁信号中的 φ 角是跟随工作台移动作被动变化的,因此,可以用这个 φ 角作为工作台实际位置的测量值,并通过数字显示装置将其显示出来。当工作台到达指令所规定的平衡位置并稳定下来时,数字显示装置所显示的就是指令位置的实际测量值。

7.3.4　电液伺服系统

电液伺服系统是由电信号处理部分和液压的功率输出部分组成的控制系统,系统的输入是电信号。由于电信号在传输、运算、参量转换等方面具有快速和方便等特点,而液压元件是理想的功率执行元件,这样,把电、液结合起来,在信号处理部分采用电元件,在功率输出部分则使用液压元件,两者之间利用电液伺服阀作为连接的桥梁,有机地结合起来,构成电液伺服系统。系统综合了电、液两种元件的长处,具有响应速度快、输出功率大、结构紧凑等优点,因而得到了广泛的应用。

电液伺服系统根据被控制物理量的不同,可分为位置伺服控制系统、速度伺服控制系统、力或压力伺服控制系统。其中最基本的和应用最为广泛的是电液位置伺服控制系统。

1.电液位置伺服控制系统

电液位置伺服控制系统常用于机床工作台的位置控制、机械手的定位控制、稳定平台水平位置控制等。在电液位置伺服控制系统中,按控制元件的种类和驱动方式可分为节流式控制(阀控式)系统和容积式控制(泵控式)系统两类。目前,广泛应用的是阀控系统,它包括阀控液压缸和阀控液压马达系统两种方式。

(1)阀控液压缸电液位置控制系统的工作原理

图 7-8 所示为阀控液压缸电液位置控制系统。该系统采用双电位器作为检测和反馈元件,控制工作台的位置,使之按照给定指令发生变化。

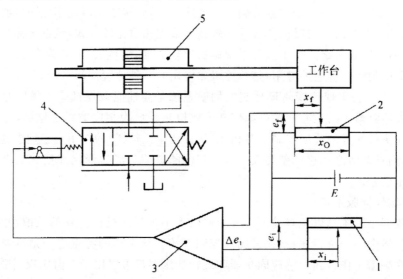

图 7-8　双电位器位置控制电液伺服系统

1—指令电位器;2—反馈电位器;3—放大器;4—电液伺服阀;5—液压缸

该系统由指令电位器 1、反馈电位器 2、放大器(由电子线路组成)3、电液伺服阀 4、液压缸 5 组成。指令电位器将滑臂的位置指令 x_i 转换成电压 e_i,被控制的工作台位置 x_f 由反馈电位器检测,并转换成电压 e_f。两个电位器连接成桥式电路,电桥的输出电压为

$$\Delta e_i = e_i - e_f = k(x_i - x_f)$$

式中:k 为电位器增益;E 为电桥供电源;x_0 电位器滑臂的行程。

工作台的位置随指令电位器滑臂的变化而变化。当工作台位置 x_f 与指令位置 x_i 相一致时,电桥输出的偏差电压为 0,此时放大器输出为 0,电液伺服阀处于 0 位,没有流量输出,工作台不动,系统处于一个平衡状态。

若反馈电位器滑臂电位与指令电位器的滑臂电位不同时,例如,指令电位器滑臂右移一个位移 Δx_i ,在工作台位置变化之前,电桥输出偏差电压,经过放大器放大,并转换成电流信号,用来控制电液伺服阀,经电液伺服阀转换并输出液压能推动液压缸,驱动工作台向消除偏差的右移方向运动。随着工作台的移动,电桥输出偏差电压逐渐减小,当工作台位移 Δx_f 等于指令电位器滑臂 Δx_i 时,电桥又重新处于平衡状态,输出偏差电压为 0,工作台停止运动。如果指令电位器滑臂反向运动,则工作台也反向跟随运动。在该系统中,工作台位置能够精确地跟随指令电位器滑臂位置的任意变化,实现位置的伺服控制。图 7-9 所示为该系统的工作原理框图。

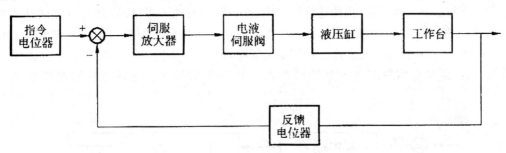

图 7-9　位置控制系统工作原理图

(2)阀控液压马达电液位置控制系统工作原理

图 7-10 所示为阀控液压马达电液位置伺服控制系统,该系统采用一对旋转变压器作为角差测量装置(图中通过圆心的点画线表示转轴)。

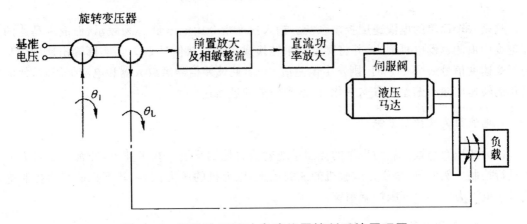

图 7-10　阀控液压马达电液位置控制系统原理图

输入轴与旋转变压器发送机轴相联,负载输出轴与旋转变压器接收机轴相联。旋转变压器检测输入轴和输出轴之间的角位置误差,并将该误差信号转换成电压信号输出。即

$$e_s = k(\theta_i - \theta_L)$$

式中:θ_i 为输入轴转角,即系统的输入信号;θ_L 为输出轴转角,即负载输出转角,也就是系统的反馈量;k 为决定于旋转变压器的常数。

当输入轴转角 θ_i 和输出转角 θ_L 一致时,旋转变压器的输出电压 $e_s = 0$,此时,功率放大器

输出电流为 0,电液伺服阀处于 0 位,没有流量输出,液压马达停转。

当给输入轴一个角位移时,在液压马达未转动之前,旋转变压器就有一电压信号输出 $e_s = k(\theta_i - \theta_L)$,该电压经放大后变为电流信号控制电液伺服阀,推动液压马达转动。随着液压马达的转动,旋转变压器输出的电压信号逐渐减小,当输出轴转角 θ_i 等于指令输入轴转角 θ_L 时,输出偏差电压为 0,液压马达停转。如果输入角位移反向,液压马达也跟随反向转动。

以上两个系统采用的检测装置不同,执行元件也不同,但其工作原理是相似的。

2.电液速度伺服控制系统

若系统的输出量为速度,将此速度反馈到输入端,并与输入量比较,就可以实现对系统的速度控制,这种控制系统称为速度伺服控制系统。电液速度伺服控制系统广泛应用于发电机组、雷达天线等需对其运转速度进行控制的装置中,此外,在电液位置伺服系统中,为改善主控回路的性能,也常采用局部速度反馈的校正。图 7-11 所示为某电液速度控制系统工作原理图。

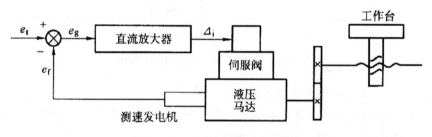

图 7-11　电液速度控制系统

这是一个简单的电液速度控制系统。输入速度指令用电压量 e_i 来表示,而液压马达的实际速度则由测速发电机测出,并将测量结果转换成反馈电液信号 e_f。当实际输出速度信号 e_f 与指令速度信号 e_i 不一致时,则发生偏差信号 e_g,此偏差信号经放大器和电液伺服阀,使液压马达的转速向减小偏差的方向变化,以达到所需的进给速度。

3.电液力伺服控制系统

以力或压力为被控制物理量的控制系统就是力控制系统。在工业上,经常需要对力或压力进行控制。例如,材料疲劳试验机的加载控制、压力机的压力控制、轧钢机的张力控制等都是采用电液力(压力)伺服控制系统。

7.3.5　伺服系统的设计

伺服系统的设计实际上就是机电结合、参数匹配的过程。由于伺服系统本身的多样性和复杂性决定了其设计过程很难有统一的设计格式或方法。实际的伺服系统设计往往需要经过多次反复修改和调试才能完成。下面仅对伺服系统设计的一般步骤和方法作简单说明。

1.总体方案设计

总体设计方案主要包含系统的构成及各主要元件采用什么类型;系统的输入采用什么形

式,是机械线位移,还是转角,是模拟电量,还是数字信号;而相应的系统输出又是什么形式,是机械转角,还是线位移;系统的执行元件采用交流伺服电动机还是直流伺服电动机;系统位置闭环是采用模拟量比较还是数字量比较等。这些问题在制订方案时应全盘考虑。

伺服系统总是为某个具体的被控对象服务的,常常作为整个装置的一个组成部分,因此,制订伺服系统总体设计方案时,不能脱离被控对象的实际情况,要仔细分析整个装置对伺服系统的性能有哪些要求;伺服系统工作的环境条件、整个装置对伺服系统的结构尺寸、体积、重量、安装条件等有哪些限制;为伺服系统所提供的能源条件等。这些都是在制订总体设计方案时应充分考虑到的。例如,有些设备工作于露天野外环境,没有什么防护设备,它所需要的伺服系统应能经受风雪、雨淋,系统各组成部分(特别是检测元件、执行电动机等需要运动的部件)均采用密闭性好的封闭型式,并具有在$-40\sim+50℃$环境下正常工作的能力。

在进行系统总体方案设计时,尽管各个系统有所不同,但通常都需要考虑以下四方面的问题。

①系统闭环与否的确定。当系统负载不大,精度要求不高时,可考虑开环控制;反之,当系统精度要求较高或负载较大时,要采用全闭环或半闭环控制系统。一般情况下,开环系统的稳定性不会有问题,设计时只要考虑满足精度方面的要求即可,应通过合理的结构参数匹配,使系统具有尽可能好的动态响应特性。

②执行元件的选择。选择执行元件时应综合考虑负载能力、调速范围、运行精度、可控性、可靠性以及器件体积、成本等多方面的要求。一般来讲,对于开环系统可考虑采用步进电动机、电液脉冲马达和伺服阀控制的液压缸、液压马达等;对于中小型的闭环系统可考虑采用直流伺服电动机、交流伺服电动机;对于负载较大的闭环伺服系统可考虑选用伺服阀控制的液压马达等。

③传动机构的选择。传动机构是执行元件与执行机构之间的一个连接装置,用来进行运动和力的变换与传递。在伺服系统中,执行元件传递旋转运动,执行机构则多为直线运动。用于将旋转运动转换成直线运动的传动机构主要有齿轮齿条和丝杠螺母等,前者可获得较大的传动比和较高的传动效率,所能传递的力一般也较大,但高精度的齿轮齿条制造困难,且为消除传动间隙而结构复杂;后者因结构简单、制造容易而应用广泛。

④控制系统的选择。控制系统的选择包括微型机、步进电动机控制方式、驱动电路等的选择。常用的微型机有单片机、单板机、工业控制微型机等,其中,单片机由于在体积、成本、可靠性和控制指令功能等许多方面的优越性,在伺服系统的控制中得到了广泛的应用。

2.伺服系统稳态设计

总体设计方案确定后,应进行方案实施的具体设计,即各个环节的设计,通常称为稳态设计,其内容主要包括执行元件规格的确定、系统结构的设计、系统惯量参数的计算以及信号检测、转换、放大等环节的设计与计算。稳态设计必须要满足系统输出能力指标的要求。

①传动比的分配。减速器传动比应满足驱动部件与负载之间的位移、转速和转矩的关系,不但要求传动构件要有足够的强度,还要求其转动惯量尽可能小,以便在获得同一加速度时所需转矩最小,即在同一驱动功率时,其加速度响应为最大。

如果计算出的传动比较小,可采用同步齿形带或一级齿轮传动,否则应采用多级齿轮传动。选择齿轮传动级数时,一方面应使齿轮总转动惯量与电动机轴上主动齿轮的转动惯量的比值较小;另一方面还要避免因级数过多而造成结构复杂。

②负载的等效换算。被控对象就是系统的负载,它与系统执行元件的机械传动的联系可以采用多种形式。机械运动的运动学和动力学特性对整个伺服系统的性能影响极大。负载的运动形式有直线运动和回转运动,执行元件与负载有直接连接的,也有通过传动装置连接的。为了便于系统运动学、动力学的分析与计算,将负载运动部件的转动惯量等效地变换到执行元件的输出轴上,并计算输出轴承受的转矩(回转运动)或力(直线运动)。即包括系统等效转动惯量的计算和等效负载转矩的计算。

③执行元件的转矩匹配。

④信号检测、转换及放大和电源等装置的选择与设计。执行元件与传动系统确定之后,除了要考虑信号检测、转换、放大以及校正补偿装置的选择与设计的问题,还要考虑相邻环节的连接、信号的有效传递、输入与输出的阻抗匹配等,以保证各个环节在各种条件下协调工作,系统整体上达到设计指标。

概括起来,主要考虑以下五个方面的问题。

①检测传感装置的精度、灵敏度、反应时间等性能参数要合适,这是保证系统整体精度的前提条件。

②信号转换接口电路尽量选用商品化的产品,要有足够的输入/输出通道,与传感器输出阻抗和放大器的输入阻抗要匹配。

③放大器应具备足够的放大倍数和线性范围,其特性应稳定可靠。

④功率输出级的技术参数要满足执行元件的性能要求。

⑤电源的设计包括两个方面,一是要考虑放大器各放大级的不同需要;二是要考虑动力电源的稳定性能和抗干扰性能。

总之,系统稳态设计牵涉的面较广,需要考虑的问题较细,要求设计人员不仅要有一定的理论基础,而且要有一定的实践经验。

3.伺服系统动态设计

由稳态设计所确定的系统,一般来讲不能满足动态品质的要求,甚至是不稳定的。为此,必须进一步进行系统的动态分析与设计。动态设计要满足系统精度的要求。

用阶跃响应分析系统虽然比较直观,但计算量大,在工程上应用并不方便。频率特性法是一种分析和研究控制系统的工程方法,它的优点是不需要把输出量变化的全过程计算出来,就能分析系统中各个参量与系统性能的关系。

设计控制系统时,可以通过调整结构参数或加入辅助装置来改善系统原有的性能。在大多数情况下,仅仅调整结构参数并不能使系统全面满足性能指标的要求,例如,增大开环增益能减小稳态误差,但这一行为将会影响系统的瞬态响应,甚至破坏系统的稳定性。因此,常引入辅助装置来改善系统的性能,这就是系统的校正,所采用的辅助装置叫做校正装置。引入校正装置将使系统的传递函数发生改变,能实现系统校正的目的。

按照校正装置在系统中连接方法的不同,可把校正分为串联校正和并联校正。

①串联校正。校正装置 $G_c(s)$ 串联在前向通道中称为串联校正,如图 7-12 所示,串联校

正装置一般都放在前向通道的前端以减小功率消耗。

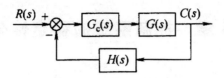

图 7-12　串联校正

　　串联校正按校正装置 $G_c(s)$ 的性质又可分为增益调整、相位超前校正、相位滞后校正及相位滞后—超前校正等。其中,增益调整的实现比较简单,但是,增益调整只能使对数幅频特性曲线上下平移,并不能改变曲线的形状。因此,单凭调整增益,往往不能很好地解决各指标之间相互制约的矛盾,还需附加其他校正装置。

　　②并联校正。按校正环节的并联方式,并联校正可分为反馈校正和顺馈校正。其中,反馈校正是从系统某一环节的输出中取出信号,经过校正网络加到该环节前面某一环节的输入端,并与那里的输入信号进行叠加,从而改变信号的变化规律,实现对系统校正的目的。应用比较多的是对系统的部分环节建立局部负反馈。

　　除了上述两种校正方式外,在伺服系统的校正中还常采用一种复合控制的校正方式。该方式中既通过偏差信号进行串联校正,又通过输入或扰动信号进行顺馈控制,这种控制方式称为复合控制。在特定情况下它可以使控制系统获得较满意的控制结果。

第8章 控制系统的稳定性分析

8.1 系统稳定性

8.1.1 系统稳定的概念

如果一个系统受到扰动,偏离了原来的平衡状态,而当扰动取消后,这个系统又能逐渐恢复到原来的状态,则称系统是稳定的。否则,称系统是不稳定的。

稳定性反映干扰消失后过渡过程的性质,是系统自身的一种恢复能力,它是系统的固有特性。这种固有特性只与系统的结构参数有关,而与输入无关。这样,干扰消失的时刻,系统与平衡状态的偏差可以看做系统的初始偏差。因此,系统的稳定性可以定义如下。

若控制系统在初始偏差的作用下,其过渡过程随着时间的推移,逐渐衰减并趋于零,则称系统为稳定。否则,系统称为不稳定。图8-1所示系统1在扰动消失后,它的输出能回到原来的平衡状态,该系统稳定,如图(a)所示。而系统2的输出呈等幅振荡,如图(b)所示;系统3的输出则发散,故它们都不稳定,如图(c)所示。线性控制系统的稳定性是由系统本身的结构所决定的,而与输入信号的形式无关(非线性系统的稳定性与输入有关)。

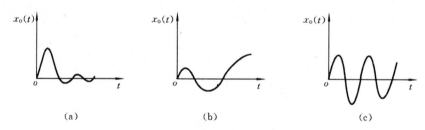

图8-1 系统稳定性示意图

8.1.2 系统稳定的条件

设线性定常系统的为微分方程为

$$a_n \frac{d^n}{dt^n}x_o(t) + a_{n-1} \frac{d^{n-1}}{dt^{n-1}}x_o(t) + \cdots + a_1 \frac{d}{dt}x_o(t) + a_0 x_o(t)$$
$$= b_m \frac{d^m}{dt^m}x_i(t) + b_{m-1} \frac{d^{m-1}}{dt^{m-1}}x_i(t) + \cdots + b_1 \frac{d}{dt}x_i(t) + b_0 x_i(t) \quad (n \geqslant m)$$

$$(8-1)$$

对式(8-1)进行拉氏变换,可得

$$X_o(s) = \frac{M(s)}{D(s)}X_i(s) + \frac{N(s)}{D(s)} \quad (8-2)$$

式(8-2)中，$M(s) = b_m s^m + b_{m-1} s^{m-1} + \cdots + b_1 s + b_0$，$D(s) = a_n s^n + a_{n-1} s^{n-1} + \cdots + a_1 s + a_0$

系统的传递函数是 $\dfrac{M(s)}{D(s)} = G(s)$；$N(s)$ 是 s 的多项式，与初始条件有关的。

根据稳定性定义，研究系统在初始状态下的时间响应（即零输入响应），取 $X_i(s) = 0$
可以得到

$$X_o(s) = \frac{N(s)}{D(s)}$$

如果 s_i 是系统特征方程 $D(s) = 0$ 的根（即系统传递函数的极点 $i = 1, 2, \cdots, n$），且 s_i 都不相同时，有

$$x_o(t) = L^{-1}[X_o(s)] = L^{-1}\left[\frac{N(s)}{D(s)}\right] = \sum_{i=1}^{n} A_i e^{s_i t} \qquad (8-3)$$

式(8-3)中，A_i 是与初始条件有关的系数。

若系统所有特征根 s_i 的实部 $\mathrm{Re}[s_i] < 0$，则零输入响应随着时间的增长将衰减到零，即

$$\lim_{t \to \infty} x_o(t) = 0$$

此时系统是稳定的。反之，如果特征根中有一个或多个根具有正实部，则零输入响应随着时间的增长而发散，也就是

$$\lim_{t \to \infty} x_o(t) = \infty$$

此时系统就是不稳定的状态。

若系统的特征根具有重根时，只要满足 $\mathrm{Re}[s_i] < 0$，且有 $\lim\limits_{t \to \infty} x_o(t) = 0$，则系统就是稳定的。

从上面的分析可知，系统稳定的条件是：系统特征方程的根全部具有负实部。系统的特征根就是系统闭环传递函数的极点，所以，系统稳定的充分必要条件还可以表述为系统闭环传递函数的极点全部位于 s 平面的左半平面，一旦特征方程出现右根时，系统就不稳定。

如果系统有一对共轭极点位于虚轴上或有一极点位于原点，其余极点均位于 s 平面的左半平面，则零输入响应趋于等幅振荡或恒定值，此时系统处于临界稳定状态。由于临界稳定状态往往会导致系统的不稳定，因此，临界稳定系统属于不稳定系统。

8.2 李雅普诺夫稳定性分析法

对于线性定常系统来说，系统由一定初态引起的响应随着时间的推移只有三种情况：衰减到零，趋于等幅谐波振荡，发散到无穷大。从而定义了系统是稳定的、临界稳定的和不稳的。但对于非线性系统而言，这种响应随着时间的推移不仅可能有上述三种情况，而且还可能趋于某一非零的常值或作非谐波的振荡，同时还可能由初态不同，这种响应随着时间推移的结果也不同。因此，对于非线性系统，以上对线性定常系统所讲的稳定性定义就不够用了。以后对线性定常系统所讲的稳定性判据就不能用了。

俄国学者李雅普诺夫在统一考虑了线性与非线性系统稳定性问题后，对系统稳定性提出了严密的数学定义，这一定义可以表述如下。

如图8-2所示,若 o 为系统的平衡工作点,扰动使系统偏离此工作点的起始偏差(即初态)不超过域 η,由扰动引起的输出(这种初态引起的零输入响应)及其终态不超过预先给定的某值,即不超出域 ε,则系统称为稳定的,这也就是说,若要求系统的输出不能超出任意给定的正数 ε,而又能找到不为零的正数 η,能在初态为 $|x_o^{(k)}(0)| < \eta$ 的情况下,满足输出为

$$|x_o^{(k)}(t)| \leqslant \varepsilon \ (0 \leqslant t \leqslant \infty) \tag{8-4}$$

图 8-2　李雅普诺夫稳定示意图

式(8-4)中,$k = 0,1,2,\cdots$,则系统称为在李雅普诺夫意义下稳定;若要求系统的输出不能超出任意给定的正数 ε,但却不能找到不为零的正数 η 来满足式(8-4),则系统称为在李雅普诺夫意义下不稳定。

8.2.1　平衡状态

稳定性问题是系统自身的一种动态属性,与外部输入无关。考察系统自由运动状态,令输入 $u = 0$,系统的状态方程为

$$\dot{x} = f(x,t) \tag{8-5}$$

其中,x 为 n 维状态向量,且显含时间变量 t;$f(x,t)$ 是线性或非线性、定常或时变的 n 维函数,其展开式为

$$\dot{x} = f_i(x_1,x_2,\cdots,x_n,t) \ (i=1,2,\cdots,n)$$

状态方程(8-5)中,一定在一些这样的状态点 x_e,系统运动到达该点时,系统状态各分量将维持平衡,不再随时间发生变化,类状态点 x_e 即为系统的平衡状态,由平衡状态在状态空间中所确定的点,称为平衡点。也就是

$$f(x_e,t) = 0 \ 或 \ \dot{x}_e = 0$$

由定义式可见,如式(8-5)的线性定常系统其平衡状态 x_e 应满足代数方程 $Ax_e = 0$,解该方程,若 A 是非奇异的,则系统存在唯一的一个平衡状态即 $x_e=0$。因此,对线性定常系统,只有坐标原点处是系统仅有的一处平衡状态。而非线性系统的平衡点的解可能有多个,不同系统方程有不同情况。

8.2.2　李雅普诺夫稳定性定义

1.范数的概念

李雅普诺夫稳定性定义中采用了范数的概念。范数的定义是指 n 维状态空间中,向量 x 的长度称为向量 x 的范数,用 x 表示,$|x| = \sqrt{x_1^2 + x_2^2 + \cdots + x_n^2} = (x^T x)^{\frac{1}{2}}$

向量的距离,长度 $x - x_e$ 称为向量 x 与 x_e 的距离,写成

$$x - x_e = \sqrt{(x_1 - x_{e_1})^2 + (x_2 - x_{e_2})^2 + \cdots + (x_n - x_{e_n})^2}$$

当 $x-x_e$ 的范数限定在某一范围之内时,则记

$$x - x_e \leqslant \varepsilon \quad (\varepsilon > 0)$$

图 8-3 所示,上式 $x - x_e \leqslant \varepsilon$ ($\varepsilon > 0$)几何意义是在三维状态空间中表示以 x_e 为球心、以 ε 为半径的一个球域,记为 S(ε)。

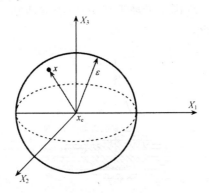

图 8-3　球域 $S(\varepsilon)$

利用范数的概念,讨论李雅普诺夫稳定性问题是非常方便的。

2. 稳定性定义

一般来说,状态向量 x 与其平衡状态的距离可用范数 $x - x_e$ 表示,把平衡状态通过适当的坐标变换,把它转换到状态空间的原点即 $x_e = 0$,这样状态向量 x 到平衡状态的距离可表示为范数 $x = \sqrt{x^T \cdot x}$ 下面的讨论设定平衡状态为坐标原点,则状态向量至原点的距离可用范数 x 表示。

对于任意给定实数 δ 和 ε,且 $\delta > 0$,$\varepsilon > 0$。设 S(δ)是包含所有满足方程 $x \leqslant \delta$ 的点的一个球域,其中 x_0 是 $t = t_0$ 时的状态变量

$$x \leqslant \delta \tag{8-6}$$

设 S(ε)是包含所有满足方程 $x \leqslant \varepsilon$ 的点的一个球域,x 是 $t > t_0$ 时的状态变量。

$$x \leqslant \varepsilon \tag{8-7}$$

则系统稳定性的三种情况如下,图 8-4 所示为三种情况下的轨迹变化图。

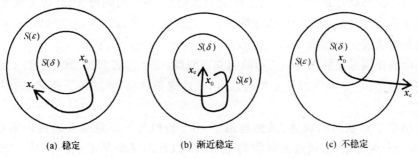

(a) 稳定　　　　　　(b) 渐近稳定　　　　　　(c) 不稳定

图 8-4　系统稳定性的三种情况

（1）稳定

若系统初始状态满足式（8－6），当系统受到扰动时，系统的响应有界，也就是满足式（8－7）则称此系统稳定。几何意义是指从$S(\delta)$出发的轨线在$t > t_0$的任何时刻总不会超出$S(\delta)$。其对应的轨迹变化如图8-4(a)所示。

对于实际的控制系统如图8-5所示的单摆系统，假设没有空气阻力，若将其稍微拉离平衡位置，则单摆将永远在平衡状态周围不停地来回摆动，不会回到初始状态，也不会超出初始拉开的振幅幅度，即为为稳定系统。

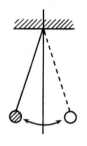
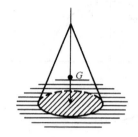
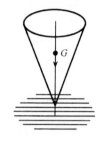

图8-5　稳定系统　　　　图8-6　渐近稳定系统　　　　图8-7　不稳定系统

（2）渐近稳定

设系统初始状态满足式（8－6），当系统受到扰动时，系统的响应不但满足式（8－7），而且还满足式$\lim\limits_{t\to\infty}x(t)=0$。

$$\lim_{t\to\infty}x(t)=0 \tag{8-8}$$

则称此系统为渐近稳定系统。对应的几何意义是指从球域$S(\delta)$出发的轨线，在$t > t_0$的任何时刻，不会超出$S(\varepsilon)$，最终又回到平衡点。其对应的轨迹变化如图8-4(b)所示。

渐近稳定分为大范围渐近稳定和小范围渐近稳定。大范围渐近稳定，再回到图8-5所示的单摆系统，存在空气阻力，不管初始外部作用引起的摆幅多大，单摆的振幅将随时间的推移逐渐减小，并最终静止，也就是回到平衡位置，这是大范围的渐近稳定系统。小范围渐近稳定系统如图8-6所示三角锥体，加上外力作用后使其倾斜，只要倾斜时通过其重心的垂直线不超过底面，外力作用去掉后它将返回初始平衡状态，但只要超过这一范围，即使去掉外力作用三角锥也不能回初始状态，这就是小范围的渐近稳定系统。

（3）不稳定

设系统初始状态满足式（8－6），当系统受到扰动时，系统的响应无界，即不满足式（8－7），则称此系统不稳定。几何意义是指从球域$S(\delta)$出发的轨线最终会超出球域$S(\varepsilon)$。其对应的不稳定的几何轨线变化如图8-4(c)所示。

对于实际的控制系统如图8-7所示的倒立三角锥，由于与底面接触的只有一点，对于任何微小的倾斜，通过重心G的垂线就不再过顶点，三角锥必然翻倒，这种平衡状态就被认为是不稳定平衡状态。

对于不稳定平衡状态的轨迹，虽然越出了$S(\varepsilon)$，但是并不意味着轨迹一定趋向无穷远处。例如，对于非线性系统，轨迹还可能趋于$S(\varepsilon)$以外的某个平衡点。而对于线性系统，从不稳定平衡状态出发的轨迹，理论上一定趋于无穷。

8.3　劳斯稳定判据

8.3.1　系统稳定的必要条件

设系统的特征方程为
$$D(s) = a_n s^n + a_{n-1} s^{n-1} + \cdots + a_1 s + a_0 = 0 \tag{8-9}$$
将式(8-9)中各项同时除以 a_n 并分解因式,从而有
$$s^n + \frac{a_{n-1}}{a_n} s^{n-1} + \cdots + \frac{a_1}{a_n} s + \frac{a_0}{a_n} = (s - s_1)(s - s_2) \cdots (s - s_n) \tag{8-10}$$
式(8-10)中,$s_1, s_2, \cdots, s_n$ 是系统的特征根,将式(8-10)展开,得
$$(s - s_1)(s - s_2) \cdots (s - s_n) = s^n - (\sum_{i=1}^{n} s_i) s^{n-1} + (\sum_{\substack{i < j \\ i = 1, j = 2}}^{n} s_i s_j) s^{n-2} - \cdots + (-1)^n \prod_{i=1}^{n} s_i$$

$$\tag{8-11}$$

比较式(8-10)和式(8-11),可看出根和系数有如下的关系:
$$\begin{cases} \dfrac{a_{n-1}}{a_n} = -(s_1 + s_2 + \cdots + s_n) \\[2mm] \dfrac{a_{n-2}}{a_n} = -(s_1 s_2 + s_2 s_3 + \cdots + s_{n-1} s_n) \\[2mm] \dfrac{a_{n-3}}{a_n} = -(s_1 s_2 s_3 + s_2 s_3 s_4 + \cdots + s_{n-2} s_{n-1} s_n) \\[2mm] \dfrac{a_0}{a_n} = (-1)^n (s_1 s_2 \cdots s_{n-1} s_n) \end{cases} \tag{8-12}$$

从式(8-12)中可知,要使全部特征根 $s_1, s_2, \cdots, s_n$ 都具有负实部,就必须满足下面两个条件,也就是系统稳定的必要条件:

①特征方程的各项系数 $a_i (i = 0, 1, 2, \cdots, n-1, n)$ 都不为零。若有一个系数为零,则必出现实部为零的特征根或实部有正有负的特征根,才能满足式(8-12),此时,系统为根在虚轴上的临界稳定或根实部为正的不稳定系统。

②特征方程的各项系数 a_i 的符号要都相同,这样才能满足式(8-12)中的各式。因此,上述两个条件可归结为系统稳定的一个必要条件,即特征方程的各项系数 $a_i > 0$。这是系统稳定的必要条件而非充要条件。

8.3.2　系统稳定的充要条件

1. 劳斯(Routh)计算表

将式(8-9)所示的系统特征方程式的系数按下列式排列成两行,即

$$\begin{array}{cccccc} a_n & a_{n-2} & a_{n-4} & a_{n-6} & \cdots \\ a_{n-1} & a_{n-3} & a_{n-5} & a_{n-7} & \cdots \end{array}$$

然后按照下列形式排列成劳斯(Routh)计算表,如下:

$$
\begin{array}{c|ccccc}
s^n & a_n & a_{n-2} & a_{n-4} & a_{n-6} & \cdots \\
s^{n-1} & a_{n-1} & a_{n-3} & a_{n-5} & a_{n-7} & \cdots \\
s^{n-2} & A_1 & A_2 & A_3 & A_4 & \cdots \\
s^{n-3} & B_1 & B_2 & B_3 & B_4 & \cdots \\
\vdots & \vdots & \vdots & \vdots & \vdots & \\
s^2 & D_1 & D_2 & & & \\
s^1 & E_1 & & & & \\
s^0 & F_1 & & & &
\end{array}
$$

其中,第一行与第二行由特征方程的系数直接列出,第三行中的各元素由下式计算:

$$
A_1 = \frac{a_{n-1}a_{n-2} - a_n a_{n-3}}{a_{n-1}}
$$

$$
A_2 = \frac{a_{n-1}a_{n-4} - a_n a_{n-5}}{a_{n-1}}
$$

$$
A_3 = \frac{a_{n-1}a_{n-6} - a_n a_{n-7}}{a_{n-1}}
$$

$$
\vdots
$$

一直进行到所有的 A_i 值全部等于零为止。第四行中的素 B_i($i = 1,2,\cdots$)由下式计算:

$$
B_1 = \frac{A_1 a_{n-3} - a_{n-1}A_2}{A_1}
$$

$$
B_2 = \frac{A_1 a_{n-5} - a_{n-1}A_3}{A_1}
$$

$$
B_3 = \frac{A_1 a_{n-7} - a_{n-1}A_4}{A_1}
$$

$$
\vdots
$$

一直进行到其余的 B_i 值等于零为止。用同样的方法,递推计算第五行以及后面的各行,直到第 n 行(s^1 行)为止。第 $n+1$ 厅(s^0 行)仅有一项,并等于特征方程常数项 a_0 有时为简化运算,可以用一个正整数去乘或除某一行的各项,也就是进行矩阵的化简。

2.劳斯稳定判据

劳斯判据指出,劳斯表中第一列各项符号改变的次数等于系统特征方程具有正实部特征根的个数。因此,系统稳定的充要条件是,劳斯表中第一列各项的符号均为正,且值不为零。

对于较低阶的系统,劳斯判据可以化为如下简单形式,以便于应用。

①二阶系统($n = 2$),特征方程为 $D(s) = a_2 s^2 + a_1 s + a_0 = 0$,劳斯表为

$$
\begin{array}{c|cc}
s^2 & a_2 & a_0 \\
s^1 & a_1 & \\
s^0 & a_0 &
\end{array}
$$

根据劳斯判据得,二阶系统稳定的充要条件为

$$a_2 > 0, a_1 > 0, a_0 > 0 \tag{8-13}$$

②三阶系统$(n=3)$，特征方程为$D(s) = a_3 s^3 + a_2 s^2 + a_1 s + a_0 = 0$，劳斯表为

$$
\begin{array}{c|cc}
s^3 & a_3 & a_1 \\
s^2 & a_2 & a_0 \\
s^1 & \dfrac{a_2 a_1 - a_3 a_0}{a_2} & 0 \\
s^0 & a_0 & 0
\end{array}
$$

由劳斯判据，三阶系统稳定的充要条件为

$$a_3 > 0, a_2 > 0, a_1 > 0, a_0 > 0, a_1 a_2 > a_0 a_3 \tag{8-14}$$

8.4 奈奎斯特稳定判据

8.4.1 幅角原理

奈奎斯特判据需要引用幅角原理，而幅角原理主要是阐明闭环特征方程零点、极点分布与开环幅角变换的关系。

设有一复变函数

$$F(s) = \frac{K(s - z_1)(s - z_2)\cdots(s - z_m)}{(s - p_1)(s - p_2)\cdots(s - p_n)} \tag{8-15}$$

式(8-15)中s是复变量，用$[s]$复平面上的$s = \sigma + j\omega$，来表示。复变函数$F(s)$用在$[F(s)]$复平面上的$F(s) = u + jv$来表示。设$F(s)$为在$[s]$平面上(除有限个奇点外)单值的连续正则函数。并设$[s]$平面上解析点s映射到$[F(s)]$平面上为点$F(s)$，或为从原点指向此映射点的向量$F(s)$。若在$[s]$平面上任意选定一封闭曲线L_s，只要该曲线不经过$F(s)$的奇点，则在$[F(s)]$平面上必有一对应的映射曲线L_F(也是封闭曲线)，如图8-8所示。当解析点s顺时针方向沿L_s变化一周时，向量$F(s)$将会按顺时针方向旋转N周，也就是说$F(s)$以原点为中心顺时针旋转N周，这也等于曲线L_F顺时针包围原点N次。如果令：Z为包围于L_s内的$F(s)$的零点数，P为包围于L_s内的$F(s)$的极点数，则有：

$$N = Z - P \tag{8-16}$$

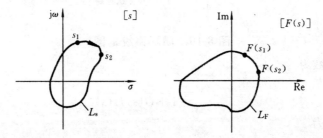

图 8-8 幅角原理

根据式(8-15)，可得向量$F(s)$的相位为

$$\angle F(s) = \sum_{i=1}^{m} \angle (s - z_i) - \sum_{j=1}^{n} (s - p_j) \tag{8-17}$$

假设 L_s 内只包围了 $F(s)$ 的一个零点 z_i，其他零极点均位于 L_s 之外，当 s 沿 L_s 顺时针方向移动一周时，向量 $(s-z_i)$ 的相位角变化 -2π 弧度，而其他各向量的相位角变化为零。即 $F(s)$ 在 $[F(s)]$ 平面上沿 L_F 绕原点顺时针转了 1 周，如图 8-9 所示。

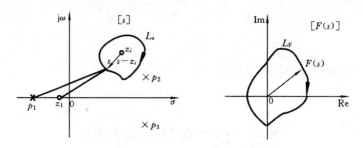

图 8-9　幅角与零、极点关系

如果 $[s]$ 平面上的封闭曲线包围着 $F(s)$ 的 Z 个零点，则在 $[F(s)]$ 平面上的映射曲线 L_F 将绕原点顺时针转 Z 圈。同理可知，若 $[s]$ 平面内的封闭曲线包围着 $F(s)$ 的 P 个极点，则在 $[F(s)]$ 平面上的映射曲线 L_F 将绕原点逆时针转 P 圈。当 L_s 围了 $F(s)$ 的 Z 个零点和 P 个极点时，则 $[F(s)]$ 平面上的映射曲线 L_F 将绕原点顺时针转 N 圈。

8.4.2　奈奎斯特判据

图 8-10 所示的闭环系统的开环传递函数为

$$G_K(s) = G(s)H(s) = \frac{K(s-z_1)(s-z_2)\cdots(s-z_m)}{(s-p_1)(s-p_2)\cdots(s-p_n)} \quad (n \geqslant m) \qquad (8-18)$$

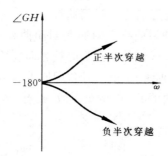

图 8-10　闭环系统框图

系统的闭环传递函数为

$$G_B(s) = \frac{G(s)}{1+G(s)H(s)} \qquad (8-19)$$

则系统的特征方程为

$$1+G(s)H(s) = 0$$

令

$$1+G(s)H(s) = F(s) \qquad (8-20)$$

则可得

$$F(s) = \frac{(s-p_1)(s-p_2)\cdots(s-p_n)+K(s-z_1)(s-z_2)\cdots(s-z_m)}{(s-p_1)(s-p_2)\cdots(s-p_n)}$$

$$= \frac{(s-s_1)(s-s_2)\cdots(s-s_{n'})}{(s-p_1)(s-p_2)\cdots(s-p_n)} \quad (n \geqslant n') \tag{8-21}$$

从式(8-21)中可知，$F(s)$ 的零点为 s_1，s_2，$\cdots$，$s_{n'}$，它们是系统特征方程的根也是系统闭环传递函数 $G_B(s)$ 的极点；开环传递函数 $G_K(s)$ 的极点，也即是 $F(s)$ 的极点 p_1，p_2，$\cdots$，p_n。图8-11 所示的即是上述各函数零点与极点之间的对应关系：

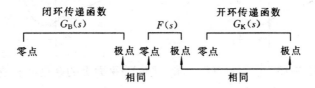

图 8-11　函数零点与极点之间的对应关系

线性定常系统稳定的充要条件是，其闭环系统的特征方程 $1+G(s)H(s)=0$ 的全部根具有负实部，即 $G_B(s)$ 在 $[s]$ 平面的右半平面没有极点。由此，应用幅角原理，可导出奈奎斯特稳定判据。

如图 8-12(a) 所示。选择一条包围整个 $[s]$ 右半平面的封闭曲线 L。L_s 由两部分组成，L_1 为 $\omega = -\infty$ 到 $+\infty$ 的整个虚轴，L_2 是半径为 R 的趋于无穷大的半圆弧。因此，L_s 封闭地包围了整个 $[s]$ 平面的右半平面。曲线 L_s 就是 $[s]$ 平面上的奈奎斯特轨迹。

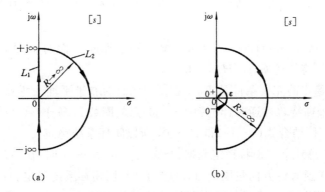

图 8-12　$[s]$ 平面上的奈奎斯特轨迹

在应用幅角原理时，L_s 不能通过 $F(s)$ 函数的任何极点，所以当函数 $F(s)$ 有若干个极点处于 $[s]$ 平面的虚轴或原点处时，L_s 应以这些点为圆心，以无穷小为半径的圆弧按逆时针方向绕过这些点，如上图 8-12(b) 所示。因为绕过这些点的圆弧的半径是无穷小的，故可以认为曲线是包围了整个 $[s]$ 平面的右半平面的。

设 $1+G(s)H(s)=F(s)$ 在 $[s]$ 右半平面有 Z 个零点和 P 个极点，由幅角原理，当 s 沿 $[s]$ 平面上的奈奎斯特轨迹移动一周时，在 $[F(s)]$ 平面上的映射曲线 L_F 将顺时针包围原点 N 圈。考察 $F(s)$，由式(8-20)，可得 $G(s)H(s)=F(s)-1$。可见 $[G(s)H(s)]$ 平面是将 $[F(s)]$ 平面的虚轴右移一个单位所构成的复平面。$[F(s)]$ 平面上的坐标原点，就是 $[G(s)H(s)]$ 平面上的点 $(-1, j0)$，$F(s)$ 的映射曲线 L_F 包围原点的圈数就等于 $G(s)H(s)$ 的映射曲线 L_{GH} 包围点 $(-1, j0)$ 的圈数，如图 8-13 所示。

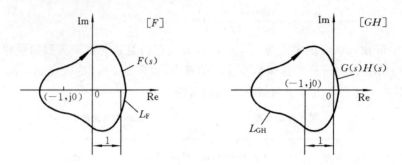

图 8-13 ［$G(s)H(s)$］和［$F(s)$］平面上的奈奎斯特图

由于任何物理上可实现的开环系统,其 $G_K(s)$ 的分母的阶次 n 必不小于分子的阶次 m,也就是说是在 $n \geqslant m$

$$\lim_{s \to \infty} G(s)H(s) = \begin{cases} 0 & (n > m) \\ 常量 & (n = m) \end{cases}$$

注意,此处的 $s \to \infty$ 是指其模。［s］平面上半径为 ∞ 的半圆映射到［$G(s)H(s)$］平面上为原点或实轴上的一点。

因为 L_s 是［s］平面上的整个虚轴加上半径为 ∞ 的半圆弧,而［s］平面上半径为 ∞ 的半圆弧映射到［$G(s)H(s)$］平面上的只是一个点,对于 $G(s)H(s)$ 的映射曲线 L_{GH} 对某点的包围

情况没有影响,所以 $G(s)H(s)$ 的绕行情况只需考虑［s］平面的 $j\omega$ 轴映射到［$G(s)H(s)$］平面上的开环奈奎斯特轨迹 $G(j\omega)H(j\omega)$ 即可。

由于闭环系统稳定的充要条件是 $F(s)$ 在［s］平面的右半平面无零点,也就是 Z 等于零。即 $G(s)H(s)$ 的奈奎斯特轨迹逆时针包围 $(-1,j0)$ 点的圈数 N 等于 $G(s)H(s)$ 在［s］平面的右半平面的极点数 P 时,结合式(8-16)得 $Z = 0$,所以闭环系统稳定。

综上所述,归纳总结奈奎斯特稳定判据:当 ω 从 $-\infty$ 到 $+\infty$ 时,在［$G(s)H(s)$］平面上开环特性 $G(j\omega)H(j\omega)$ 逆时针方向包围 $(-1,j0)$ 点 P 圈,则闭环系统稳定。$G(s)H(s)$ 在［s］平面的右半平面的极点数为 P。对于开环稳定的系统,再有 $P = 0$ 时,闭环系统稳定的充要条件是,系统的开环频率($G(j\omega)H(j\omega)$)不包围点 $(-1,j0)$。

应用奈奎斯特稳定判据的一般步骤为

①求出开环传递函数 $G(s)H(s)$ 在［s］平面右半平面上的极点个数 P,判定开环系统的稳定性。

②绘制 ω 从 $-\infty$ 到 $+\infty$ 时 $G(j\omega)H(j\omega)$ 的奈奎斯特曲线,然后根据该曲线是关于实轴对称的,将 ω 从 $-\infty$ 到 0 时,对应的 $G(j\omega)H(j\omega)$ 的奈奎斯特曲线补充完整。

8.4.3 开环含有积分环节的奈奎斯特图

开环系统中含有积分环节,也就是有零特征根时,可设开环传递函数为

$$G_K(j\omega) = \frac{M_K(j\omega)}{(j\omega)^v D_K(j\omega)} \tag{8-22}$$

对于Ⅰ型系统(含有一个积分环节)：$\omega=0$ 时，$G_K(j\omega)=-j\infty$；$\omega=\infty$，$G_K(\infty)=0$，如图 8-14(a)中实线。

对于Ⅱ型系统：$\omega=0$ 时，$G_K(j\omega)=-\infty$；$\omega=\infty$，$G_K(\infty)=0$，如图 8-14(b)中实线。

对于Ⅲ型系统：$\omega=0$ 时，$G_K(j\omega)=+j\infty$；$\omega=\infty$，$G_K(\infty)=0$，如图 8-14(c)中实线。

当 $\omega=\infty$ 时，$G_K(\infty)=0$，$\angle G_K(j\omega)=(m-n)\times\dfrac{\pi}{2}$

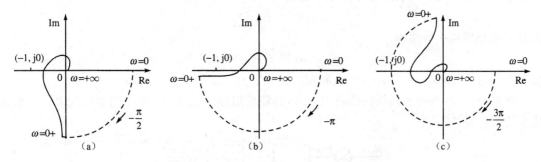

图 8-14　含有积分环节的奈奎斯特图

开环特性在 $\omega=0$ 处，$G_K(j\omega)\to\infty$，奈奎斯特轨迹不连续，不知是否包围$(-1,j0)$点。此种情况时，可作以下处理：把沿 $j\omega$ 轴闭环的路线在原点处作一修改，以为 $\omega=0$ 圆心，r 为半径，在右半平面作很小的半圆，如图 8-16 所示。小半圆的表达式为 $s=re^{j\theta}$。

令 $r\to0$，$s=re^{j\theta}$ 代入式(8-22)得

$$G_K(j\omega)=\frac{K\displaystyle\prod_{j=1}^{m}(T_j re^{j\theta}+1)}{r^v e^{jv\theta}\displaystyle\prod_{i=1}^{n-v}(T_i re^{j\theta}+1)}=\frac{K}{r^v}e^{-jv\theta}=\infty e^{-jv\theta}$$

从上式中可知，幅相特性为 $\infty e^{-jv\theta}$。

当 ω 从 0 变到 0^+ 时，对于Ⅰ型、Ⅱ型、Ⅲ型系统，相角分别由 0 转到 $-\pi/2$、$-\pi$ 和 $-3\pi/2$，得到了连续变化的奈奎斯特轨迹，如图 8-14 中的虚线。用奈奎斯特稳定判据易知图中的轨迹都不包围$(-1,j0)$点，故闭环系统稳定。所以，通常可把开环系统的零根作为左根处理，如图 8-15 所示。

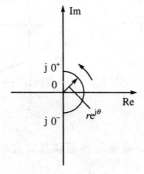

图 8-15　零根处理

8.4.4 具有延迟环节的系统的稳定分析

在机械工程的许多系统中存在着延迟环节,而延迟环节是线性环节这非常不利系统的稳定。通常延迟环节串联在闭环系统的前向通道或反馈通道中。

图 8-16 所示是一具有延迟环节的系统方框图,其中 $G_1(s)$ 是除延时环节以外的前向通道传递函数。此时整个系统的开环传递函数为

$$G_K(s) = G_1(s)e^{-\tau s}$$

其对应的开环频率特性为

$$G_K(j\omega) = G_1(j\omega)e^{-j\tau\omega}$$

幅频特性为 $|G_K(j\omega)| = |G_1(j\omega)|$,相频特性为 $\angle G_K(j\omega) = \angle G_1 - \tau\omega$

可见,延迟环节会使相频特性发生改变,使滞后增加,且 τ 越大,产生的滞后越多。但不改变系统的幅频特性。

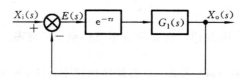

图 8-16 具有延时环节的系统方框图

8.5 伯德稳定判据

奈奎斯特稳定判据是利用开环频率特性 $G_K(j\omega)$ 的极坐标图(奈奎斯特图)来判定闭环系统的稳定性。若将开环极坐标图改为开环对数坐标图也就是伯德图,同样可以利用它来判定系统的稳定性。这种方法称为对数频率特性判据,简称为对数判据或 Bode 判据,它实质上是奈奎斯特判据的引申,是奈奎斯特稳定判据的另一种形式。如图 8-17 所示,系统开环频率特性的奈奎斯特图和伯德图有以下对应关系。

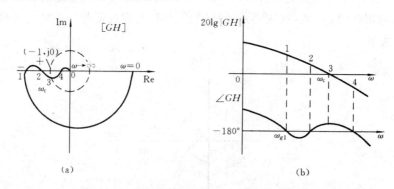

(a)   (b)

图 8-17 奈奎斯特图和其对应的伯德图

①奈奎斯特图上的单位圆对应于伯德图上的 0 分贝线,也就是对数幅频特性图的横轴。因为此时,$20\lg|G(j\omega)H(j\omega)| = 20\lg|1| = 0 \text{ dB}$

而单位圆之外即对应于对数幅频特性图的 0 分贝线之上。

②奈奎斯特图上的负实轴相当于伯德图上的－180°线,即对数相频特性图的横轴。因为此时,$\angle G(\mathrm{j}\omega)H(\mathrm{j}\omega)=-180°$奈奎斯特轨迹与负实轴交点的频率,亦即对数相频特性曲线与横轴交点的频率,称为相位穿越频率或相位交界频率,记为 ω_g。奈奎斯特轨迹与单位圆交点的频率,即对数幅频特性曲线与横轴交点的频率,也即是输入与输出幅值相等时的频率,称为剪切频率或幅值穿越频率、幅值交界频率,记为 ω_c。

如果开环系统在[s]的右半平面有 p 个极点,则闭环系统稳定的充要条件是:在开环对数幅频特性为正值的频率范围内,其对数相频特性曲线在－180°线上正负穿越次数之差为 $\dfrac{p}{2}$。

如果开环系统是稳定的,即 $p=0$,则在开环对数幅频特性为正值的频率范围内,其对数相频特性曲线不超过－180°线,闭环系统稳定。

开环奈奎斯特轨迹在点(－1,j0)以左穿过负实轴称为"穿越";若沿频率叫增加的方向,开环奈奎斯特轨迹自上而下穿过点(－1,j0)以左的负实轴称为正穿越。沿频率 ω 增加的方向,开环奈奎斯特轨迹自下而上穿过点(－1,j0)以左的负实轴称为负穿越。若沿频率叫增加的方向,开环奈奎斯特轨迹自点(－1,j0)以左的负实轴开始向下称为半次正穿越;反之,沿频率叫增加的方向,开环奈奎斯特轨迹自点(－1,j0)以左的负实轴开始向上称为半次负穿越。

对应于伯德图上,在开环对数幅频特性为正值的频率范围内,沿 ω 增加的方向,对数相频特性曲线自下而上穿过－180°线为正穿越;沿倒增加的方向,对数相频特性曲线自上而下穿过－180°线为负穿越。若对数相频特性曲线自－180°线开始向上,为半次正穿越;对数相频特性曲线自－180°线开始向下,为半次负穿越。

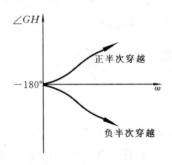

图 8-18　半次穿越

图 8-18 所示为半次穿越的情况。

奈奎斯特轨迹逆,时针包围点(－1,j0)一圈,正穿越一次;奈奎斯特轨迹顺;时针包围点(－1,j0)一圈,负穿越一次。开环奈奎斯特轨迹逆时针包围,点(－1,j0)的次数就等于正穿越和负穿越的次数之差。

伯德稳定判据判别稳定性较用奈奎斯特稳定判据判别稳定性的优势在于:

①可以采用渐近线的方法做出伯德图,比较简洁、方便。

②通过伯德图上的渐近线,就可以粗略地判别系统的稳定性。

③在调整开环增益 K 时,只要将伯德图中的对数幅频特性曲线上下平移即可,所以很比较容易看出为保证稳定性所需的增益值。

④在伯德图中，可以分别做出各环节的对数幅频及对数相频特性曲线，能够明确哪些环节是造成不稳定的主要因素，从而对其中参数进行合理选择或校正。

应用伯德图的稳定判据的一般步骤：

①求出开环传递函数 $G(s)H(s)$ 的在 $[s]$ 平面的右半平面上的极点个数 P 并判定系统的稳定性。

②绘制开环 $G(j\omega)H(j\omega)$ 的伯德曲线。

③检查开环 $G(j\omega)H(j\omega)$ 系统在 $20\lg|G(j\omega)H(j\omega)| \geqslant 0$ 的所有频率段内正负穿越—180°线的次数之差 N。判断 N 是否等于 $\frac{p}{2}$，然后根据伯德稳定判据判定对应的闭环系统是否是稳定的。

8.6 系统的相对稳定性

从稳定性的角度将系统分为稳定系统、临界稳定系统和不稳定系统。对于那些稳定又接近于临界稳定的系统，当系统参数发生变化时，系统就有可能从稳定变成不稳定，即系统的参数对系统的稳定程度有很大影响。所以，正确选取系统的参数，不仅可以使系统获得较好的稳定性，而且可以使系统具有良好的动态性能。

从奈奎斯特稳定判据可推知：若 $p=0$ 的闭环系统稳定，且当开环奈奎斯特轨迹离点（—1，j0）越远，则其闭环系统的稳定性越高；开环奈奎斯特轨迹离点（—1，j0）越近，则其闭环系统的稳定性越低。这就是通常所说的系统的相对稳定性，它通过 $G_K(j\omega)$ 对点（—1，j0）的靠近程度来表征，其定量表示为相位裕度 γ 和幅值裕度 K_g。

8.6.1 相位裕度和幅度裕度

1.相位裕度 γ

当 ω 是剪切频率 ω_c（$\omega_c > 0$）时，相频特性距离—180°线的相位差称为相位裕度，用 γ 表示。有正相位裕度的系统不仅稳定，而且还有相当的稳定性储备，它可以在 ω_c 的频率下，允许相位再增加 γ 度才达到 $\omega_c = \omega_g$ 的临界稳定条件。因此相位裕度也被称着相位稳定性储备。

对于稳定的系统，γ 必在伯德图—180°线线以上，此时称为正相位裕度，也就是有正的稳定性储备；对于不稳定的系统，γ 必在伯德图—180°线线以下，这时称为负相位裕度，也就是有负的稳定性储备。在奈奎斯特图中，γ 即为奈奎斯特曲线与单位圆的交点 A 对负实轴的相位差。它表示在幅值比为 1，频率为 ω_c 时，

$$\gamma = 180° + \varphi(\omega_c)$$

其中，$G_K(j\omega)$ 的相位 $\varphi(\omega_c)$ 通常都为负值。

对于稳定的系统，γ 必在奈奎斯特图负实轴以下；对于不稳定的系统，y 必在奈奎斯特图负实轴以上。例如，当 $\varphi(\omega_c) = -150°$。时，$\gamma = 180° - 150° = 30°$，相位裕度为正；而 $\varphi(\omega_c) = -210°$ 时，$\gamma = 180° - 210° = -30°$，相位裕度为负。

2.幅度裕度 K_g

在 ω 为相位交界频率 ω_g（$\omega_g > 0$）时，开环幅频特性 $|G(j\omega)H(j\omega)|$ 的倒数，称为幅值裕度，记做 K_g，即

$$K_g = \frac{1}{|G(j\omega)H(j\omega)|}$$

在伯德图上，幅值裕度改以分贝（dB）表示为 K_g（dB）

$$K_g (dB) = 20\lg K_g = -20\lg|G(j\omega)H(j\omega)|$$

对于稳定的系统，K_g（dB）必在 0dB 线以下，K_g（dB）>0，称为正幅值裕度；对于不稳定的系统，K_g（dB）必在 0dB 线以上，K_g（dB）<0，称为负幅值裕度。上述表明，对数幅频特性还可以上移 K_g（dB），才使系统满足 $\omega_c = \omega_g$ 的临界稳定条件，也就是只有增加系统的开环增益 K_g 倍，才能刚满足临界稳定条件。因此，幅值裕度也称增益裕度。

在奈奎斯特图上，由于

$$|G(j\omega)H(j\omega)| = \frac{1}{K_g}$$

所以，奈奎斯特曲线与负实轴的交点至原点的距离即为 $1/K_g$，它代表在 ω_g 频率下开环频率特性的模。显然对于稳定系统，$1/K_g < 1$；对于不稳定系统，$1/K_g > 1$。

综上所述，对于开环稳定的系统（在 [s] 的右半平面没有极点，$p=0$）$G(j\omega)H(j\omega)$ 具有正幅值裕度及正相位裕度时，其闭环系统是稳定的；$G(\omega)H(\omega)$ 具有负幅值裕度及负

相位裕度时，其闭环系统是不稳定的。由此可见，利用奈奎斯特图或伯德图所计算出的 K_g 和 γ 相同。工程实践中，为了使系统达到满意的稳定性储备，一般最好的是

$$\gamma = 30° \sim 60°，K_g (dB) > 6dB，$$

即

$$K_g > 2$$

需要注意的是，为了确定上述系统的相对稳定性，必须同时考虑相位裕度和幅值裕度两个指标，若只是应用其中一个不足以充分说明系统的相对稳定性。

由于在最小相位系统的开环幅频特性与开环相频特性之间具有一定的对应关系，相位裕度 $\gamma = 30° \sim 60°$。表明开环对数幅频特性在剪切频率上的斜率应大于-40dB/dec（称为剪切率）。因此，为保证有合适的相位裕度，一般希望剪切率等于-20dB/dec。如果剪切率等于-40dB/dec，则闭环系统可能稳定也可能不稳定，即使稳定，其相对稳定性也会很差。如果剪切率为-60dB/dec 或更陡，则系统一般是不稳定的。由此可知，有时只要讨论系统的开环对数幅频特性就可以大致判别其稳定性。

8.6.2　条件稳定系统

一个开环稳定的系统，开环传递函数为

$$G(s)H(s) = \frac{K(1+\tau_1 s)(1+\tau_2 s)\cdots}{s(1+T_1 s)(1+T_2 s)\cdots}$$

当开环传递函数 $G(s)H(s)$ 的奈奎斯特曲线不包围（-1,j0）点时，系统稳定，而且随着 K 值的增大，系统的稳定储备减小，当 K 值增加到一定程度时，$G(s)H(s)$ 的曲线有可能包围（-

1,j0)点,系统由稳定变成不稳定的系统,如图 8-19 所示,只有当 K 值在一定范围内时,系统才稳定。

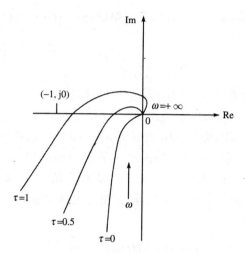

图 8-19　不同 K 值的奈奎斯特图

当系统开环传递函数 $G(s)H(s)$ 的奈奎斯特曲线如图 8-20 所示,K 值增大或减小到一定程度时,系统都可能由稳定变成不稳定,这种系统称为条件稳定系统。对于工程中的系统,不希望其为条件稳定系统,因为工程系统在运行过程中通常参数都在一定程度上会发生变化,这就可能产生不稳定的状态。例如,电动机在工作过程中由于温度的升高电阻变大。归纳总结影响系统稳定性的主要因素。

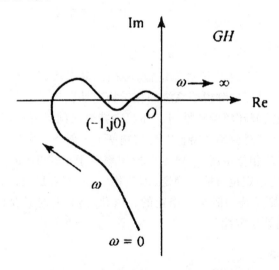

图 8-20　条件稳定系统的奈奎斯特图

(1)系统开环增益

斯特稳定判据或伯德稳定判据,都可知降低系统开环增益,可增加系统的幅值裕度和相位裕度。从而提高系统的相对稳定性,这是提高系统相对稳定性的最简便的方法。

（2）积分环节

由系统的相对稳定性要求可知，Ⅰ型系统的稳定性好，Ⅱ系统稳定性较差，Ⅲ型及Ⅲ型以上系统难以稳定。所以开环系统含有积分环节的数目一般最好不要超过 2。

（3）延迟环节和非最小相位环节

延迟环节和最小相位环节会带来系统的相位滞后，从而减小相位裕度，降低稳定性，故应尽量避免延迟环节或是使其延迟的时间尽量的小，当然也应该避免非最小相位环节的出现。

第9章　控制系统的性能指标与校正

9.1　控制系统的性能指标

9.1.1　控制系统的时域和频域性能指标

9.1.1.1　时域性能指标

时域性能指标包括瞬态性能指标和稳态性能指标。

1.瞬态性能指标

系统的瞬态性能指标是在单位阶跃输入下,由输出的过渡过程所给出的,实质上是由瞬态响应所决定的。通常包括以下五个方面:

(1)延迟时间 t_d 。

(2)上升时间 t_x 。

(3)峰值时间 t_p 。

(4)最大超调量或最大百分比超调量 M_p 。

(5)调整时间(或过渡过程时间) t_s 。

2.稳态性能指标

准确性是对系统,特别对控制系统的基本要求之一,它指过渡过程结束后,实际的输出量与希望的输出量之间的偏差——稳态误差,这是稳态性能的测度。可以说,系统的稳态性能指标为 e_{ss} 。

9.1.1.2　频域性能指标

频域性能指标不仅能够反映系统在频域方面的特性,而且当时域性能无法求得时,还可先用频率特性实验来求得该系统在频域中的动态性能,然后再由此推出时域中的动态性能。

系统频域性能指标包括开环频域性能指标和闭环频域性能指标。

1.开环频域性能指标

开环频域性能指标是通过开环对数频率特性曲线给出的,主要包括以下指标。

(1)开环剪切频率 ω_c 。

(2)相位裕度 γ 。

(3)幅值裕度 K_g 。

(4)静态位置误差系数 K_p 。

(5)静态速度误差系数 K_r 。

(6)静态加速度误差系数 K_a 。

2.闭环频域性能指标

闭环频域性能指标是指通过系统闭环频率特性曲线给出的,主要包括以下指标。

(1)复现频率 ω_M 及复现带宽 $0\sim\omega_M$。

(2)谐振频率 ω_r 及谐振峰值 M_r,$M_r = A_{\max}$。

(3)截止频率 ω_b 及截止带宽(简称带宽)$0\sim\omega_b$。

带宽表征了系统的响应速度,系统的带宽越大,则该系统响应输入信号的快速性越好。

9.1.1.3　综合性能指标

综合性能指标又称误差准则,它是在系统的某些重要参数的取值能保证系统获得某一最优综合性能时的测度,即若对这个性能指标取极值,则可获得有关重要参数值,这些参数值可保证这一综合性能为最优。

目前,常用的综合性能指标有多种,现选择三种具有典型意义的进行介绍。

1.误差积分

一个理想的系统,若给予其阶跃输入,则其输出也应是阶跃函数。但是,在实际中所希望的输出 $x_{or}(t)$ 与实际的输出之间总存在误差,因此,人们只能希望使误差 $e(t)$ 尽可能的小。图 9-1(a)所示为系统在单位阶跃输入下无超调的过渡过程,其误差如图 9-1(b)所示。

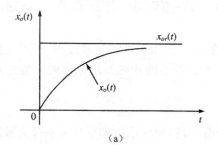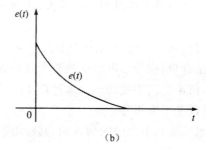

图 9-1　无超调阶跃响应与误差

一般在无超调的情况下,误差 $e(t)$ 总是单调的。因此,如果考虑所有时间里误差的总和,则系统的综合性能指标可以取为

$$I = \int_0^\infty e(t)\,\mathrm{d}t \tag{9-1}$$

式中:误差 $e(t) = x_{or}(t) - x_o(t)$。

因 $e(t)$ 的拉氏变换为

$$E_1(s) = \int_0^\infty e(t)e^{-u}\,\mathrm{d}t \tag{9-2}$$

所以

$$I = \lim_{s\to0}\int_0^\infty e(t)e^{-u}\,\mathrm{d}t = \lim_{s\to0} E_1(s) \tag{9-3}$$

此时,只要系统在阶跃输入下其过渡过程无超调,就可以根据式(9-3)计算其 I 值,并根据此式计算出系统的使 I 值最小的参数。但是,若不能预先知道系统的国度过程是否为无超调,则就不能用式(9-3)来计算 I 值。

设单位反馈的一阶惯性系统,其方框图如图9-2所示,其中开环增益 K 是待定参数。试确定能使 I 值最小的 K 值。

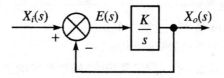

图 9-2　单位反馈惯性系统

分析:当 $x_i(t) = u(t)$ 时,误差 $e(t)$ 的拉氏变换为

$$E(s) = E_1(s) = \frac{1}{1+G(s)} X_i(s)$$

$$= \frac{1}{1+\dfrac{K}{s}} \cdot \frac{1}{s} = \frac{1}{s+K}$$

此时,根据式(9-3)可以得出

$$I = \lim_{s \to 0} \frac{1}{s+K} = \frac{1}{K}$$

由上述内容可以看出, K 越大, I 越小。因此,如果想要使 I 值减小,则 K 值选得越大越好。

此时的开环增益 K 就是单位反馈系统的 ω_T 或 ω_b。但当系统的过渡过程有超调时,由于误差有正有负,积分后不能反映整个过程误差的大小。若不能预先知道系统的过渡过程是否无超调,就不能应用式(9-3)来计算 I 值。

(2)误差平方积分

若给系统以单位阶跃输入后,其输出过渡过程有振荡,则常取误差平方的积分为系统的综合性能指标,即

$$I = \int_0^\infty e^2(t) \mathrm{d}t \qquad\qquad (9-4)$$

由于积分号中含平方项,因此,在式(9-4)中, $e(t)$ 的正负不会互相抵消;而在式(9-1)中, $e(t)$ 的正负就会出现互相抵消的现象。式(9-4)中的积分上限,也可以由足够大的时间 T 来代替,因此性能最优系统就是式(9-4)积分取极小的系统。由于使用分析和实验的方法来计算式(9-4)右边的积分相对而言比较容易,所以,在实际应用时,往往可以采用这种性能指标来评价系统性能的优劣。

在图 9-3(a),实线表示实际的输出,虚线表示希望的输出;图 9-3(b)、图 9-3(c)分别为误差 $e(t)$ 及误差平方 $e^2(t)$ 的曲线;图 9-3(d)为积分式 $I = \int_0^\infty e^2(t)dt$ 的曲线, $e^2(t)$ 从 0 到 T 的积分就是曲线 $e^2(t)$ 下的总面积。

误差平方积分性能指标的特点是,重视大的误差,忽略小的误差。因为误差大时,其平方更大,对性能指标 I 的影响就会更加强烈。所以根据这种指标设计的系统,能使大的误差迅速减小,但系统容易产生振荡。

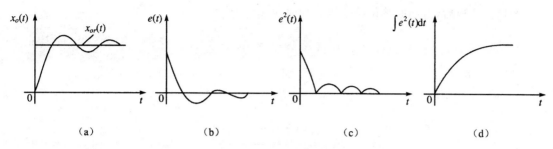

图 9-3　系统输出误差及其平方积分曲线

(3)广义误差平方积分

取

$$I = \int_0^\infty \left[e^2(t) + ae^2(t) \right] \mathrm{d}t \tag{9-5}$$

式中：a 为给定的加权系数，因此，最优系统就是使此性能指标 I 取极小的系统。

此指标的特点是既不允许大的动态误差 $e(t)$ 长期存在，同时又不允许大的误差变化率 $\dfrac{\mathrm{d}e(t)}{\mathrm{d}t}$ 长期存在。因此，按此准则设计的系统，不仅过渡过程结束得快，而且过渡过程的变化也比较平稳。

通常，分析系统的性能指标能否满足要求及如何满足要求，一般可分三种不同的情况。

①在确定了系统的结构与参数后，计算与分析系统的性能指标，该内容在前几章已讨论了，这里不再赘述。

②在初步选择系统的结构与参数后，核算系统的性能指标能否达到要求，如果不能，则需修改系统的参数乃至结构，或对系统进行校正。

③给定综合性能指标，如目标函数、性能函数等，依此设计满足此指标的系统，包含设计必要的校正环节

9.1.2　系统的闭环零、极点的分布与系统性能的关系

通过前面章节的学习可知，系统的时域性指标是根据一个二阶系统对单位阶跃输入的相应给出的，其中，闭环系统的传递函数可以写为

$$G(S) = \frac{X_o(s)}{X_i(s)} = \frac{G(s)}{1 + G(s)H(s)} = a \cdot \frac{\displaystyle\prod_{i=1}^m (s - z_j)}{\displaystyle\prod_{j=1}^n (s - p_j)}$$

式中：$z_1, z_2, \cdots, z_m$ 为闭环系统的零点；$p_1, p_2, \cdots, p_n$ 为闭环系统的极点；a 为闭环系统的增益。

单位阶跃输入的频域响应为

$$X(s) = \frac{a}{s} \cdot \frac{\displaystyle\prod_{i=1}^m (s - z_i)}{\displaystyle\prod_{j=1}^n (s - p_j)}$$

经拉氏变换后,得到的单位阶跃输入的时域响应为

$$x_o(t) = L^{-1}[X_o(s)] = A_0 + \sum_{j=1}^{n} A_j e^{p_j t} \tag{9-6}$$

其中,系数 A_0,A_j($j = 1, 2, \cdots, n$)分别为

$$A_0 = [X_o(s)s]_{s=0} \tag{9-7}$$

$$A_j = \frac{a \prod_{i=1}^{m}(p_j - z_i)}{p_j \prod_{\substack{i=1 \\ i \neq j}}^{n}(p_j - p_i)} \tag{9-8}$$

通常上述系统的单位阶跃响应,系统的闭环零、极点的分布与系统性能的关系可分为以下几方面。

①为使系统稳定,所有闭环极点 p_j 都必须有负实部,或者都必须在 s 左半平面上。

②如果要求系统快速性好,那么应使阶跃响应式(9-6)中的每一个分量 $e^{p_j t}$ 将是衰减得最快的,为此,所有闭环极点 p_j 都应在虚轴左侧远离虚轴的地方。

③对二阶系统进行分析可知,如果系统特征根为共轭复数,那么当共轭复数点在与负实轴成 $\pm 45°$ 线上时,对应的阻尼比($\zeta = 0.707$)为最佳阻尼比,这时系统的平稳性和快速性都相对比较好;但超过 $45°$ 线后,阻尼较小,振荡较大。因此,若要求稳定性和快速性都比较好,则可以将闭环极点设置在 s 平面中与负实轴成 $\pm 45°$ 夹角附近。

④远离虚轴的闭环极点对瞬态响应影响很小。通常情况,当某一极点比其他极点远离虚轴 $4 \sim 6$ 倍,则一般可忽略它对瞬态响应的影响。

⑤由式(9-6)可知,为使动态过程尽快消失,必须使 A_j 小。又由式(9-8)可知,还应使其分母大,分子小。为此,闭环极点间的间距($p_j - p_i$)要大,零点 z_i 要靠近极点 p_j。

由于零点的个数总少于极点的个数,因此,当零点靠近离虚轴近的极点时,才能使动态过程很快结束。因为离虚轴最近的极点所对应的分量 $A_j e^{p_j t}$ 衰减最慢,所以如果能使某一零点靠近 p_j,则系数 A_j 值很小,此时,$A_j e^{p_j t}$ 可忽略不计,从而对动态过程起决腪用的极点让位于离虚轴次近的极点,进而提高系统的快速性。如果一个零点和一个极点的距离小于它们到原点距离的 $1/10$,则称它们为偶极子。可以在系统中串联一个环节,以便加入适当的零点,与对动态过程影响较大的不利极点构成一个偶极子,从而抵消这个不利极点对系统的影响,更好的改善系统的动态过程。

此外,远离虚轴的极点和偶极子对系统的瞬态响应影响通常很小,因此可忽略不计。而那些离虚轴近又不构成偶极子的零点和极点对系统的动态性能起主导作用,称之为主导零点和主导极点。

主导极点在动态过程中通常起主导作用,这样在计算性能指标时,在一定条件下,可只考虑瞬态分量中主导极点所对应的分量,将高阶系统近似化为一阶或二阶系统来计算系统的性能指标。

9.2　控制系统的校正方式及装置

9.2.1　校正的方式

按校正装置在系统中的连接方式,控制系统校正方式可以分为串联校正、并联校正和复合校正三种。

1.串联校正

如图 9-4 所示,串联校正就是校正环节 $G_c(s)$ 串联在传递函数方块图的前向通道中。通常,为减小功率消耗,串联校正环节一般都会放在前向通道的前端,也就是说低功率部分。

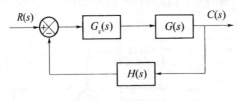

图 9-4　串联校正

2.并联校正

并联校正又可分为反馈校正和前馈校正（有的书中称为顺馈校正）。当校正装置 $G_c(s)$ 接在系统的局部反馈通路中时,则称其为反馈校正,如图 9-5 所示;当校正装置 $G_c(s)$ 与前向统统中的某一个或几个环节并联时,则称其为前馈校正,如图 9-6 所示。

由于在反馈校正中,信号都是从高功率信号流向低功率部分,反馈校正一般不再附加放大器,所以采用这种校正方式所用的器件较少。

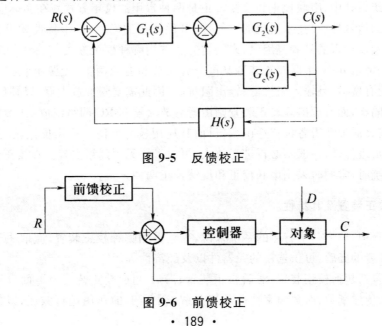

图 9-5　反馈校正

图 9-6　前馈校正

3.复合校正

复合校正方式就是在反馈控制回路中加入前馈校正通路,组成一个有机整体,并分为按扰动补偿的复合控制方式和按输入补偿的复合控制方式,如图 9-7 和图 9-8 所示。

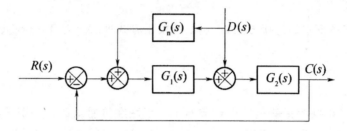

图 9-7　按扰动补偿的复合校正方式

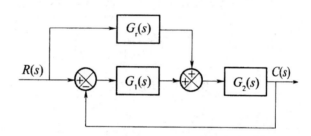

图 9-8　按输入补偿的复合校正方式

复合校正在系统存在强干扰 $N(s)$ 或者系统的稳态精度和响应速度要求很高,而一般的系统校正又无法满足的情况下采用的。这种复合校正控制既能改善系统的稳态性能,同时又能改善系统的动态性能。

在控制系统设计中,串联校正和反馈校正是两种常用的校正方式。在实际应用中,通常需要根据系统中的信号性质、技术实现的方便性、可供选用的元件、抗干扰性要求、经济性要求、环境使用条件及设计者的经验等因素,来决定究竟选用哪种校正方式。一般来说,串联校正易于实现,比较经济。其中,串联校正装置又可分为无源和有源两类,无源串联校正装置相对比较简单,本身没有增益,且输入阻抗低、输出阻抗高,因此需要附加放大器,以补偿其增益衰减,并进行前后级隔离;而有源串联校正装置则由运算放大器和 RC 网络组成,其参数可以随意调整,因此能比较灵活地获得各种传递函数,目前其应用较为广泛。采用反馈校正时,信号从高能量级向低能量级传递,一般不必再进行放大,可以采用无源网络实现。在校正性能指标较高的复杂控制系统时,常同时采用串联校正和反馈校正两种方式。

9.2.2　校正装置及其特性

在实际工程中,对于一个特定的系统来说,究竟采用哪种校正装置,应取决于系统本身的结构特点、设计者的经验、可供选用的元器件以及经济性等。

校正装置包括超前校正装置、滞后校正装置、滞后-超前校正装置。下面分别就着这些装置的电路形式、传递函数、对数频率特性及其在系统中所起的作用进行叙述,以便于在系统校正时使用。

1. 超前校正装置

所谓超前校正是指系统在正弦输入信号作用下,其正弦稳态输出信号的相位超前于输入信号。那么用于超前校正的校正装置就是超前校正装置。超前校正装置包括无源超前校正网络和有源超前校正网络两种。

(1)无源超前校正网络

一个无源阻容元件组成的相位超前校正网络即无源超前校正网络,如图 9-9 所示。

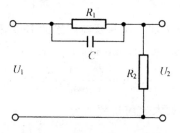

图 9-9　无源超前校正网络

图 9-9 中,U_1 为输入信号,U_2 为输出信号。如果输入信号源的内阻为零,输出端的负载阻抗为无穷大,即不计负载效应,则此超前网络的传递函数可写为

$$G_c(s) = \frac{1}{\alpha}\frac{1+\alpha Ts}{1+Ts} \tag{9-9}$$

其中,

$$\alpha = \frac{R_1+R_2}{R_2} > 1 \tag{9-10}$$

$$T = \frac{R_1 R_2}{R_1+R_2}C \tag{9-11}$$

式(9-9)表明,采用无源超前校正装置时,整个系统开环增益要下降为原来的 $\frac{1}{\alpha}$ 。

在不影响系统的稳态精度的情况下,可以在采用这个校正装置的同时,串联一个比例系数为 α 的放大器,以补偿这个衰减。设该超前校正装置对开环增益的衰减已由提高放大器的增益来补偿,那么这个无源超前网络的传递函数为

$$\alpha G_c(s) = \frac{1+\alpha Ts}{1+Ts} \tag{9-12}$$

其相应的频率特性为

$$\alpha G_c(j\omega) = \frac{1+j\alpha T\omega}{1+jT\omega} \tag{9-13}$$

上述无源超前网络对应的对数频率特性曲线如图 9-10 所示。

通过上述内容可以看出,该超前网络对频率在 $\frac{1}{\alpha T}$ 到 $\frac{1}{T}$ 之间的正弦输入信号有明显的微分作用,在该频率范围内,输出信号相位比输入信号相位超前了。

此时,该超前校正装置的相频特性为

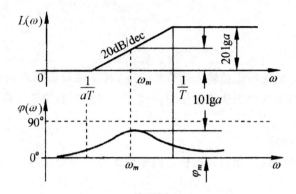

图 9-10　无源超前网络的 Bode 图

$$\varphi_c(\omega) = \arctan(\alpha T\omega) - \arctan(T\omega)$$

$$= \arctan \frac{(\alpha - 1)T\omega}{1 + \alpha T^2 \omega^2} \tag{9-14}$$

若 $d\varphi_c(\omega)/d\omega = 0$，则可以求出最大超前角频率为

$$\omega_m = \frac{1}{\sqrt{\alpha}\, T} \tag{9-15}$$

而 ω_m 恰恰就是两个转折频率 $\frac{1}{\alpha T}$ 和 $\frac{1}{T}$ 的几何中心，即

$$lg\omega = \frac{1}{2}\left(\lg\frac{1}{\alpha T} + \lg\frac{1}{T}\right) = \lg\frac{1}{\sqrt{\alpha}\, T} = \lg\omega_m \tag{9-16}$$

将式(9-14)代入式(9-15)中即可得到

$$\varphi_m = \arcsin\frac{\alpha - 1}{\alpha + 1} \tag{9-17}$$

通过式(9-15)可以看出，最大超前相角仅与 α 有关，反映的是超前校正的强度。且 α 值越大，超前网络的微分效应就越强，通过该网络后信号幅度衰减也就越严重，同时对抑制系统噪声也就越为不利。通常，为了保持较高的系统信噪比，选用的 α 值一般不大于 20。

ω_m 处的对数幅频值为

$$Lg(\omega_m) = 10\lg\alpha$$

(2)有源超前校正网络

一个由运算放大器与无源网络组合而构成的有源超前校正网络如图 9-11 所示。

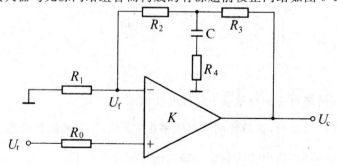

图 9-11　有源超前校正网络

在校正网络图中,由于运算放大器本身的放大系数 K 很大,因此该网络的传递函数可以近似表示为输出电压 U_c 与反馈电压 U_f 之比,即

$$G_c(s) = \frac{U_c(s)}{U_r(s)} = \frac{U_c(s)}{U_f(s)}$$

对上图进行分析后,可以求得该网络的传递函数为

$$G_c(s) = G_o \frac{1 + T_1 s}{1 + Ts} \tag{9-18}$$

式中:

$$G_o = \frac{R_1 + R_2 + R_3}{R_1} > 1$$

$$T_1 = \frac{(R_1 + R_2 + R_4)R_3 + (R_1 + R_2)R_4}{R_1 + R_2 + R_4}C$$

$$T = R_4 C \tag{9-19}$$

若上式满足条件

$$R_2 >> R_3 > R_4$$

则

$$T_1 \approx (R_3 + R_4)C$$

令

$$\alpha = \frac{T_1}{T} = \frac{R_3 + R_4}{R_4} = 1 + \frac{R_3}{R_4} > 1$$

此时,

$$T_1 = \alpha T \tag{9-20}$$

将式(9-20)代入式(9-18)中,即可得到

$$G_c(s) = G_o \frac{1 + \alpha Ts}{1 + Ts} \tag{9-21}$$

同样,在调整系统开环增益以满足系统的稳态精度要求后,式(9-21)还可改写为

$$\frac{1}{G_o} G_c(s) = \frac{1 + \alpha Ts}{1 + Ts} \tag{9-22}$$

2.滞后校正装置

(1)无源滞后校正网络

无源滞后校正网络如图 9-12 所示。

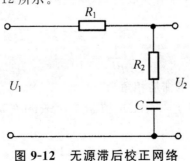

图 9-12　无源滞后校正网络

通过上图可以看出,当输入信号源的内阻为零,负载阻抗为无穷大,则该滞后校正网络的传递函数为

$$G_c(s) = \frac{U_2(s)}{U_1(s)} = \frac{1 + \beta Ts}{1 + Ts} \tag{9-23}$$

其中

$$\beta = \frac{R_2}{R_1 + R_2} < 1 \tag{9-24}$$

$$T = (R_1 + R_2)C \tag{9-25}$$

上式中的 β 为滞后网络的分度系数,表示滞后深度。

对式(9-22)和式(9-23)进行比较可以发现二者在形式上相同,但滞后网络的 $\beta < 1$,而超前网络的 $\alpha > 1$。

根据式(9-23)即可绘制出该无源滞后校正网络对应的对数频率特性曲线,如图 9-13 所示。

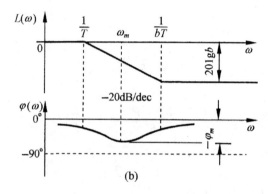

图 9-13　该无源滞后网络的 Bode 图

由图 9-13 可以看出,采用无源滞后校正装置,对低频信号不产生衰减,而对高频噪声信号有削弱作用。其中, β 值越小,抑制高频噪声的能力越强。校正网络输出信号的相位滞后于输入信号,呈滞后特性。

此外,由于滞后网络采用低通滤波的特性,这就使得低频段的开环增益能够避免受到影响,但却降低了高频段的开环增益。为了能够较好地利用这一特性,对系统进行校正时还应避免它的最大滞后角出现在已校正系统的开环截止频率 ω'_c 附近,从而避免对瞬态响应产生不良影响。一般来说,在选择滞后网络参数时,总是使网络的第二个交接频率 $\frac{1}{\beta T}$ 远小于 ω'_c,即取

$$\frac{1}{\beta T} = \frac{\omega'_c}{10} \tag{9-26}$$

此时,该滞后校正装置在 ω'_c 处的滞后相角为

$$\varphi(\omega'_c) = \arctan(\beta T\omega'_c) - \arctan(T\omega'_c)$$

当 $\beta = 0.1$, $T\omega'_c = 10$ 时,即有

$$\varphi(\omega'_c) \approx -5.14°$$

由此可见,对系统的相位稳定裕度不会产生太大的影响。

(2)有源滞后校正网络

图 9-14 所示为一个有源相位滞后校正网络。

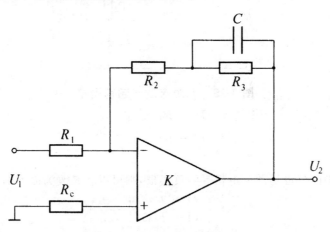

图 9-14　有源滞后校正网络

图 9－14 对应的传递函数为

$$G_c(s) = G_o \frac{1 + \beta Ts}{1 + Ts} \tag{9-27}$$

也可以为

$$\frac{1}{G_o} G_c(s) = \frac{1 + \beta Ts}{1 + Ts} \tag{9-28}$$

其中

$$G_o = \frac{R_2 + R_3}{R_1} \tag{9-29}$$

$$T = R_3 \times C \tag{9-30}$$

$$\beta = \frac{R_2}{R_2 + R_3} < 1 \tag{9-31}$$

由此可见,其与无源滞后校正网络具有完全相同的形式。

3.滞后－超前校正装置

当对校正后的系统动态与稳态性能指标有较高要求,单纯的超前校正或滞后校正难以满足要求时,就可采用滞后－超前校正装置。

(1)无源滞后－超前校正网络

图 9-15 所示为无源滞后-超前网络。

其对应的传递函数为

$$G_c(s) = \frac{(1 + T_a s)(1 + T_b s)}{T_a T_b s^2 + (T_a + T_b + T_{ab})s + 1} \tag{9-32}$$

式中：

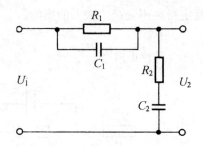

图 9-15 无源滞后一超前网络

$$T_a = R_1 \times C_1 \qquad (9-33)$$

$$T_b = R_2 \times C_2 \qquad (9-34)$$

$$T_{ab} = R_1 \times C_2 \qquad (9-35)$$

若式(9-32)中的分母是两个不相等的负实根,则可以将其改为以下形式

$$G_c(s) = \frac{(1+T_a s)(1+T_b s)}{(1+T_1 s)(1+T_2 s)} \qquad (9-36)$$

因此

$$T_1 \times T_2 = T_a \times T_b \qquad (9-37)$$

$$T_1 + T_2 = T_a + T_b + T_{ab} \qquad (9-38)$$

如果选择的参数适当,则可以使

$$T_1 > T_a > T_b > T_2$$

此时,由式(9-37)即可得到

$$\frac{T_1}{T_a} = \frac{T_b}{T_2} = \alpha > 1 \qquad (9-39)$$

此时,得到的无源滞后一超前网络的传递函数为

$$G_c(s) = \frac{(1+T_a s)}{(1+\alpha T_a s)} \frac{(1+T_b s)}{\left(1+\dfrac{T_b}{\alpha} s\right)} \qquad (9-40)$$

得到的效果相当于将滞后校正装置与超前校正装置串联,此时其对应的对数频率特性曲线如图 9-16 所示。

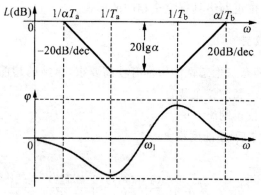

图 9-16 滞后一超前网络的 Bode 图

由图 9.16 可以得出,在 $\omega < \omega_1$ 的频率范围内,校正装置具有滞后的相角特性;而在 $\omega > \omega_1$ 的频率范围内,校正装置具有超前的相角特性。相角过零处的频率为

$$\omega_1 = \frac{1}{\sqrt{T_a T_b}} \tag{9-41}$$

(2)有源滞后—超前校正网络

图 9-17 所示为有源滞后—超前校正网络。

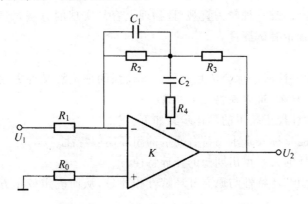

图 9-17　有源滞后—超前校正网络

其对应的传递函数为

$$G(s) = G_o \frac{(1 + T_1 s)(1 + T_2 s)}{T_1 s} \tag{9-42}$$

通过相应的推理后即可得出

$$G_o = \frac{R_2}{R_1} \tag{9-43}$$

$$T_1 = R_2 C_2 \tag{9-44}$$

$$T_2 = R_1 C_1 \tag{9-45}$$

此时,其对应的对数频率特性曲线如图 9-18 所示。

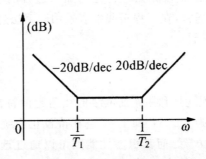

图 9-18　有源滞后—超前网络的 Bode 图

9.3　控制系统的串联校正

串联校正分为分为相位超前校正、相位滞后校正和相位滞后—超前校正三种。目前,常用的串联校正装置的设计方法有分析法和综合法两种。

1. 分析法

分析法又称试探法,是一种较为直观,且物理上容易实现的方法,但要求设计者有一定的设计经验,且设计过程带有试探性。

2. 综合法

综合法又称期望特性法。综合法是一种具有较强的理论意义的方法,但是所得出的校正装置传递函数可能很复杂,难以在物理上实现。

采用这种方法设计校正装置的具体步骤如下。

(1)根据系统性能指标要求求出符合要求的闭环期望特性。

(2)由闭环和开环的关系得出期望的开环特性。

(3)将得出的期望开环特性与原有开环特性相比较,从而确定校正方式、校正装置的形式和参数。

当系统要求是时域性能指标时,一般可在时域内进行系统设计。由于三阶和三阶以上系统的准确时域分析比较困难,因此时域内的系统设计一般都把闭环传递函数设计成二阶或一阶系统,或者采用闭环主导极点的概念把一些高阶系统简化为低阶系统,然后进行分析设计。

当系统给出的是频域性能指标时,则在频域内进行系统设计。在频域内进行系统设计是一种间接的设计方法,这是由于设计满足的是一些频域指标而不是时域指标。但在频域内设计又是一种简便的方法,它使用开环系统 Bode 图作为分析的主要手段。由于开环 Bode 图表征了闭环系统稳定性、快速性和稳态精度等方面的指标,因此,在 Bode 图上可以很方便地根据频域指标确定校正装置的参数。此外,在 Bode 图中的低频段表征了闭环系统的稳态性能,中频段表征了闭环系统的动态性能和稳定性,高频段表征了闭环系统的噪声抑制能力。因而在频域内设计闭环系统时,就是要在原频率特性内加入适合的校正装置,将整个开环系统的 Bode 图变成所期望的形状。通常,在工程实践中多采用频率法进行系统的分析与设计。这里就以频率法为重点进行校正设计。

9.3.1　相位超前校正

相位超前校正的基本原理就是利用超前网络的相角超前特性增大系统的相角裕度,即只要正确地将超前网络的转折频率 $1/\alpha T$ 和 $1/T$ 选在待校正系统截止频率 ω'_c 的两边,就可以使闭环系统的动态性能得到改善。而其稳态性能则可以通过选择已校正系统的开环增益来保证。

用频率法设计串联相位超前校正装置的具体步骤如下。

(1)根据给定的系统稳态误差要求,确定开环增益 K。

(2)利用已知 K 值,绘出未校正系统的 Bode 图,并确定未校正系统的相角裕度 γ。

(3)根据截止频率 ω'_c 的要求,计算超前网络参数 α 和 T。

在超前网络的最大超前角频率 ω_m 等于要求的系统截止频率 ω'_c，即 $\omega_m = \omega'_c$，则未校正系统在 ω'_c 处的对数幅频值 $L(\omega'_c)$（负值）应与超前网络在处的对数幅频值 $L_c(\omega_m)$（正值）之和为零，即

$$-L(\omega'_c) = L_c(\omega_m) = 10\lg\alpha \qquad (9-46)$$

或者是

$$L(\omega'_c) + 10\lg\alpha = 0 \qquad (9-47)$$

通过上式就可以求得超前网络的 α。在 ω_m 和 α 已知的情况下，超前网络的参数 T 就可以由 $\omega_m = \dfrac{1}{\sqrt{\alpha}\,T}$ 求出。这样就可以得出校正网络的传递函数为

$$\alpha G_c(s) = \frac{1 + \alpha T s}{1 + T s} \qquad (9-48)$$

（4）绘制出校正后系统的 Bode 图，验算相角裕度。如果不能满足要求，则需要重新选择 ω_m 的值，通常使 $\omega_m = \omega'_c$ 值增大，然后再重复上述步骤，直到满足要求即可。

9.3.2　相位滞后校正

相位滞后校正利用了滞后网络的高频幅值衰减特性，使截止频率下降，并获得一个新的截止频率 ω'_c，从而使系统在 ω'_c 处获得足够的相角裕度。这样，当系统响应速度要求不高，但滤除噪声性能要求较高，或者系统具有满意的动态性能，但其稳态性能不满足指标要求时，采用串联滞后校正，不仅可以提高其稳态精度，同时又保持其动态性能基本不变。

利用频率法设计串联相位滞后校正的具体步骤如下。

（1）根据给定的稳态误差要求，确定系统的开环增益 K。

（2）绘制校正前系统在已确定的 K 值下的频率特性曲线，求出其截止频率 ω_c、相角裕度 γ 和幅值裕度 K_g。

（3）根据给定的相角裕度 γ' 的要求，确定校正后系统的截止频率 ω'_c。

该步骤中，在已知相角裕度的同时，还需要考虑到滞后网络在 ω'_c 处产生一定的相角滞后，以及未校正系统在 ω'_c 处的相角裕度 $\gamma(\omega'_c)$。一般来说，它们之间存在如下关系：

$$\gamma' = \gamma(\omega'_c) + \varphi_c(\omega'_c) \qquad (9-49)$$

式中：γ' 为系统的指标要求值；$\varphi_c(\omega'_c)$ 为滞后网络在 ω'_c 处的滞后相角。通常，在确定 ω'_c 前，一般取 $\varphi_c(\omega'_c) = -0.5° \sim 10°$。

在由式（9-49）可以求出 $\gamma(\omega'_c)$ 后，就可以在未校正系统的频率特性曲线上查出对应 $\gamma(\omega'_c)$ 的频率，即校正后系统的截止频率 ω'_c。

（4）计算串联相位滞后网络参数 β 和 T。

要保证已校正系统的截止频率为 ω'_c，就必须使滞后网络的衰减量 $20\lg\beta$ 在数值上等于未校正系统在 ω'_c 处的对数幅频值 $L(\omega'_c)$，即

$$20\lg\beta + L(\omega'_c) = 0 \qquad (9-50)$$

通过该式即可求出 β 值。

此外，通过滞后网络的第二个转折频率 $\dfrac{1}{\beta T}$ 及 $\dfrac{1}{\beta T} = \dfrac{\omega'_c}{10}$ 也可求出另一参数 T。由此得到

的校正网络传递函数为

$$G_c(s) = \frac{1 + \beta T s}{1 + T s}$$

(5)绘制出校正后系统的频率特性曲线,校验其性能指标是否满足要求。

当性能指标不满足时,则可以在 $5° \sim 10°$ 范围内重新选取 $\varphi_c(\omega'_c)$,并将 $\frac{1}{\beta T} = \frac{\omega'_c}{10}$ 中的系数 0.1 加大(一般在 $0.1 \sim 0.25$ 范围内选取),并重新确定 T 值。

9.4　控制系统的并联校正

前面讨论的校正方式由于校正环节和系统主通道是串联的关系,因此成为串联校正。而这里的并联校正是指校正环节和系统主通道都是并联的关系。此外,按信号流动的方向,并联校正又可分为反馈校正和前馈校正。与串联校正相比,反馈校正环节的设计,无论是用解析方法还是痛图解方法都比较繁琐。

9.4.1　反馈校正

自动控制系统需要对系统控制量进行检测,将检测到的输出量反馈回去与给定比较而形成闭环控制。除了采用这种整体的外环反馈,还可以采用局部反馈的方法改善系统性能,简称反馈校正。反馈校正就是指从系统某一环节的输出中取出信号,经过反馈校正环节加到该环节前面某一环节的输入端,与那里的输入信号叠加,从而形成一个局部内回路。反馈校正的系统结构如图 9-19 所示。

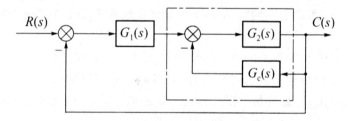

图 9-19　反馈校正的系统结构

在图 9-19 中,被局部反馈包围部分(虚线框内)小闭环的传递函数为

$$G'_2(s) = \frac{G_2(s)}{1 + G_2(s)G_c(s)} \tag{9-51}$$

其频率特性为

$$G'_2(j\omega) = \frac{G_2(j\omega)}{1 + G_2(j\omega)G_c(j\omega)} \tag{9-52}$$

在反馈作用很小的情况下,即在 $|G_2(j\omega)G_c(j\omega)| \ll 1$ 的频率范围内,有

$$G'_2(j\omega) \approx G_2(j\omega) \tag{9-53}$$

这表明系统的性能与反馈无关,反馈校正不起作用。

在反馈作用很大的情况下,即在 $|G_2(j\omega)G_c(j\omega)| \gg 1$ 的频率范围内,有

$$G'_2(j\omega) \approx \frac{1}{G_c(j\omega)} \tag{9-54}$$

这表明系统的性能几乎与反馈包围的环节 $G_2(s)$ 无关,但取决于反馈环节 $G_c(s)$ 的倒数。

反馈校正的目的就是用所形成的局部回路较好的性能来替换被包围环节较差的性能。常利用反馈校正来实现以下目的:

1. 改变系统的型次

在图 9-34 中,若 $G_2(s) = K/s$,采用反馈校正环节 $G_c(s) = K_c$,则

$$G'_2(s) = \frac{\dfrac{1}{K_c}}{1 + \dfrac{s}{KK_c}} \tag{9-55}$$

由于采用了反馈校正环节 $G_c(s) = K_c$,进而使得局部积分环节变成了惯性环节,降低了局部环节的型次。尽管,这也降低了反馈回路的稳态精度,但通过合理设计反馈环节 K_c ,也可以使系统具有更高的稳定性。

2. 改变系统时间常数

时间常数越大,对系统性能产生的影响越不利,而利用反馈校正可减小时间常数。$G_2(s)$ 为一阶惯性环节,即

$$G_2(s) = \frac{K}{1 + Ts} \tag{9-56}$$

反馈校正环节为

$$G_c(s) = K_c \tag{9-57}$$

则

$$G'_2(s) = \frac{\dfrac{K}{1 + KK_c}}{1 + s\dfrac{T}{KK_c}} \tag{9-58}$$

由于局部反馈环节结果仍然是惯性环节,但时间常数由原来的 T 变为了 $T/(1+KK_c)$ 。反馈系数 K_c 越大,时间常数变得越小。

3. 增大系统的阻尼比

增大系统的阻尼比的方法是对振荡环节接入速度反馈,这种方法对于小阻尼振荡环节减小谐振幅值是十分有利的。$G_2(s)$ 为二阶惯性环节

$$G_2(s) = \frac{\omega_n^2}{s(s + 2\xi\omega_n)} \tag{9-59}$$

反馈校正环节为

$$G_c(s) = K_c s$$

则

$$G'(s) = \frac{\omega_n^2}{s^2 + (2\xi\omega_n + K_c\omega_n^2)s + \omega_n^2} \tag{9-60}$$

式(9−60)可知,反馈校正的结果仍为振荡环节,但系统的阻尼比由原来的 2ξ 增加到了 $(2\xi+K_c\omega_n)$,即阻尼比显著增大了,这样通过合理设计反馈环节的系数 K_c,可以使系统具有合理的阻尼系数,而又不会影响系统的无阻尼自然频率。

9.4.2　前馈校正

前馈校正的特点是不依靠偏差而直接用来测量干扰,与其他校正方式相比较,顺馈校正是一种主动的而不是被动的补偿方式,它能够在干扰引起偏差之前就对它进行近似的补偿,并及时消除干扰带来的影响,因此常被用来消除稳态误差。图 9-20 为前馈校正系统,校正装置 $G_c(s)$ 沿着信号的流向与系统的某个环节并联。

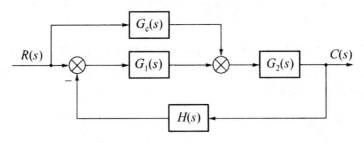

图 9-20　前馈校正系统

校正后系统的传递函数为

$$G(s)=\frac{C(s)}{R(s)}=\frac{G_1(s)G_2(s)+G_c(s)G_2(s)}{1+G_1(s)G_2(s)H(s)} \tag{9−61}$$

系统在输入作用下的误差为

$$E(s)=\frac{1}{H(s)}R(s)-C(s) \tag{9−62}$$

由式(9−61)可求得输出 $C(s)$ 为

$$C(s)=\frac{[G_1(s)+G_c(s)]G_2(s)}{1+G_1(s)G_2(s)H(s)}R(s) \tag{9−63}$$

将求得的 $C(s)$ 代入式(9−62),得

$$E(s)=\frac{1-G_c(s)G_2(s)H(s)}{H(s)[1+G_1(s)G_2(s)H(s)]}R(s) \tag{9−64}$$

要使 $E(s)=0$,应保证 $1-G_c(s)G_2(s)H(s)=0$,即

$$G_c(s)=\frac{1}{G_2(s)H(s)} \tag{9−65}$$

式(9−64)表明,当按该式选择前馈校正环节时,系统是无差的。这主要是由于 $G_c(s)$ 的存在,相当于对系统另外输入了一个 $\dfrac{R(s)}{G_2(s)H(s)}$ 信号,由这个信号产生的动态误差恰恰能够与原系统输入作用下产生的动态误差相抵消,进而就达到消除误差的目的。与其他校正方式相比,前馈校正是一种主动的而不是被动的补偿,它在闭环产生误差之前就以开环方式进行补偿。

注意,在实际中,$G_c(s)$ 在物理上往往不能完全满足式(9−64),因此就无法实现彻底消除误差的完全补偿。一般来说，只要合理设计 $G_c(s)$ 的结构，并选择恰当的参数，则可以很好地达到消除误差的校正目的。

9.5　控制系统的 PID 校正

9.5.1　PID 控制规律

自 20 世纪 30 年代末出现的模拟式 PID 控制器，至今 PID 控制在经典控制理论中技术已经，且被广泛应用。今天，随着计算机技术的迅速发展，用计算机算法代替模拟式 PID 调节器，实现数字 PID 控制，使其控制作用更灵活、更易于改进和完善。

所谓 PID 控制规律，就是一种对偏差 $\varepsilon(t)$ 进行比例、积分和微分变换的控制规律，即

$$m(t) = K_p\left[e(t) + \frac{1}{T_i}\int_0^t e(t)\mathrm{d}t + T_d\,\frac{\mathrm{d}e(t)}{\mathrm{d}t}\right]$$

式中：$K_p e(t)$ 为比例控制项；K_p 为比例系数；$\dfrac{1}{T_i}\displaystyle\int_0^t e(t)\mathrm{d}t$ 为积分控制项；T_i 为积分时间常数；$T_d\,\dfrac{\mathrm{d}e(t)}{\mathrm{d}t}$ 为微分控制项；T_d 为微分时间常数。

比例控制项与微分、积分控制项进行不同组合，可分别构成 PD（比例微分）、PI（比例积分）和 PID（比例积分微分）等三种调节器（或称校正器）。其中，PID 调节器常用作串联校正环节。

9.5.2　P 控制器

P 控制器（P Controller）又称比例控制器，主要用于调节系统开环增益。在保证系统稳定性的情况下，适当提高开环增益可以提高系统的稳态精度和快速性。

比例控制器的有源网络，如图 9-21 所示。该网络的传递函数为

$$G_c(s) = \frac{U_o(s)}{U_i(s)} = K_p \tag{9-66}$$

式中

$$K_p = -\frac{R_2}{R_1} \tag{9-67}$$

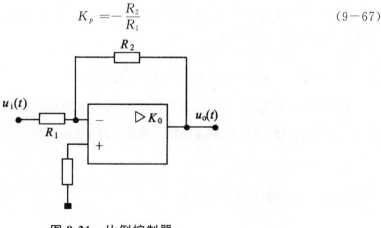

图 9-21　比例控制器

图 9-21 中,比例控制器的输出与输入变号的问题,可以通过串联一个反向电路来解决。而反向电路就是让图中的两个电阻 R_1、R_2 的阻值相等的电路。这样控制电路中信号反向就不在是问题了。

9.5.3 PD 控制器

1. PD 控制器

PD 控制器 (PD Controller)又称比例微分控制器,其控制框图如图 9-22 所示。

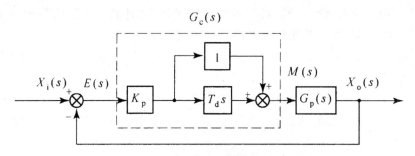

图 9-22   具有 PD 调节器的控制框图

其时域表达式为

$$c(t) = K_p \Big[e(t) + T_d \frac{de(t)}{dt} \Big] \tag{9-68}$$

对应的传递函数为

$$G_c(s) = \frac{M(s)}{E(s)} = K_p[1 + T_d s] \tag{9-69}$$

式中:T_d 为微分时间常数;K_p 为比例放大倍数。

当 $K_p = 1$ 时,$G_c(s)$ 的频率特性为

$$G_c(j\omega) = 1 + jT_d\omega \tag{9-70}$$

此时,其对应的 Bode 图如图 9-23 所示。显然,PD 校正时相位超前校正。

从上面的对数相频特性图中可以看到,PD 校正具有正相移,属于超前校正。PD 校正的作用主要体现在以下两方面。

①当参数选取合适时,利用 PD 校正可以增大系统的相位裕量,提高稳定性,而稳定性的提高又允许系统采用更大的开环增益来减小稳态误差。

②当相位大于 $\frac{1}{T}$ 时,对数幅频特性幅度增大,这可以使剪切频率 ω_c 增加,系统的快速性提高。但是,高频段增益升高,系统抗干扰能力减弱。

2. PD 校正控制环节

微分校正环节的数学表达式为

$$m(t) = T_d \frac{de(t)}{dt} \tag{9-71}$$

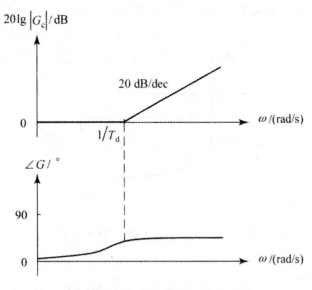

图 9-23　PD 控制器的 Bode 图

图 9-24 所示为微分校正环节的阶段响应示意图。假定系统从 t_1 时刻起存在阶跃偏差 $e(t)$，则校正装置在 t_1 时刻输出一个理论上无穷大的控制量 $m(t)$。但实际由于元器件的饱和作用，输出只是一个比较大的数值，而不是无穷大。

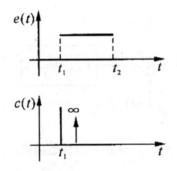

图 9-24　微分校正环节的阶段响应

实际上，微分校正的输出反映了偏差变化的速度，当偏差刚出现且较小时，微分作用就产生一个比较大的控制输出来抑制偏差的变化，即无须等到偏差很大，仅需偏差具有变大的趋势时就可参与调节。因此，微分校正具有超前预测的作用，可以加快调节的速度，改善动态特性。但是，由于微分校正环节只能对动态偏差起作用，对静态偏差的输出为零，因此失去了调节功能。一般情况下，微分校正不单独使用，通常会将它与比例环节或比例积分环节组合成 PD 或 PID 校正装置。

此外，由于微分环节对高频干扰信号具有很强的放大作用，导致其抑制高频干扰的能力很差。因此，在使用包含微分环节的校正如 PD、PID 的时候，尤其要特别注意这一点。

上述 PD 校正环节对阶跃偏差的控制作用，如图 9-25 所示。当偏差刚出现时，在微分环节作用下，PD 校正装置输出较大的尖峰脉冲，以将偏差消除在起步阶段。同时，在同方向上出现比例环节产生的恒定控制量。最后,尖峰脉冲呈指数衰减到零,微分作用完全消失,成为比例校正。

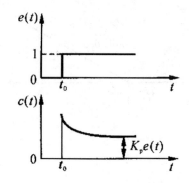

$$图9-25 \quad PD校正的阶跃偏差响应$$

9.5.4 PI 控制器

1. PI 控制器

PI 控制器(PI Controller)又称比例比例积分控制器,其校正的时域表达式为

$$c(t) = K_p\Big[e(t) + \frac{1}{T_i}\int_0^t e(t)dt\Big] \tag{9-72}$$

对应的传递函数框图如图9-26所示。

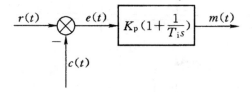

$$图9-26 \quad PI控制器传递函数框图$$

图9-27中,$r(t)$为输入信号;$b(t)$为反馈信号;$e(t)$为偏差信号;$c(t)$为调节器输出信号;K_p为比例放大倍数;T_i为积分时间常数。

从频域的角度对 PI 校正装置的作用进行分析,其校正装置的传递函数为

$$G_c(s) = K_p(1 + \frac{1}{T_i s}) \tag{9-73}$$

它由比例环节K_p和积分环节$\frac{K_p}{T_i s}$并联而成,这里令$K_p = 1$,画出其 Bode 图,如图9-27所示。

通过 Bode 可以很明显地看出,PI 校正属于滞后校正,其主要的作用如下:

①与原系统串联后使系统增加了一个积分环节,进而提高了系统型次。

②低频段的增益增大,而高频段增益可保持不变,提高了闭环系统稳态精度,而抑制高频干扰的能力却没有减弱。

③PI 校正具有相位滞后的性质,这会使系统的响应速度下降,相位裕量有所减少。因此,

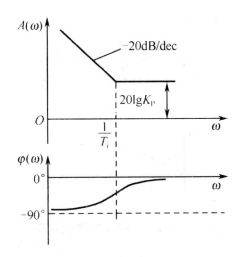

图 9-27　PI 控制器的 Bode 图

使用 PI 校正时,系统要有足够的稳定裕量。

2. PI 校正环节

从时域角度对 PI 进行分析,PI 校正装置的输出是比例校正和积分校正输出之和。比例校正的输出与偏差成正比,当有偏差存在时,装置就会输出控制量。当偏差为零时,比例校正的输出也为零。但如果只采用比例校正,则必须存在偏差才能使校正装置有输出量,此时偏差是比例校正起作用的前提条件。可以说,比例校正也是一种有差校正。由稳态误差的知识可知,较大的比例系数会减小系统稳态误差,但太大就会使系统超调量加大,甚至导致系统不稳定。而积分校正是一种无差校正,关键在于积分环节具有记忆功能。

如图 9-29 所示,若 $e(t)$ 在 $0 \sim t_1$ 区间是阶跃信号,且积分校正装置初始输出为零,则当 $e(t) > 0$ 时,积分环节就会开始对 $e(t)$ 积分,校正装置的输出 $c(t)$ 呈线性增长,并对系统输出进行调节。当 $e(t) = 0$ 时,校正 i 装置输出并不为零,而是某一恒定值。也就是说,积分校正装置的实际输出量就是对以往时间段内偏差的累积,这就是它的记忆功能。如果 $e(t) \neq 0$,校正装置输出就一直增大或减小,只有当 $e(t) = 0$ 时,积分校正装置的输出 $c(t)$ 才不发生变化。因此,积分校正可以说就是一种无差校正。另外,由于积分校正装置含有一个积分环节,所以能提高开环系统型次和稳态精度。

当系统的扰动出现时,就会使输出量偏离设定值较大,相应的 $e(t)$ 也会较大,此时希望调节器输出量快速增大,减小偏差。但实际上,积分校正的输出与偏差存在时间有关,在偏差刚出现时,其调节作用一般是很弱的,单纯使用积分校正会延长系统的调节时间,就会加剧被控量的波动。因此,在实际中常将积分校正和比例校正组合成 PI 校正使用。

PI 校正装置的阶跃偏差响应如图 9-28 所示。在系统出现阶跃偏差时,首先有一个比例作用的输出量,接着在同一方向上,在比例作用的基础上,$c(t)$ 不断增加,即出现积分作用。这样,既克服了单纯比例调节存在的偏差,同时又避免了积分作用调节慢的缺点,即使得静态和动态特性都改善了。

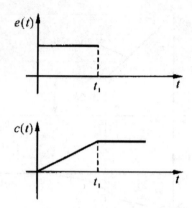

图 9-28 积分校正的阶跃响应

9.5.5 PID 控制器

PID 控制器(PID Controller)又称比例积分微分控制器,由于 PI 控制器和 PD 控制器各有缺点,而将它们结合起来取长补短就能构成更加完善的 PID 控制器。

1. PID 控制器

有源 PID 控制器的结构如图 9-29 所示。

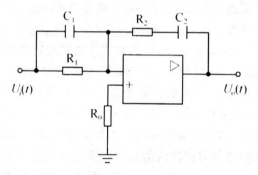

图 9-29 有源 PID 控制器的结构图

其传递函数为

$$G_c(s) = K_p(1 + \frac{1}{T_i s} + T_d s) \tag{9-74}$$

或

$$G_c(s) = K \frac{(1 + T_i s)(1 + T_d s)}{s} \tag{9-75}$$

传递函数对应的框图如图 9-30 所示。

当 $K_p = 1$ 时,$G_c(s)$ 的频率特性为

$$G_c(j\omega) = 1 + \frac{1}{j T_i \omega} + j T_d \omega \tag{9-76}$$

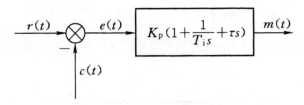

图 9-30　PID 控制器的传递函数框图

当 $T_i > T_d$ 时,PID 调节器的 Bode 图如图 9-31 所示。

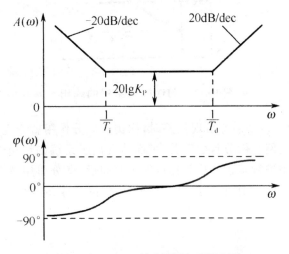

图 9-31　PID 控制器的 Bode 图

从图中可以看出,PID 调节器在低频段起积分作用,能够有效改善系统的稳态性能;在中频段起微分作用,能够有效改善系统的动态性能。

一般来说,PID 调节器的控制作用主要体现在以下几个方面:

①比例系数 K_p 直接决定着控制作用的强弱,加大 K_p 可以减小系统的稳态误差,提高系统的动态响应速度,但当 K_p 过大也会使动态质量变坏,引起被控制量振荡,甚至导致闭环系统的不稳定。

②在比例调节的基础上适当加以积分控制,可以消除系统的稳态误差。其主要原因是:只要存在偏差,它的积分所产生的控制量总是用来消除稳态误差的,直到积分的值为零,控制作用才停止。但它将使系统的动态过程变慢,而且过强的积分作用使系统的超调量增大,从而使系统的稳定性变坏。

③微分的控制作用与偏差的变化速度有关。微分控制能够预测偏差,产生超前的校正作用,进而减小超调,克服振荡,使系统趋于稳定,并加快系统的响应速度,缩短调整时间,改善系统的动态性能。微分作用的不足之处是放大了噪声信号。

2. PID 校正环节

PID 校正的数学表达式为

$$m(t) = K_p \left[e(t) + \frac{1}{T_i} \int_0^t e(t)\,dt + T_d\,\frac{de(t)}{dt} \right] \qquad (9-77)$$

这里以系统出现阶跃偏差为例,PID 校正装置的输出如图 9-32 所示.

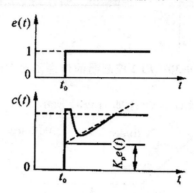

图 9-32　PID 校正装置的输出

从图 9-33 中可以看出,当系统出现偏差时,比例和微分作用就会立即输出控制量以消除偏差,控制量的大小与比例和微分常数有关,进而体现出了系统的快速性。接着,积分作用输出也会慢慢增大,对偏差进行累积。这样经过很短时间后,微分作用就会消失,校正装置变为PI 校正,输出量是比例和积分作用的叠加。当然,只要偏差存在,此输出就会不断增大,直到偏差为零。

第 10 章　可编程控制器控制技术

10.1　PLC 概述

在工业化自动控制系统中,常常使用 PLC(可编程控制器)进行系统控制。在运行过程中,如果要对系统的功能作一些更改,只要改变 PLC 的程序即可,硬件部分一般不需更改或只要改动其中的一小部分,大大减少了维护的工作量。同时,PLC 器件本身具有较强的"抗干扰"能力和"可扩展性",因此,在目前的自动化系统中(尤其是"流水线"作业的系统),大都使用 PLC 控制。

10.1.1　PLC 的概念

1. PLC 的产生

在可编程控制器(Programmable Logic Controller,PLC)出现以前,继电器控制在工业控制领域占据主导地位,由其构成的控制系统都是按照预先设定好的时间或条件顺序地工作,若要改变控制的顺序就必须改变控制系统的硬件接线,通用性和灵活性较差。

20 世纪 60 年代,计算机技术开始应用于工业控制领域。由于价格高、输入输出电路不匹配、编程难度大以及难以适应恶劣工业环境等原因,未能在工业控制领域获得推广。

1968 年,美国最大的汽车制造商——通用汽车公司(GM)为适应生产工艺不断更新的需要,要求寻找一种比继电器控制系统运行更可靠、功能更齐全、响应更迅速的新型工业控制器,并从用户的角度提出了新一代控制器应具备的十大条件,立即引起了开发热潮。这十大条件是:

①编程方便,可现场修改程序。

②维修方便,采用插件式。

③可靠性高于继电器控制柜。

④体积小于继电器控制柜。

⑤成本与继电器控制柜相当。

⑥数据可直接输入管理计算机。

⑦输入可为交流 115 V。

⑧输出可为交流 115 V、2 A 以上,可直接驱动接触器、电磁阀等。

⑨扩展时原系统改变最少。

⑩用户存储器大于 4 KB。

这十大条件实际上是要求将继电器控制的简单易懂、使用方便、价格低廉的优点,与计算机的功能完善、灵活性、通用性好的优点结合起来,将继电器控制的硬接线逻辑转变为计算机的软件编程逻辑。

1969 年，美国数字设备公司(DEC)研制出第一台 PLC，在美国通用汽车公司生产线上试用成功，并取得了满意的效果，自此 PLC 诞生。

2. PLC 的定义

美国电气制造商协会，(National Electrical Manufacturers Association)NEMA 在 1980 年给 PLC 作了如下定义："可编程控制器是一个数字式的电子装置，它使用可编程的存储器，用来执行诸如逻辑、顺序、计数和演算等功能，并通过数字或模拟的输入和输出，以控制各种机械或生产过程。一部数字电子计算机若是用来完成 PLC 的功能，亦被视为 PLC，但不包括鼓式或机械式顺序控制器。"

国际电工委员会(IEC)曾于 1982 年 11 月颁发了 PLC 标准草案第一稿，1985 年 1 月颁发了第二稿，1987 年 2 月颁发了第三稿。草案中对 PLC 的定义是："可编程控制器是一种数字运算操作的电子系统，专为在工业环境下的应用而设计，它采用可编程的存储器，用来在其内部存储执行逻辑运算、顺序控制、定时、计数和算术操作等面向用户的指令，并通过数字式或模拟式的输入/输出，控制各种类型的机械或生产过程。可编程控制器及其有关外围设备，都按易于工业系统联成一个整体，易于扩充其功能的原则设计。"从上述定义可以看出，PLC 是一种用程序来改变控制功能的工业控制计算机，除了能完成各种控制功能外，还有与其他计算机通信联网等功能。

3. PLC 的发展

PLC 自问世以后，发展极为迅速。20 世纪 70 年代末，可编程控制器进入了实用化发展阶段。20 世纪 80 年代初，可编程控制器在先进工业国家中已经获得了广泛的应用。这一时期可编程控制器发展的特点是大规模、高速度、高性能、产品系列化。这标志着可编程控制器已步入成熟阶段。另外，此时世界上生产可编程控制器的国家日益增多，产量日益上升。许多可编程控制器的生产厂家已闻名于全世界，如美国 Rockwell 自动化公司所属的 A-B(Allen-Bradley)公司、GE-Fanuc 公司，日本的三菱公司和立石公司，德国的西门子公司等。

20 世纪末，可编程控制器的发展特点是更加适应于现代工业控制的需要。从控制规模上来说，这个时期发展了超小型机和超大型机；从控制能力上来说，诞生了各种各样的特殊功能单元，用于压力、温度、转速、位移等各种控制场合；从产品的配套能力来说，生产了各种人机界面单元、通讯单元，使应用可编程控制器的工业控制设备的配套更加容易。目前，可编程控制器在机械制造、石油化工、冶金钢铁、汽车、轻工业等领域的应用都得到了长足的发展。

我国是 20 世纪 80 年代初引进、应用、研制、生产可编程控制器的。目前，中国已能够生产中小型可编程控制器。上海东屋电气有限公司生产的 CF 系列、杭州机床电器厂生产的 DKK 及 D 系列、大连组合机床研究所生产的 S 系列、苏州电子计算机厂生产的 YZ 系列等多种产品已具备了一定的规模，并在工业产品中获得了应用。

进入 21 世纪以来，可编程控制器有了更大的发展。从技术上看，计算机技术的新成果会更多地应用于可编程控制器的设计及制造上，会有运算速度更快、存储容量更大、智能水平更高的品种出现。从控制规模上看，会进一步向超小型及超大型两个方向发展。从产品的配套能力上看,产品的品种会更丰富、规格会更齐备。完美的人机界面、完备的通讯设备会更好地适应各种工业控制场合的需求。从市场上看,各国生产多品种产品的情况会随着国际竞争的加剧而打破,会出现少数几个品牌垄断国际市场的局面,会出现国际通用的编程语言。这些都会加速可编程控制器技术的发展及可编程产品的普及。从网络的发展状况来看,可编程控制器和其他工业控制计算机组网构成大型的控制系统是可编程控制器技术的发展方向。目前的集散控制系统(Distributed Control System)中已有大量的可编程控制器应用。伴随着计算机网络的发展,可编程控制器作为自动化控制网络或国际通用网络的重要组成部分,将在众多领域发挥越来越大的作用。

近年来,随着技术的发展和市场需求的增加,PLC 的结构和功能正在不断改进,各生产厂家不断推出 PLC 新产品,平均三至五年更新换代一次,有些新型中小型 PLC 的功能甚至达到或超过了过去大型 PLC 的功能。

现代 PLC 的发展趋势有以下两方面。第一,发展超小型 PLC,使其体积更小、速度更快、功能更强、价格更低、配置更加灵活。由于自动控制系统规模的不同,小型化、低成本的 PLC 将广泛应用于各行各业,其组成由整体结构向小型模块化结构发展,增加了配置的灵活性,例如,西门子公司的 S7-200 的最小配置为 CPU221,主机有 6DI/4DO(数字量输入/数字量输出),而 CPU224 主机可扩展 7 个模块,最大达 94DI/74DO、16AI/16AO(模拟量输入/模拟量输出),可满足比较复杂的控制系统要求。第二,发展超大型 PLC,使其具有大型网络化、高可靠、多功能、兼容性好等特点。网络化和强化通信功能是 PLC 发展的重要方面,向上与以太网、MAP 网等相连,向下通过现场总线(如 PROFIBUS)将多个 PLC 或远程 I/O 等相连,构成整个工厂的自动化控制系统。近年来各公司陆续推出各种智能模块,大大增加了 PLC 的控制功能。智能模块是以微处理器为基础的功能部件,其 CPU 与 PLC 的 CPU 并行工作,能够独立完成某种控制功能,如通信控制、高速计数、模拟量输入/输出等,使系统设计和调试时间减少,控制精度提高。好的兼容性是 PLC 深层次应用的重要保证,西门子公司的 S7 系列 PLC 与通用微机兼容,它的编程软件可运行在 Windows 环境下,提供了很强的梯形图、助记符的编程、调试和诊断等功能,体现了现代 PLC 的特点。

10.1.2　PLC 的功能和特点

1.PLC 的功能

PLC 在不断地发展,其功能不断增强、性能不断完善。其主要功能有:

(1)开关量逻辑控制

这是 PLC 最基本的功能。PLC 具有强大的逻辑运算能力,可以实现各种简单和复杂的逻辑控制,常用于取代传统的继电器控制系统。

(2)模拟量控制

在工业生产过程中,有许多连续变化的量,如温度、压力、流量、液位、位移和速度等都是模拟量。而 PLC 中的 CPU 只能处理数字量。因此,PLC 中配置了 A/D 和 D/A 转换模块,把现场输入的模拟量经 A/D 转换后送 CPU 处理;而将 CPU 处理的数字量结果经 D/A 转换后,转换成模拟量去控制被控设备,以完成对模拟量的控制。

（3）闭环过程控制

运用 PLC 不仅可以对模拟量进行开环控制，还可以进行闭环控制。配置 PID 控制单元或模块，对控制过程中某一变量（如电压、电流、温度、速度、位置等）进行 PID 控制。

（4）定时控制

PLC 具有定时控制的功能，它为用户提供若干个定时器。定时的时间长度可以由用户在编写用户程序时设定，也可以用拨盘开关或其他外部设定装置在外部设定，实现定时控制。

（5）计数控制

PLC 具有计数控制的功能，它为用户提供若干个计数器。计数器的计数值可以由用户在编写用户程序时设定，也可以用拨盘开关或其他外部设定装置在外部设定，实现计数控制。

（6）顺序控制

在工业控制中，选用 PLC 实现顺序控制，可以采用 IEC 规定的用于顺序控制的标准化语言——顺序功能图进行设计，也可以用移位寄存器和顺序控制指令编写程序。

（7）数据处理

现代 PLC 具有数据处理的功能。它不仅能进行数字运算和数据传送，还能进行数据比较、数据转换、数据显示、打印以及数据通信等。

（8）通信和联网

现代 PLC 具有网络通信的功能，它既可以对远程 I/O 进行控制，又能实现 PLC 与 PLC、PLC 与计算机之间的通信，从而构成"集中管理、分散控制"的分布式控制系统，实现工厂自动化。PLC 还可与其他智能控制设备（如变频器、数控装置等）实现通信。PLC 与变频器组成联合控制系统，可提高控制交流电动机的自动化水平。

2. PLC 的特点

PLC 具有以下几个特点。

（1）编程方法简单易学

梯形图是使用最多的 PLC 编程语言，其电路符号和表达方式与继电器电路原理图类似。梯形图语言形象直观，易学易懂。

梯形图语言实际上是一种面向用户的高级语言，PLC 在执行梯形图程序时，用解释程序将它"翻译"成汇编语言后再去执行。

（2）功能强，性价比高

一台小型 PLC 内有成百上千个可供用户使用的编程元件，具有很强的功能，可以实现非常复杂的控制功能。与相同功能的继电器系统相比，具有很高的性价比。PLC 可以通过通信联网，实现分散控制，集中管理。

（3）硬件配套齐全，用户使用方便，实用性强

PLC 产品已经实现标准化、系列化和模块化，配备有品种齐全的各种硬件装置供用户选用，用户能灵活方便地进行系统配置，组成不同功能、不同规模的系统。PLC 的安装接线也十分方便，一般用接线端子连接外部接线。PLC 有较强的带负载能力，可以直接驱动一般的电磁阀和小型交流接触器。

（4）可靠性高，抗干扰能力强

传统的继电器控制系统使用了大量的中间继电器、时间继电器，如果部分触点接触不良，容易出现故障。PLC 用软件代替大量的中间继电器和时间继电器，仅剩下与输入和输出有关的少量硬件元件，接线可减少到继电器控制系统的 $1/100 \sim 1/10$，因触点接触不良造成的故障大为减少。

PLC 采取了一系列硬件和软件抗干扰措施，具有很强的抗干扰能力，平均无故障时间达到数万小时以上，可以直接用于有强烈干扰的工业生产现场。

（5）系统的设计、安装、调试工作量少

PLC 用软件取代了继电器控制系统中大量的中间继电器、时间继电器、计数器等元件，使控制柜的设计、安装、接线工作量大大减少。

PLC 的梯形图程序一般采用顺序控制设计法来设计。这种编程方法很有规律，容易掌握。对于复杂的控制系统，设计梯形图的时间比设计相同功能的继电器系统电路图的时间要少得多。

PLC 的用户程序可以在实验室模拟调试，输入信号用小开关来模拟，通过 PLC 上的发光二极管可观察输出信号的状态。完成系统的安装和接线后，在现场的联调过程中发现的问题一般通过修改程序就可以解决，系统的调试时间比继电器系统少得多。

（6）维修工作量小，维修方便

PLC 的故障率很低，且有完善的自诊断和显示功能。PLC 或外部的输入装置和执行机构发生故障时，可以根据 PLC 上的发光二极管或编程器提供的信息迅速地查明故障原因，用更换模块的方法可以迅速地排除故障。

（7）体积小，能耗低

对于复杂的控制系统，使用 PLC 后，可以减少大量的中间继电器和时间继电器，小型 PLC 的体积仅相当于几个继电器的大小，因此，可将开关柜的体积缩小到原来的 $1/10 \sim 1/2$。PLC 的配线比继电器控制系统的配线少很多，故可以省下大量的配线和附件，减少大量的安装接线工时，加上开关柜体积的缩小，可以节省大量的费用。

10.1.3　PLC 的原理和组成

1.PLC 的原理

可编程控制器（PLC）是一种专用的工业控制计算机，其核心是一台微处理器，但其外形不像计算机，其操作使用方法、编程语言、工作原理都与通用计算机有所不同。此外，作为继电器控制系统的替代物，又由于其核心为计算机芯片，因此，与继电器控制系统的工作原理也有很大区别。

可编程控制器的工作原理可以简单地表述为在系统程序的管理下，通过运行应用程序完成用户任务。PLC 在确定了工作任务，装入某种专用程序后成为一种专用机，它采用循环扫描工作方式，系统工作任务管理及应用程序执行都是以循环扫描方式完成的。

PLC 系统正常工作时要完成以下的任务。

①计算机内部各工作单元的调度、监控。

②计算机与外部设备间的通讯。

③用户程序所要完成的工作。

这些工作都是分时完成的。每项工作又都包含着许多具体的工作,以用户程序的完成来说又可分为以下三个阶段。

(1)输入处理阶段

输入处理阶段也称输入采样。程序执行前,可编程控制器将全部输入端子的通/断状态写入输入映像寄存器。

在程序执行过程中,即使输入状态发生变化,输入映像寄存器的内容也不变,直到下一扫描周期的输入处理阶段才写入该变化。另外,输入触点从通(ON)→断(OFF)(或从断→通)变化到处于确定状态止,输入滤波器还有一段响应延迟时间(约 $0.3\sim10\text{ms}$)。

(2)程序执行阶段

对应用户程序存储器所存的指令,从输入映像寄存器和其他软元件的映像寄存器中将有关软元件的通/断状态读出,从第一步开始顺序运算,每次运算结果都写入有关的映像寄存器,因此,各软元件(输入映像寄存器除外)的映像寄存器内容随着程序的执行在不断变化。输出继电器内部触点的动作由输出映像寄存器的内容决定。

(3)输出处理阶段

全部指令执行完毕,将输出映像寄存器的通/断状态向输出锁存寄存器传送,成为可编程控制器的实际输出。可编程控制器内的外部输出触点对输出软元件的动作有一个响应时间,即要有一个延迟动作。

以上方式称为成批输入/输出方式(或刷新方式)。

2. PLC 控制与继电器控制的比较

PLC 编程语言中,梯形图是使用最为广泛的语言。PLC 的梯形图与继电器控制线路图十分相似,主要原因是 PLC 梯形图的编写大致上沿用了继电器控制电路的元件符号,仅个别地方有所不同,同时,信号的输入/输出形式及控制功能也是相同的。但 PLC 控制与继电器控制也有不同之处,主要表现在以下几方面。

(1)组成器件不同

继电器控制线路由许多真正的硬件继电器组成,而梯形图则由许多所谓"软继电器"组成。这些"软继电器"实质上是存储器中的一位触发器,可以置"0"或置"1"。硬件继电器容易产生磨损,"软继电器"则无磨损现象。

(2)触点数量不同

硬件继电器的触点数量有限,用于控制的继电器触点数一般只有 $4\sim8$ 对;而梯形图中每只"软继电器"供编程使用的触点数有无限对,在存储器中的触发状态(电平)可取用任意次数。

(3)工作方式不同

在继电器控制线路中,当电源接通时,线路中各继电器都处于受制约状态,即该吸合的继电器都同时吸合,不应吸合的继电器都因受某种条件限制不能吸合,这种工作方式称为并行工作方式;而在梯形图的控制线路中,各软继电器都处于周期性循环扫描接通中,受同一条件制约各个继电器的动作次序决定于程序扫描顺序,这种工作方式称为串行工作方式。

（4）实施控制的方法不同

在继电器控制线路中，要实现某种控制是通过各种继电器之间的硬件接线完成的。由于其控制功能已包含在固定线路中，因此，其功能专一，不灵活。而 PLC 控制是通过梯形图进行软件编程完成的，控制灵活性好。

另外，在继电器控制线路中，为了达到某种控制目的，而又要安全可靠、节约使用继电器触点，因而设置了许多制约关系的联锁电路；而在梯形图中，由于它采用扫描工作方式，不存在几个支路并列同时动作的可能，同时，在软件编程中也可将联锁条件编制进去，因而 PLC 控制电路的设计比继电器控制设计要简单得多。

3.PLC 的组成

可编程控制器虽然外观各异，但其硬件结构大体相同，主要由中央处理器（CPU）、存储器（RAM、ROM）、输入输出器件（I/O 接口）、电源及编程设备几大部分构成。

（1）中央处理器

中央处理器（CPU）是可编程控制器的核心，它在系统程序的控制下，完成逻辑运算、数学运算、协调系统内部各部分工作等任务。可编程控制器中采用的 CPU 一般包括三大类：第一类是通用微处理器，如 80286、80386 等；第二类是单片机芯片，如 8051、8096 等；第三类是位处理器，如 AMD2900、AMD2903 等。一般说来，可编程控制器的档次越高，CPU 的位数也越多，运算速度也越快，指令功能也越强。为了提高 PLC 的性能，也有的一台 PLC 采用了多个 CPU。

（2）存储器

存储器是可编程控制器存放系统程序、用户程序及运算数据的单元。和通用计算机一样，可编程控制器的存储器可分为只读存储器（ROM）和随机读写存储器（RAM）两大类。只读存储器是用来存放永久保存的系统程序，一般为掩膜只读存储器和可编程电改写只读存储器。随机读写存储器的特点是写入与擦除都很容易，但在掉电情况下存储的数据会丢失，一般用来存放用户程序及系统运行中产生的一些临时数据。为了能使用户程序及某些运算数据在可编程控制器脱离外界电源后也能保持，机内随机读写存储器均配备了电池或电容等掉电保持装置。

可编程控制器的存储器区域按用途的不同，可分为程序区及数据区。程序区用来存放用户程序，一般有数千个字节。用来存放用户数据的区域一般较小，在数据区中，各类数据存放的位置有着严格的划分。由于可编程控制器是为熟悉继电器系统的工程技术人员使用的，可编程控制器的数据单元都叫做继电器，如输入继电器、时间继电器、计数器等。不同用途的继电器在存储区中占用不同的区域。每个存储单元有不同的地址编号。

（3）输入输出接口

输入输出接口是可编程控制器和工业控制现场各类信号连接的部分。输入接口用来接受生产过程的各种参数。输出接口用来送出可编程控制器运算后得出的控制信息，并通过机外的执行机构完成工业控制现场的各类控制。生产控制现场对可编程控制器接口的要求包含两点，一是要有较好的抗干扰能力，二是能满足工业控制现场各类信号的匹配要求。因此，厂家为可编程控制器设计了不同的接口单元，主要包括以下几种。

①开关量输入接口。其作用是把现场的开关量信号变成可编程控制器内部处理的标准信号。开关量输入接口按可接收的外信号电源的类型不同，分为直流输入单元和交流输入单元。

输入接口中都有滤波电路及耦合隔离电路。滤波有抗干扰的作用，耦合有抗干扰及产生标准信号的作用。

②开关量输出接口。其作用是把可编程控制器内部的标准信号转换成工业控制现场执行机构所需要的开关量信号。开关量输出接口包括继电器型、晶体管型和可控硅型三种。各类输出接口中也都具有光电耦合电路。

需要注意的是，输出接口本身都不带电源。在考虑外部驱动电源时，需要考虑输出器件的类型。继电器式的输出接口可用于交流及直流两种电源，但接通、断开的频率低；晶体管式的输出接口有较高的接通、断开频率，但只适用于直流驱动的场合；可控硅型的输出接口仅适用于交流驱动场合。

③模拟量输入接口。其作用是把现场连续变化的模拟量标准信号转换成适合可编程控制器内部处理的二进制数字信号。模拟量输入接口接收标准模拟电压或电流信号均可。标准信号是指符合国际标准的通用交互用电压电流信号值，如 4~20 mA 的直流电流信号，1~10 V 的直流电压信号等。工业控制现场中模拟量信号的变化范围一般是不标准的，在送入模拟量接口时一般都需经过变送处理才能使用。模拟量信号输入后一般经运算放大器放大后进行 A/D 转换，再经光电耦合后为可编程控制器提供一定位数的数字量信号。

④模拟量输出接口。其作用是将可编程控制器运算处理后的若干位数字量信号转换为相应的模拟量信号输出，以满足生产过程现场连续控制信号的需要。模拟量输出接口一般由光电隔离、D/A 转换和信号驱动等环节组成。模拟量输入输出接口一般安装在专门的模拟量工作单元上。

⑤智能输入输出接口。为了适应较复杂的控制需要，可编程控制器还包含一些智能控制单元，如 PID 工作单元、高速计数器工作单元、温度控制单元等。这类单元大多是独立的工作单元。它们和普通输入输出接口的区别在于它们一般带有单独的 CPU，有专门的处理能力。在具体的工作中，每个扫描周期智能单元和主机的 CPU 交换一次信息，共同完成控制任务。从目前的发展来看，不少新型的可编程控制器本身也带有 PID 功能及高速计数器接口，但它们的功能一般比专用单元的功能要弱。

(4)电源

可编程控制器的电源包括为可编程控制器各工作单元供电的开关电源及为掉电保护电路供电的后备电源，后备电源一般采用电池。

(5)外部设备

①编程器。可编程控制器的特点是它的程序是可变更的，既可以方便地加载程序，也可以方便地修改程序。编程设备是可编程控制器工作中不可缺少的设备。可编程控制器的编程设备一般包括两类：一类是专用的编程器，有手持式的，其优点是携带方便，也有台式的，有的可编程控制器机身上自带编程器；另一类是个人计算机。在个人计算机上运行可编程控制器相关的编程软件即可完成编程任务。借助软件编程比较容易，一般是编好了以后再下载到可编程控制器中去。

编程器除了编程以外，还具有一定的调试及监控功能，能实现人机对话操作。

按照功能强弱,手持式编程器又可分为简易型及智能型两类。前者只能联机编程,后者既可联机编程又可脱机编程。所谓脱机编程是指在编程时,把程序存储在编程器自身的存储器中的一种编程方式。它的优点是在编程及修改程序时,可以不影响 PLC 机内原有程序的执行,也可以在远离主机的异地编程后再到主机所在地下载程序。

②其他外部设备。PLC 还配备有其他一些外部设备。

· 盒式磁带机,用以记录程序或信息。

· 打印机,用以打印程序或制表。

· EPROM 写入器,用以将程序写入到用户 EPROM 中。

· 高分辨率大屏幕彩色图形监控系统,用以显示或监视有关部分的运行状态。

10.1.4　PLC 的分类

1. 按硬件的结构分类

可编程控制器是专门为工业生产环境设计的。为了便于在工业现场安装,便于扩展,方便接线,其结构与通用计算机有很大区别,常见的有单元式、模块式及叠装式三种结构。

(1)单元式结构

从结构上看,早期的可编程控制器是把 CPU、RAM、ROM、I/O 接口及与编程器或 EPROM 写入器相连的接口、输入输出端子、电源、指示灯等都装配在一起的整体装置。一个箱体就是一个完整的 PLC,称为基本单元。它的特点是结构紧凑,体积小、成本低、安装方便。缺点是输入输出点数是固定的,不一定适合具体的控制现场的需要。有时 PLC 基本单元的输入端和输出端均不能满足需要,希望一种能扩展一些 I/O 接口而不含 CPU 和电源的装置,这种装置叫做扩展单元。

不同系列的 PLC 产品通常都有不同点数的基本单元及扩展单元,单元的品种越多,系统配置就越灵活。有些 PLC 产品中还具有一些特殊功能模块,这是为某些特殊的控制目的而设计的具有专门功能的设备,如高速计数模块、位置控制模块、温度控制模块等,通常都是智能单元,内部一般拥有自己专用的 CPU,它们可以和基本单元的 CPU 协同工作,构成一些专用的控制系统。

扩展单元及功能模块都是相对基本单元而言的,单元式 PLC 的基本特征是一个完整的 PLC 机体。

(2)模块式结构

模块式结构又叫积木式结构。这种结构形式的特点是把 PLC 的每个工作单元都制成一个独立的模块,如 CPU 模块、输入模块、输出模块、通讯模块等。另外用一块带有插槽的母板(其实质就是计算机总线)把这些模块按控制系统需要选取后插到母板上,就构成了一个完整的 PLC。这种结构的 PLC 的特点是系统构成非常灵活,安装、扩展、维修都很方便。缺点是体积比较大。

(3)叠装式结构

叠装式结构是单元式结构和模块式结构相结合的产物。把某个系列的 PLC 工作单元的外形都制作成一致的外观尺寸,CPU、I/O 口及电源也可做成独立的,不使用模块式 PLC 中的母板,采用电缆连接各个单元,在控制设备中安装时可以一层层地叠装,就成了叠装式PLC。

单元式PLC一般用于规模较小,输入输出点数固定,不需要扩展的场合。模块式PLC一般用于规模较大,输入输出点数较多,输入输出点数比例灵活的场合。叠装式PLC具有二者的优点,得到了越来越广泛的应用。

2.按点数规模和功能分类

为了适应不同工业生产过程的应用需求,可编程控制器能够处理的输入信号数量是不一样的。一般将一路信号称作一个点,将输入点数和输出点数的总和称为机器的点。按照点数的多少,可将PLC分为超小、小、中、大、超大等五种类型。表10-1是PLC按点数规模分类的情况。只是这种划分并不十分严格,也不是一成不变的。随着PLC的不断发展,标准已有过多次的修改。

表 10-1　PLC 按规模分类

超小型	小型	中型	大型	超大型
64 点以下	64~128 点	128~512 点	512~8192 点	8192 点以上

可编程控制器还可以按功能分为低档机、中档机及高档机。低档机以逻辑运算为主,具有计时、计数、移位等功能。中档机一般具有整数及浮点运算、数制转换、PID调节、中断控制及联网功能,可用于复杂的逻辑运算及闭环控制场合。高档机具有更强的数字处理能力,可进行矩阵运算、函数运算,可完成数据管理工作,有更强的通讯能力,可以和其他计算机构成分布式生产过程综合控制管理系统。

可编程控制器按点数规模划分和按功能划分是有一定联系的。一般大型、超大型机都是高档机。机型和机器的结构形式及内部存储器的容量一般也有一定的联系,大型机一般都是模块式机,具有很大的内存容量。

10.1.5　PLC 软件及其编程语言

1.PLC 的软件

可编程控制器的软件包括系统软件和应用软件两大部分。

(1)系统软件

系统软件包含系统的管理程序,用户指令的解释程序,还包括一些供系统调用的专用标准程序块等。系统管理程序用以完成机内运行相关时间分配、存储空间分配管理及系统自检等工作。用户指令的解释程序用以完成用户指令变换为机器码的工作。系统软件在用户使用可编程控制器之前就已装入机内,并永久保存,在各种控制工作中并不需要做什么调整。

(2)应用软件

应用软件也叫用户软件,是用户为达到某种控制目的,采用PLC厂家提供的编程语言自主编制的程序。根据控制要求若使用导线连接继电器—接触器来确定控制器件间逻辑关系的方式叫做接线逻辑。用预先存储在PLC机内的程序实现某种控制功能,则叫做存储逻辑。

事实上,继电接触线路图与PLC接线图中使用的按钮、接触器是一样的。不同之处在于这些按钮及接触器都连接在 PLC 的输入输出口上,而不是进行相互连接。为了使 PLC 接线电路具有与接线逻辑电路同样的控制功能,需要编制应用程序。需要注意的是,应用程序只是一定控制功能的表述。同一台 PLC 用于不同的控制目的时,需要编制不同的应用软件。用户软件存入 PLC 后如需改变控制目的可多次改写。

2. PLC 的编程语言

应用程序的编制需使用可编程控制器生产厂方提供的编程语言。至今为止还没有一种能适合于各种可编程控制器的通用编程语言。但由于各国可编程控制器的发展过程基本类似,可编程控制器的编程语言及编程工具都大体一直。常见的编程语言包括以下几种。

(1)梯形图(Ladder diagram)

梯形图语言是一种以图形符号及其在图中的相互关系表示控制关系的编程语言,是从继电器电路图演变过来的。梯形图中所绘的图形符号和继电器线路图中的符号十分相似。并且,梯形图的结构和继电器控制线路图也十分相似。相似的原因非常简单:第一,梯形图是为熟悉继电器线路图的工程技术人员设计的,因而使用了类似的符号;第二,两种图所表达的逻辑含义是一样的。因此,将可编程控制器中参与逻辑组合的元件看成和继电器一样的器件,具有常开、常闭触点及线圈,且线圈的得电及失电将导致触点的相应动作;再用母线代替电源线;用能量流概念来代替继电器线路中的电流概念,使用绘制继电器线路图类似的思路绘出梯形图。需要注意的是,PLC 中的继电器等编程元件并不是实际物理元件,而只是机内存储器中的存储单元,它的所谓接通不过是相应存储单元置 1 而已。

除了图形符号外,梯形图中也包括文字符号。文字符号相同的图形符号即是属于同一器件的。梯形图是 PLC 编程语言中使用最广泛的一种语言。

(2)指令表(Instruction list)

指令表也叫语句表,是程序的另一种表示方法。它和单片机程序中的汇编语言有点类似,由语句指令按照一定的顺序排列而成。一条指令一般可分为两部分,一为助记符;二为操作数。也有只有助记符没有操作数的指令,称为无操作数指令。

指令表程序和梯形图程序有着严格的对应关系。对指令表编程不熟悉的人可先画出梯形图,再转换为指令表。需要注意的是,程序编制完毕输入机内运行时,对简易的编程设备,不具有直接读取梯形图的功能,梯形图程序只有改写成指令表才能送入可编程控制器运行。

(3)功能块图(Function block diagram)

功能块图是一种类似于数字逻辑电路的编程语言,熟悉数字电路的人比较容易掌握。该编程语言用类似与门、或门的方框来表示逻辑运算关系,方框的左侧为逻辑运算的输入变量,右侧为输出变量,信号自左向右流动。各方框之间利用"导线"连接在一起。

(4)顺序功能图(Sequential function chart)

顺序功能图常用来编制顺序控制类程序,它包含步、动作、转换三个要素。顺序功能编程法可将一个复杂的控制过程分解为一些小的工作状态,对这些小的工作状态的功能分别处理后再按照一定的顺序控制要求连接组合成整体的控制程序。顺序功能图体现了一种编程思想,在程序的编制中有着十分重要的意义。

（5）结构文体（Structured text）

为了增强 PLC 的数学运算、数据处理、图表显示、报表打印等功能，许多大中型 PLC 都配备了 PASCAL、BASIC、C 语言等高级编程语言。这种编程方式叫做结构文本。与梯形图相比，结构文本有两个较大的忧伤，其一是能实现复杂的数学运算；其二是非常简洁和紧凑，用结构文本编制极其复杂的数学运算程序可能只占一页纸。结构文本用来编制逻辑运算程序也很容易。

以上编程语言的五种表达方式是由国际电工委员会（IEC）1994 年 5 月在 PLC 标准中推荐的。对于一款具体的 PLC，生产厂家可在这五种表达方式中提供其中的几种编程语言供用户选择。换句话说，并不是所有的 PLC 都支持全部的五种编程语言。

10.2　S7-200 系列 PLC

可编程控制器的产品众多，不同厂家、不同系列、不同型号的 PLC 在功能和结构上均不相同，但工作原理和组成基本一致。西门子公司应用微处理器技术生产的 SIMATIC 可编程控制器主要有 S5 和 S7 两大系列。目前，前期的 S5 系列 PLC 产品已被新研制生产的 S7 系列所替代。S7 系列以结构紧凑、可靠性高、功能完善等优点，在自动控制领域占有重要的一席之地。

SIMATIC S7 系列 PLC 的机型为 S7-200、S7-300 和 S7-400。1996 年，西门子公司又提出过程控制系统 7（PCS7）概念，将其优势的 Windows 兼容的操作界面（WINCC）、工业现场总线（PROFIBUS）、监控系统（COROS）、西门子工业网络（SINEC）及控调技术融为一体，彻底取代了由 TI 系列产品组成的 PC55 系列。现在，西门子公司又提出了全集成自动化系统（Totally Integrated Automation，TIA）的概念，将 PLC 技术融于全部自动化领域。本节主要介绍 S7-200 系列 PLC。

10.2.1　S7-200 系列 PLC 的组成

S7-200 系列 PLC 具有极高的性价比和较强的功能，无论是独立运行，还是相连成网络皆能完成各种控制任务。它的使用范围可以覆盖从替代继电器的简单控制到更复杂的自功控制。其应用领域包括各种机床、纺织机械、印刷机械、食品化工工业、环保、电梯、中央空周、实验室设备、传送带系统和压缩机控制等。

S7-200 型 PLC 的结构紧凑，价格低廉，具有极高的性价比，适用于小型控制系统。它采用超级电容保护内存数据，省去了锂电池，系统虽小却可以处理模拟量。S7-200 最多有 4 个中断控制的输入，输入响应时间小于 0.2 ms，每条二进制指令的处理时间仅为 0.8 μs，还有日期时间中断功能。

S7-200 可以提供两个独立的 4kHz 的脉冲输出，通过驱动单元可以实现步进电机的位置控制。S7-200 有两个高速计数器，最高计数频率可达 20 kHz。

S7-200 的点对点接口（PPI）可以连接编程设备、操作员界面和具有串行接口的设备，用户程序有三级口令保护。

CPU205 还可以提供 Profibus-DP 接口，以连接当今先进的现场总线系统 Profibus-DP。

　　S7-200 系列 PLC 有 CPU21X 和 CPU22X 两代产品,其中 CPU22X 型 PLC 有 CPU221、CPU222、CPU224 和 CPU226 四种基本型号。本节以 CPU224 型 PLC 为重点,分析小型 PLC 的组成。

　　小型 PLC 系统由主机、I/O 扩展单元、文本/图形显示器以及编程器组成。

　　CPU224 主机箱外部设有 RS-485 通讯接口、文本/图形显示器、PLC 网络等外部设备,还设有工作方式开关、模拟电位器、I/O 扩展接口、工作状态指示和用户程序存储卡、I/O 接线端子排及发光指示等。

　　1. 基本 I/O

　　CPU22X 型 PLC,具有两种不同的电源供电电压,输出电路分为继电器输出和晶体管 DC 输出两大类。CPU22X 系列 PLC 可提供 4 个不同型号的 10 种基本单元 CPU 供用户选用,其类型及参数如表 10-2。

表 10-2　CPU22X 系列 PLC 的类型及参数

	类型	电源电压	输入电压	输出电压	输出电流
CPU221	DC 输入,DC 输出	24V DC	24V DC	24V DC	0.75A,晶体管
	DC 输入,继电器输出	85～264V AC	24V DC	24V DC 24～230V AC	2A,继电器
CPU222 CPU224 CPU226/XM	DC 输入,DC 输出	24V DC	24V DC	24V DC	0.75A,晶体管
	DC 输入,继电器输出	85～264VAC	24V DC	24V DC	2A,继电器

　　CPU224 主机共有 I0.0～I1.5 等 14 个输入点和 Q0.0～Q1.1 等 10 个输出点。CPU224 输入电路采用双向光电耦合器,24V DC 极性可任意选择,系统设置 IM 为 I0 字节输入端子的公共端,2M 为 I1 字节输入端子的公共端。在晶体管输出电路中采用了 MOSFET 功率驱动器件,并将数字量输出分为两组,每组有一个独立公共端,共有 1L、2L 两个公共端,可接入不同的负载电源。

　　S7-200 系列 PLC 的 I/O 接线端子排分为固定式和可拆卸式两种结构。可拆卸式端子排能在不改变外部电路硬件接线的前提下方便地拆装,为 PLC 维护提供了便利。

　　2. 主机 I/O 及可扩展模块

　　CPU22X 系列 PLC 主机的 I/O 点数及可扩展的模块数目等如下。

　　CPU221 集成 6 输入、4 输出共 10 个数字量 I/O 点,无 I/O 扩展能力,6 KB 程序和数据存储空间。

　　CPU222 集成 8 输入、6 输出共 14 个数字量 I/O 点,可连接 2 个扩展模块,最大扩展至 78 路数字量 I/O 或 10 路模拟 I/O 点,6 KB 程序和数据存储空间。

　　CPU224 集成 14 输入、10 输出共 24 个数字量 I/O 点,可连接 7 个扩展模块,最大扩展至 168 路数字量 I/O 或 35 路模拟 I/O 点,13KB 程序和数据存储空间。

CPU226 集成 24 输入、16 输出共 40 个数字量 I/O 点,可连接 7 个扩展模块,最大扩展至 248 路数字量 I/O 或 35 路模拟 I/O 点,13KB 程序和数据存储空间。

CPU226XM 除有 26KB 程序和数据存储空间外,其他与 CPU226 相同。

3.高速反应性

CPU224 PLC 有 6 个高速计数脉冲输入端(I0.0～I0.5),最快的响应速度为 30kHz,用于捕捉比 CPU 扫描周期更快的脉冲信号。

CPU224 PLC 有 2 个高速计数脉冲输入端(Q0.0、Q0.1),输出脉冲频率可达 20kHz。用于 PTO(高速脉冲束)和 PWM(宽度可变脉冲输出)高速脉冲输出。

此外,中断信号允许以极快的速度对过程信号的上升沿做出响应。

4.存储系统

S7-200 CPU 存储系统由 RAM 和 EEPROM 两种存储器构成,用以存储器用户程序、CPU 组态(配置)、程序数据等。当执行程序下载操作时,用户程序、CPU 组态(配置)、程序数据等由编程器送入 RAM 存储器区,并自动拷贝到 EEPROM 区,永久保存。

掉电时,系统会自动将 RAM 中 M 存储器的内容保存到 EEPROM 存储器。

上电恢复时,用户程序及 CPU 组态(配置)自动存入 RAM,如果 V 和 M 存储区内容丢失,EEPROM 永久保存区的数据会复制到 RAM 中去。

执行 PLC 的上传操作时,RAM 区用户程序、CPU 组态(配置)上传到个人计算机(PC),RAM 和 EEPROM 中数据块合并后上传到 PC 机。

5.模拟电位器

模拟电位器用来改变特殊寄存器(即 SM32、SM33)中的数值,以改变程序运行时的参数,如定时器、计数器的预置值、过程量的控制参数等。

6.存储卡

存储卡卡位可以选择安装扩展卡。扩展卡包括 EEPROM 存储模块、电池模块和时钟模块等。

EEPROM 存储模块用于用户程序的拷贝复制。电池模块用于长时间保存数据,使用 CPU224 数据存储时间达 190h,而使用电池模块存储时间可达 200d。

10.2.2 S7-200 系列 PLC 内部元器件

1.输入/输出映像寄存器

输入/输出映像寄存器是以字节为单位的寄存器,可以按位操作,每 1 位对应一个数字量输入/输出接点。不同型号主机的输入/输出映像寄存器区域大小和 I/O 点数可参考主机技术性能指标。扩展后的实际 I/O 点数一般要求不能超过 I/O 映像寄存器区域的大小,I/O 映像寄存器区域未用的部分可当作内部标志位 M 或数据存储器(以字节为单位)使用。

（1）输入映像寄存器（输入继电器）

在输入映像寄存器（输入继电器）中，输入继电器线圈只能由外部信号驱动，不能用程序指令驱动，常开触点和常闭触点供用户编程使用。外部信号传感器（如按钮、行程开关、现场设备、热电耦等）用来检测外部信号的变化。它们与 PLC 或输入模块的输入相连。

（2）输出映像寄存器（输出继电器）

在输出映像继存器（输出继电器）中，输出继电器是用来将 PLC 的输出信号传递给负载，只能用程序指令驱动。

程序控制能量流从输出继电器 Q0.0 线圈左端流入时，Q0.0 线圈通电（存储器位置 1），带动输出触点动作，使负载工作。

负载又称执行器（如接触器、电磁阀、LED 显示器等），连接到 PLC 输出模块的输出接线端子，由 PLC 控制其启动和关闭。

I/O 映像寄存器可以按位、字节、字或双字等方式编址，如 I0.1、Q0.1（位寻址）、IB1、QB5（字节寻址）。

S7-200 CPU 输入映像寄存器区域有 I0～I15 等 16 个字节存储单元，能存储 128 点信息。CPU224 主机有 I0.0～I0.7，I1.0～I1.5 共 14 个数字量输入接点，其余输入映像寄存器可用于扩展或其他。

S7-200 CPU 输出映像寄存器区域有 Q0～Q15 等 16 个字节存储单元，能存储 128 点信息。CPU224 主机有 Q0.0～Q0.7、Q1.0、Q1.1 共 10 个数字量输出端点，其余输出映像寄存器可用于扩展或其他。

2. 变量存储器（V）和局部存储器（L）

变量存储器（V）既可用于存储运算的中间结果，也可用来保存工序或与任务相关的其他数据，如模拟量控制、数据运算、设置参数。变量存储器可按位使用，也可按字节、字或双字使用。变量存储器有较大的存储空间，如 CPU224 有 VB0.0～VB2047.7 的 2KB 字节。

局部存储器（L）和变量存储器（V）很相似，主要区别在于局部存储器（L）是局部有效的，变量存储器（V）则是全局有效的。全局有效是指同一个存储器可以被任何程序（如主程序、中断程序或子程序）存取，局部有效是指存储区和特定的程序相关联。

S7-200 有 64 个字节的局部存储器，编址范围 LB0.0～LB63.7。其中 60 个字节可以用作暂时存储器或者给子程序传递参数，最后 4 个字节为系统保留字节。S7-200 PLC 根据需要分配局部存储器。当主程序执行时，64 个字节的局部存储器分配给主程序；当中断或调用子程序时，局部存储器重新分配给相应程序。局部存储器在分配时 PLC 不进行初始化，初始值是任意的。

可以用直接寻址方式按字节、字或双字访问局部存储器，也可以把局部存储器作为间接寻址的指针，但不能作为间接寻址的存储区域。

3. 内部标志位（M）存储器

内部标志位（M）可以按位使用，可以作为控制继电器使用，用来存储中间操作数或其他控制信息，也可以按字节、字或双字来存取存储区的数据，编址范围 M0.0～M31.7。

4.顺序控制继电器(S)存储器

顺序控制继电器 S 又称为状态元件,用来组织机器操作或进入等效程序段工作,以实现顺序控制和步进控制。可以按位、字节、字或双字来存取,编址范围 S0.0～S31.7。

5.特殊标志位(SM)存储器

SM 存储器提供了 CPU 与用户程序之间信息传递的方法,用户可以使用这些特殊的标志位提供的信息,SM 控制 S7-200 CPU 的一些特殊功能。特殊标志位可分为只读区和读/写区两大部分。CPU224 的 SM 编址范围为 SM0.0～SMl79.7 共 180 个字节,CPU214 为 SM0.0～SM85.7 共 86 个字节,其中 SM0.0～SM29.7 的 30 个字节为只读区。

例如,特殊存储器只读字节 SMB0 为状态位,在每次扫描循环结尾由 S7-200 CPU 更新,用户可使用这些位的信息启动程序内的功能,编制用户程序。SMB0 字节特殊标志位定义如下:

SM0.0,RUN 监控,PLC 在运行状态,该位始终为 1。

SM0.1,首次扫描时为 1,PLC 由 STOP 转为 RUN 状态时,ON(高电平)一个扫描周期,用于程序的初始化。

SM0.2,当 RAM 中数据丢失时,ON 一个扫描周期,用于出错处理。

SM0.3,PLC 上电进入 RUN 方式,ON 一个扫描周期,可用在启动操作之前给设备提供一个预热时间。

SM0.4,分脉冲,该位输出一个占空比为 50% 分时钟脉冲,可用作时间基准或简易延时。

SM0.5,秒脉冲,该位输出一个占空比为 50% 秒时钟脉冲。可用作时间基准或简易延时。

SM0.6,扫描时钟,一个扫描周期为 ON,另一个为 OFF(低电平),循环交替。

SM0.7,工作方式开关位置指示,0 为 TERM 位置,1 为 RUN 位置。为 1 时,使自由端口通信方式有效。

指令状态位 SMB1 提供不同指令的错误指示,如表及算术操作。部分位的操作如下。

SMl.0,零标志,运算结果为零时,该位置 1。

SMl.1,溢出标志,运算结果溢出或查出非法数值时,该位置 1。

SMl.2,负数标志,数学运算结果为负时,该位置为 1。

特殊标志位 SM 的详细定义及功能可参看其使用手册。

6.定时器(T)和计算器(C)

(1)定时器

PLC 中定时器相当于时间继电器,用于延时控制。S7-200 CPU 中的定时器是累计内部时钟时间增量的设备。

定时器用符号 T 和地址编号表示,编址范围 T0～T255(22X),T0～T127(21X)。定时器的主要参数有时间预置值,当前计时值和状态位。

时间预置值为 16 位符号整数,由程序指令给定。

在 S7-200 定时器中有一个 16 位的当前值寄存器用于存放当前计时值(16 位符号整数)。

定时器输入条件满足时,当前值从零开始增加,每隔 1 个时间基准增 1。时间基准又称定时精度,S7-200 共有 3 个时基等级(1 ms、10 ms、100 ms)。定时器按地址编号不同,分属各个时基等级。

每个定时器除有预置值和当前值外,还有 1 位状态位。定时器的当前值增加到大于等于预置值后,状态位置 1,梯形图中代表状态位读操作的是常开触点闭合。

定时器的编址(如 T3)可以用来访问定时器的状态位,也可以用来访问当前值。

(2)计数器

计数器主要用来累计输入脉冲个数。其结构与定时器相似,其设定值(预置值)在程序中赋予,有一个 16 位当前值寄存器和 1 位状态位。当前值用以累计脉冲个数,计数器当前值大于或等于预置值时,状态位置 1。

S7-200 CPU 提供三种类型的计数器:增计数、减计数和增/减计数。计数器用符号 C 和地址编号表示,编址范围为 C0~C255(22X)和 C0~C127(21X)。

7. 模拟量输入/输出映像寄存器(AI/AQ)

S7-200 的模拟量输入电路将外部输入的模拟量(如温度、电压等)转换成 1 个字长(16 位)的数字量存入模拟量输入映像寄存器区域,可以用区域标志符(AI)、数据长度(W)及字节的起始地址来存取这些值。由于模拟量为一个字长,起始地址定义为偶数字节地址,如 AIW0、AIW2、…、AIW62,共有 32 个模拟量输入点。模拟量输入值为只读数据。

S7-200 模拟量输出电路将模拟量输出映像寄存器区域的一个字长(16 位)数字值转换为模拟电流或电压输出。可以用标识符(AQ)、数据长度(W)及起始字节地址设置。由于模拟量输出数据长度为 16 位,起始地址也采用偶数字节地址,如 AQW0、AQW2、…、AQW62,共有 32 个模拟量输出点。用户程序只能输出映像寄存器区域置数,而不能读取。

8. 累加器(AC)

累加器是用来暂存数据的寄存器,可以与子程序传递参数以及存储计算结果的中间值。S7-200 CPU 中提供了 4 个 32 位累加器 AC0~AC3。累加器支持以字节、字或双字的存取。按字节或字为单位存取时,累加器只使用低 8 位或低 16 位,数据存储长度由指令决定。

9. 高速计数器(HC)

CPU22X PLC 提供了 6 个高速计数器(每个计数器最高频率为 30kHz)用来累计比 CPU 扫描速率更快的事件。高速计数器的当前值为双字长的符号整数,且为只读值。高速计数器的地址由符号 HC 和编号组成,如 HC0、HC1、…、HC5。

10.2.3　S7-200 系列 PLC 的寻址方式和指令系统

1. S7 系列 PLC 的寻址方式

S7-200 将信息存放在不同的存储单元,每个单元有一个唯一的物理地址,系统允许用户以字节、字、双字为单位存、取信息。提供操作数据地址的方法,称为寻址方式。S7-200 数据寻址方式有立即寻址、直接寻址和间接寻址三大类。立即寻址的数据在指令中以常数形式存在,直接寻址和间接寻址有位、字节、字和双字 4 种寻址格式。下面说明直接寻址和间接寻址方式。

(1)直接寻址方式

直接寻址方式是指在指令中直接使用存储器或寄存器的元件名称和地址编号查找数据。数据直接寻址是指在指令中明确指出了存取数据的存储器地址,允许用户程序直接存取信息。

数据的直接地址包括内存区域标志符、数据大小及该字节的地址或字、双字的起始地址以及位分隔符和位,其中部分参数可以省略。

可以进行位操作的元器件有输入映像寄存器(I)、输出映像寄存器(Q)、变量存储器(V)、局部存储器(L)、内部标志位(M)、状态元件(S)、特殊标志位(SM)等。其中特殊标志位(SM)的含义是固定的,用户可以使用,但不能改变。各种机型 PLC 的内部资源符号用法基本相同,但数量不同。

直接访问字节(8 bit)、字(16 bit)、双字(32 bit)数据时,必须指明数据存储区域、数据长度及起始地址。当数据长度为字或双字时,最高有效字节为起始地址字节。

(2)间接寻址方式

间接寻址是指使用地址指针存取存储器中的数据。使用前,首先将数据所在单元的内存地址放入地址指针寄存器中,然后根据该地址存取数据。S7-200 CPU 中允许使用指针进行间接寻址的存储区域有 I、Q、V、M、S、T、C。

建立内存地址的指针为双字长度(32 位),故可以使用 V、L、AC 作为地址指针。必须采用双字传送指令(MOVD)将内存的某个地址移入到指针当中,以生成地址指针。指令中的操作数(内存地址)必须使用"8L"符号表示内存某一位置的地址(32 位)。

间接寻址(用指针存取数据),在使用指针存取数据的指令中,操作数前加有"﹡"时表示该操作数为地址指针。

2. S7 系列 PLC 的指令系统

S7 系列 PLC 具有丰富的指令集,按功能可分为基本元素、标准指令、特殊指令以及集成功能四个部分。基本元素包括逻辑操作、堆栈操作、跳转操作、装载操作和比较操作。标准指令包括定时功能、计数功能、算术运算功能等指令。特殊指令可以满足诸如移位、循环、转换以及高速计算和中断操作等复杂功能。

10.3　可编程控制器应用系统设计

10.3.1　PLC 应用系统设计步骤

可编程控制器用软件和内部逻辑取代了继电器控制系统中的继电器、定时器、计数器和其他单元设备,因此,PLC 控制系统的设计关键是控制线路和控制程序。但随着 PLC 功能的不断增强、通信网络化的实现以及功能模块的专用化,PLC 的应用场合愈加多样化,它所控制的系统也越来越复杂。本节结合前面所讲的 PLC 的软、硬件知识,联系实际,介绍常用 PLC 应用系统的设计步骤。

PLC 的内部结构尽管与通用计算机相似,但其接口电路不相同,编程语言也不一致。因此,需要根据 PLC 自身的特点、性能进行系统设计。具体设计步骤包括以下几点。

1.建立系统设计方案

在建立系统设计方案的时候,以下几点需要注意:

(1)熟悉被控系统的工艺要求

当设计者在接到设计任务时,首先必须进入现场调查研究,深入了解被控系统,搜集有关资料,并与工艺、机械、电气方面的技术和操作人员密切配合。需要熟悉的工艺要求包括:被控对象的驱动要求和注意事项,如驱动电压、电流和时间等;各部件的动作关系,如因果、条件、顺序和必要的保护及联锁、自锁等;操作方式,如手动、自动、半自动、连续、单步和单周期等;内部设备,如与机械、液压、气动、仪表、电气等方面的关系;外围设备,如与其他 PLC、工业控制计算机、变频器、监视器之间的关系,以及是否需要显示关键物理量、上下位机的联网通信和停电等应急情况下的紧急处理措施等。

(2)根据物理量的性质确定 PLC 的型号

根据控制要求确定所需的信号输入元件、输出执行元件,即哪些信号是输入给 PLC 的,哪些信号是由 PLC 发出去驱动外围负载的。同时,分类统计出各物理量的性质,比如是开关量还是模拟量,是直流量还是交流量,以及电压的大小等级。根据输入量、输出量的类型和点数,选择具有相应功能的 PLC 的基本单元和扩展单元。对于模块式 PLC,还应考虑框架和基板的型号、数量,并留有一定的余量。

(3)确定被控对象的参数

在控制系统中,被控对象的参数一般包括位置、速度、时间、温度、压力、电压、电流等信号,根据控制要求设置各物理量的参数、点数和范围。对于有特殊要求的参数,如精度要求、快速性要求,应按工艺指标选择相应的传感器和保护装置。

(4)分配输入输出继电器号

在分配继电器号之前,首先应区分输入、输出继电器。所谓输入继电器就是把外来的信号送到 PLC 内部处理用的继电器,在程序内做接点使用;输出继电器就是把 PLC 的内部运算结果向外部输出的继电器,在程序内部作为继电器线圈以及常开、常闭接点使用。在策划编程时,首先要对输入输出继电器进行编号,确定输入输出继电器所对应的 I/O 信号所接的接线端子编号,并且保持一致;列出一张 I/O 信号表,注明各信号的名称、代号和分配的元件号。

(5)用流程图表示系统动作基本流程

用流程图表示系统动作的基本流程,会给编写程序带来极大的方便。控制对象的动作顺序若用流程图来表达的话,其相互约束关系直观、形象、具体,基本组成了工程设计的框架。

(6)绘制梯形图,编写 PLC 控制程序

绘制梯形图的过程就是控制对象按生产工艺的要求进行逐条语句执行的过程,因此,有必要列出某些信号的有效状态,例如,是上升沿有效还是下降沿有效,是低电平有效还是高电平有效,开关量信号是常闭触点还是常开触点,触点在什么条件下接通或断开,激励信号是来自 PLC 内部还是外部等。最后依据梯形图逻辑关系,按照 PLC 编程语言和格式编写用户程序,

并写入 PLC 存储器中。

在编制 PLC 程序的过程中,如果程序较为复杂,应该灵活运用 PLC 的内部辅助继电器、定时器、计数器等编程元件。对于被控对象复杂的程序,应尽量结合编程知识对梯形图在不改变系统功能的情况下进行相应的修正。

(7)现场调试、试运行

在编制好程序后,通常利用实验室的拨码开关模拟现场信号,逼近实际系统。对 PLC 程序进行模拟运行并调试,对控制过程中可能出现的各种故障进行汇总、修正,直到运行过程稳定、可靠。完成此过程后,将 PLC 装在现场进行联机总调试,对可能出现的接线问题、执行元件的硬件故障问题,采用首先调试子程序模块或功能模块,然后调试初始化程序,最后调试主程序的方式,逐一排除,使程序更趋完善、稳定,再进行现场运行测试。

(8)编制技术文件

系统投入使用后,应结合工艺要求和最终调试结果,整理出完整的技术文件,提交用户使用。技术文件的内容包括电气原理图、程序清单、使用说明书、元件明细表、元件对应的 PLC 的 I/O 编号、PLC 的安装方法、特殊的 I/O 接线方法等。

2. 确定控制系统方案

确定控制系统方案就是确定受控对象与 PLC 之间的输入、输出关系。例如,确定哪些是输入信号类型(如按钮、行程开关等开关量信号以及温度、压力等模拟量信号)及性能要求(如精度、幅度、速度等);明确哪些信号输出到受控对象(如执行机构和状态显示),并考虑这些信号的输入接口以及输出接口问题,例如,输入信号的高低电平匹配、波特率等参数要求,输出信号与执行机构的匹配等。明确上述关系和要求、实现参数控制的具体方案,将为确定 PLC 控制所需的硬件和软件结构提供依据。

拟定实现参数控制的具体方案,主要包括:

①硬件设计。

②选择 PLC 机型。

③系统软件设计。

考虑输入、输出信号是开关量还是模拟量,还应根据模拟量的数目和精度要求选择 A/D、D/A 转换模块的个数和位数。

设计系统控制的网络拓扑结构,分析上、下位机各自承担的任务,相互的关系、通信方式、网络协议、传输速率、传输距离等,以及实现这些功能的具体要求。

对可编程控制器特殊功能的要求,对于 PID 闭环控制、快速响应、高速计数和运动控制等特殊要求,可以选用有相应特殊 I/O 模块的 PLC 机型。

总之,在设计 PLC 控制系统时,应最大限度地满足被控对象的控制要求,并力求使控制系统简单、经济、使用及维修方便,保证控制系统的安全、可靠、稳定的运行,同时考虑到生产和发展工艺的改进,在选择 PLC 的容量时,应留有一定的余量。

10.3.2 PLC 应用系统的硬件设计

PLC 的硬件系统一般由 PLC、输入输出设备、控制柜等组成。在硬件设计时,主要应考虑以下原则和步骤。

1. 硬件设计的原则

(1)可靠性

可靠性是 PLC 系统的生命。若 PLC 系统设计不可靠,即使功能再完善、经济性再好也没用。因此,在硬件设计中,除了尽可能选择高可靠性的元件和产品外,还要考虑系统的主要性能指标和使用场所。

(2)功能完善

在保证完成控制功能的基础上,应尽可能将自检、报警及安全保护等功能纳入设计方案,使系统的功能更加完善。

(3)经济性

在保证可靠性和功能完善的基础上,还应尽可能地降低成本。

除此之外,控制系统的先进性、可扩展性和整体的美观性也是硬件设计应综合考虑的因素。

2. 硬件设计的步骤

PLC 应用系统的硬件设计过程一般包括以下六步。

(1)选择合适的 PLC 机型

选用 PLC 机型应从性能结构、I/O 点数、存储容量以及特殊功能等方面来综合衡量。目前生产 PLC 的厂家很多,品牌也很多,具体可以根据控制要求的复杂程度、控制精度、估计控制程序的存储容量、输入和输出的 I/O 点数、电气性能指标和用户要求等加以选择。一般来说,机型选择的基本原则是在功能满足要求的情况下,保证可靠、维护使用方便以及最佳的性价比。

(2)I/O 点数的选择

要估算可编程控制器控制系统的 I/O 点数。系统对可编程控制器的 I/O 点数的要求与接入的输入输出设备有关。I/O 点数是衡量 PLC 规模大小的重要指标。因此,首先要根据系统的控制规模,确保有足够的 I/O 点数,并考虑 10%～15% 的 I/O 点数作为余量,以备后用。另外,一些高密度输入模块对输入点数的使用有限制,一般同时接通的输入点数不得超过总输入点数的 60%。

(3)I/O 模块的选择

除了 I/O 点数之外,还要考虑 I/O 模块的工作电压(直流或交流)以及外部接线方式。

(4)估算用户程序存储容量

用户程序占用多少内存与许多因素有关,如 I/O 点数、控制要求、运算处理、程序结构等。因此,在进行程序设计之前只能对用户的存储容量进行大致估算。经验表明,每个 I/O 点及有关功能器件占用的内存容量大致见表 10-3。

表 10-3　用户存储容量估算表

序号	功能器件名称	所需要的存储器字数
1	开关量输入	输入总点数×10 字/点
2	开关量输出	输出总点数×8 字/点
3	模拟量	模拟量通道数×100 字/通道
4	定时器/计数器	定时器/计数器的个数×5 字/个
5	通信端口	端口数×300 字/个

对用户程序的总存储容量,可以对照表中不同功能器件所对应的存储字数,根据器件个数,算出需要的总步数或点数,再留出总步数的 25% 作为备份量。对缺乏经验的设计者,选择 PLC 内存容量时,留的余量要大些。

(5)专用功能模块的配置

除了开关信号之外,工业控制中还要对温度、压力、物位(或液位)、流量等过程变量以及运动控制变量等进行检测和控制。在这些专用场合,输入和输出容量已经不是关键参数,更重要的是考虑它们的控制功能。目前各 PLC 厂家都提供了许多专用功能模块,其中模拟量的输入/输出模块、温度模块等是非常普及的,这些模块具有 A/D 和 D/A 变换功能,可以适合现场控制的需要。

在选用专用功能模块时,只要能满足控制功能的要求就可以了,要避免大材小用。在有些专用场所,特别是驱动大功率负载时,还需要根据实际情况自己设计相应的驱动电路;对于慢过程的大系统,通常需要各设备之间有互锁控制。

(6)I/O 分配

PLC 的安装、接线和硬件设置,虽然工作都不太复杂,但也要认真完成。为了防止接线错误,首先要对 I/O 点进行分配,做成一个 I/O 分配表,并设计 PLC 的 I/O 端口接线图。在分配 I/O 点编号时,尽量将同类信号集中配置,地址号按顺序连续编排。例如,对彼此关联的输出器件(正转和反转、前进和后退等),它们的地址应连续编号。通常中间继电器、定时器、计数器等元件不必列在 I/O 表中。

10.3.3　PLC 应用系统的软件设计

1. 软件设计的要求

软件设计的要求是由 PLC 本身的特点以及在工业控制中需要完成的具体控制功能决定。具体要求包括以下三点。

①紧密结合生产工艺。程序设计人员必须严格遵守生产工艺的具体要求来设计应用软件。

②熟悉控制系统的硬件结构。软件系统是由硬件系统决定的,程序设计人员不能抛开硬件结构只考虑软件,而应根据硬件系统编制相应的应用程序。

③应具备计算机和自动化控制两方面的知识。PLC 是以微处理器为核心的控制设备,无论是硬件还是软件都离不开计算机技术,控制系统的许多知识也是从计算机技术演变出来的;

同时,控制功能的实现也离不开自动化控制技术。因此,程序设计人员必须具备计算机和自动化控制两方面的知识。

2.软件设计的原则

PLC 系统的软件设计是以系统要实现的工艺要求、硬件组成和操作方式等条件为依据来进行的,一般来说软件设计人员要遵从以下几个原则。

①设置了必要的参数后,对 CPU 外围设备的管理由系统自动完成。程序设计一般只需要考虑用户程序的设计。

②要对输入输出信号做统一操作,确定各个信号在一个扫描周期内的唯一状态,避免由于同一个信号因状态的不同而引起的逻辑混乱。

③由于 CPU 在每个周期内都固定进行某些窗口服务,占用一定的机器时间,因此,周期时间不能无限制地缩短。

④定时器的时间设定值不能小于周期扫描时间,并且,在定时器时间设定值不是平均周期时间的整数倍时,可能会带来一定的定时误差。

⑤用户程序中如果多次对同一个参数进行赋值,则只有最后一次操作有效。

3.软件设计的步骤

软件设计就是编写满足生产要求的梯形图或助记符程序,设计应按以下步骤进行。

(1)设计控制系统流程图

在明确生产工业要求,分析各输入、输出与各种操作之间的逻辑关系,确定需要检测的被控量和控制方法的基础上,可根据系统中各设备的操作内容和操作顺序,画出系统控制的流程图,用于表明动作的顺序和条件。流程图是编程的主要依据,要尽可能详细。有的系统的应用软件已经模块化了,那就要对相应程序模块进行定义,规定其功能,确定各个模块之间的连接关系,然后再对各模块内部进一步细化,画出更详细的流程图。

(2)编制应用程序

编制应用程序就是根据设计的程序流程图逐条地编写控制程序,这是整个程序设计工作的核心部分。

程序设计的一般方法是将 I/O 表中的所有输出线圈全部一次性列在梯形图的右母线上,这样可有效防止双线圈输出的错误。然后,逐一分析各个输出线圈的触发条件,将触发它的常开或常闭的输入触点连接到左母线与线圈之间。其中,需要具体分析触发的情况:属于多点共同触发的,需采用串联方式连接各触点;当多路信号均能独立触发时,则应采用并联方式连接各触点。最后,还要根据输入触点的动作情况,适当加入"自保持"程序。

(3)程序测试和修改

程序测试是整个程序设计工作中一项很重要的内容,它可以初步检查程序的实际效果。程序测试和程序编制是分不开的,程序的许多功能都是在测试中通过修改来完善的。

测试时,先从各功能单元入手,设定输入信号,观察输出信号的变化情况。必要时可以借用某些仪器进行检测。各功能单元的程序测试完成之后,再测试整个程序各部分的接口情况,直到满意为止。

4.软件设计的内容

PLC 程序设计的内容包括以下几点。

(1)定义参数表

所谓的参数表就是按照一定的格式对所设计系统的各个接口参数进行规定和整理得到的表格。PLC 编程所用的参数表所包含的内容基本相同,一般由输入信号表、输出信号表、中间标志表和存储单元表构成。

输入输出表要明显地标示出模块的位置、信号端子号和信号的有效状态等;中间标志表要给出信号地址、信号处理和信号的有效状态等;存储单元表要含有信号地址和信号名称等。各个信号一般按信号地址从小到大的顺序排列。

(2)绘制程序框图

程序框图是根据工艺流程而绘制出来的控制过程方框图,包括程序结构框图和控制功能框图。程序结构框图是全部应用程序中各功能单元的结构形式,可以根据它去了解所有控制功能在整个程序中的位置;而控制功能框图描述了某种控制在程序中的具体实现方法以及它的控制信号流程。

绘制程序框图相当重要,设计者可以根据程序框图编制实际的控制程序,而使用者也可以根据程序框图方便地阅读程序清单。因此,设计程序时,一般要求绘制程序框图。应先绘制程序结构框图,再详细绘制各个控制功能框图,实现各个控制功能。程序结构框图和控制功能框图两者缺一不可。

(3)编制程序清单

可以说这一步是程序设计中最主要并且也是最重要的阶段,编制程序清单的过程也就是各个控制功能具体实现的过程。设计者首先要根据 PLC 来选择相应的编程语言,所选用的PLC 不同,其用于编程的指令系统也不同。选择了编程语言后,就可以根据程序框图所规定的顺序和功能编写程序清单。程序编制完成后就可以对它进行调试,直到适应工艺要求为止。

(4)编写程序说明书

程序说明书是设计者对整个程序内容注释性的综合说明,目的是为了方便使用者了解其程序的基本结构和某些问题的处理方法。程序设计者需在说明书中大体说明自己的程序设计的依据、基本结构、各功能模块的原理,以及程序阅读方法和使用过程中应该注意的一些事项,还应该包含程序中所使用的注释符号、文字编写的含义和程序的测试情况等。

第11章 单片机控制技术

11.1 单片机概述

单片机实际上是一台简单的微型计算机。它是将CPU、存储器、各种I/O端口、定时器/计数器以及中断系统等主要微型机部件功能集成在一块芯片上,因而被称为单片机。单片机主要用于控制领域,以实现各种测试和控制功能。因此,也被称为"微控制器"。

11.1.1 单片机的概念和组成

1.单片机的概念

单片机是指将CPU、存储器(RAM和ROM)、定时器/计数器以及基本输入/输出(I/O)接口电路等部件集成在一块芯片上,所组成的芯片及微型计算机,称之为单片微型计算机(Single Chip Microcomputer),简称单片微机或单片机。由于单片机的硬件结构与指令系统都是按工业控制的要求严格设计,常用于工业检测、控制装置中,因而也称为微控制器(Micro-Controller)或嵌入式控制器(Embedded-Controller)。

2.单片机的组成

单片机主要部件说明如下:

(1)中央处理器CPU

CPU是单片机的核心部件,由运算器和控制器组成,完成算术运算和逻辑操作,单片机的字长有4、8、16、32位之分,字长越长运算速度越快,数据处理能力也就越强。

(2)存储器

通常单片机存储器采用哈佛结构,即ROM和RAM存储器是分开编址,ROM存储器容量较大,RAM存储器的容量较小。

ROM存储器一般只有1～32KB,用于存放应用程序,故又称为程序存储器。由于单片机主要应用于控制系统,通常嵌入被控对象中,因此,一旦该系统研制成功,其硬件的应用程序均已定型。为了提高系统的可靠性,应用程序通常固化在片内ROM中。根据片内ROM的结构,单片机又可分为无ROM型、ROM型、EPROM型和EEPROM型。近年来,又出现了Flash型ROM存储器。

无ROM型单片机片内不集成ROM存储器,应用程序必须固化到外部ROM存储器芯片中,才能构成有完整功能的单片机应用系统。ROM型单片机内部程序存储器是采用掩膜工艺制成,程序一旦固化进去便不能修改。EPROM型单片机内部程序存储器是采用特殊FA-MOS管构成,程序写入后,可通过紫外线擦除,重新写入。而EEPROM型单片机内部程序存储器可以直接用电信号编程和擦除,使用起来十分方便,深受开发设计人员欢迎。

通常,单片机片内 RAM 存储器容量为 64～256B,有的可达 48KB。RAM 存储器主要用来存放实时数据或作为通用寄存器、堆栈和数据缓冲器使用。

(3)I/O 接口

I/O 接口电路有串行和并行两种。串行 I/O 用于串行数据传输,它可以把单片机内部的并行数据变成串行数据向外传送,也可以串行接收外部送来的数据,并把它们变成并行数据送给 CPU 处理。并行 I/O 端口可以使单片机和存储器或外设之间实现并行数据传输。

(4)特殊功能部件

通常,特殊功能部件包括定时器/计数器,A/D、D/A 转换器,DMA 通道,串行通信接口,系统时钟和中断系统等模块。定时器/计数器用于产生定时脉冲,以实现单片机的定时控制;A/D 和 D/A 转换器用于模拟量和数字量之间的相互转换,以完成实时数据的采集和控制;DMA 通道可以使单片机和外设之间实现数据的快速传输;串行通信接口可以方便地实现单片机系统与其他系统之间的数据通信。总之,某一单片机内部究竟包括哪些特殊功能部件以及特殊功能部件的数量,便确定了其应用领域。

11.1.2　单片机的发展

1.单片机的发展历程

单片机是随着微型计算机、单板机的发展及其在智能测控系统中的广泛应用而发展起来的。其发展历程大致可以归纳为以下几个阶段。

第一阶段:初级阶段(1974—1976 年)。因工艺限制,单片机采用双片形式且功能比较简单,如仙童公司生产的 F8 单片机。

第二阶段:低性能单片机阶段(1976—1980 年)。该阶段是以较简单的 8 位低档单片机为代表。其主要代表芯片为 Intel 公司的 MCS-48 系列,该芯片集成了 8 位 CPU、并行 I/O 接口、8 位定时器/计数器,寻址范围为 4KB,没有串行通信接口。

第三阶段:高性能单片机阶段(1980—1983 年)。该阶段仍以 8 位机为主,主要增加了串行口、多级中断处理系统、16 位定时器/计数器,除单片机内 RAM、ROM 容量加大之外,单片机外部寻址范围达 64KB,有的单片机内还集成有 A/D、D/A 转换器。这一阶段的单片机以 Intel 公司的 MCS-51 系列、Motorola 公司的 6801 系列和 Zilog 公司的 Z8 系列为代表。以上机型由于功能强大、使用方便,目前仍在广泛应用。

第四阶段:1983 年至 20 世纪 80 年代末,推出了高性能的 16 位单片机。性能更加完善,主频速率提高,运算速度加快,具有很强的实时处理能力,更加适用于要求速度快、精度高、响应及时的应用场合,其主要代表芯片为 Intel 公司的 MCS-96 系列等。

第五阶段:20 世纪 90 年代至今。单片机在集成度、速率、功能、可靠性、应用领域等方面全方位地向更高水平发展。CPU 数据线有 8、16、32 位,采用双 CPU 结构及内部流水线结构,以提高数据处理能力和运算速度;采用内部锁相环技术,时钟频率已高达 50 MHz;指令执行速率提高,提供了运算能力较强的乘法指令和内积运算指令,具有较强的数据处理能力;设置了新型的串行总线结构,系统扩展更加方便;增加了常用的特殊功能部件,如系统看门狗

(Watchdog)、通信控制器、调制解调器、脉宽调制输出 PWM 等。随着微电子技术的进一步发展和半导体工艺的不断改进,芯片正朝着高集成度、低功耗的方向发展。随着应用范围的不断扩大,专用单片机也得到了迅速发展。

2.单片机的发展趋势

随着科技的进步,单片机将朝着以下几个方向发展。

(1)高集成

单片机在内部已集成了越来越多的部件,这些部件包括一些常用的电路,如定时器、比较器、A/D 转换器、D/A 转换器、串行通信接口、Watchdog 电路、LCD 控制器等。有的单片机为了构成控制网络或形成局部网,内部含有局部网络控制模块,甚至将网络协议也固化在其内部。

(2)低功耗

现在新型单片机的功耗越来越小,特别是很多单片机都设置了多种工作方式,包括等待、暂停、睡眠、空闲、节电等工作方式。扩大电源电压范围以及在较低电压下仍然能工作是当今单片机发展的目标之一。目前,一般单片机都可在 3.3～5.5 V 的条件下工作,一些厂家甚至生产出可以在 2.2～6 V 条件下工作的单片机。

(3)微型化

芯片集成度的提高为微型化提供了可能。早期单片机大量使用双列直插式封装,现在的封装水平已大大提高。随着贴片工艺的出现,单片机也大量采用了各种符合贴片工艺的封装,大大减小芯片的体积,为嵌入式系统提供了可能。

(4)高速化.

早期 MCS-51 典型时钟为 12 MHz,目前西门子公司的 C500 系列(与 MCS-51 兼容)时钟频率为 36MHz;EMC 公司的 EM78 系列单片机时钟频率高达 40MHz;现在已有更快的 32 位 100MHz 单片机产品出现。

(5)性能更优

现在有的单片机已采用所谓的三核结构,这是一种建立在系统级芯片(System on a Chip)概念上的结构。三个核为:微控制器和 DSP(Digital Signal Processing)核、数据和程序存储器核、外围专用集成电路 ASIC(Application Specific Integrated Circuit)。采用该三核结构的单片机的最大特点在于把微控制器和 DSP 集成在一个片上。虽然从结构上讲,DSP 是单片机的一种类型,其作用主要体现在高速计算和特殊处理上,如快速傅里叶变换等,这些单片机的 MCU(Microprocessor Control Unit)都是 32 位,而 DSP 采用 16 位或 32 位结构,工作频率一般在 60MHz 以上。

(6)通信和网络功能加强

单片机的另外一个名称就是嵌入式微控制器,原因在于它可以嵌入到任何微型、小型仪器或设备中。在某些单片机内部还含有局部网络控制模块,因此,这类单片机十分容易构成网络。特别是在控制系统较为复杂时,采用构成控制网络的方法十分有效。目前,将单片机嵌入式系统和 Internet 连接起来已是一种趋势。

(7)专用型单片机发展加快

专用型单片机具有最大程度简化的系统结构,资源利用率最高,大批量使用可以产生可观的经济效益。

①Intel 公司的系列单片机。Intel 公司的系列单片机可分为 MCS-48、MCS-51、MCS-96 三个系列。Intel 的单片机每一类芯片的 ROM 根据型号一般有片内掩膜 ROM、片内带 EPROM 和外接 EPROM 三种方式,这是 Intel 公司的首创,现已成为单片机的统一规范。之后又推出了片内带 EEPROM 型单片机。片内掩膜 ROM 型单片机适合于已定型的产品,可以大批量生产;片内带 EPROM 型、外接 EPROM 型及片内带 EEPROM 型单片机适合于研制新产品和生产产品样机。

MCS-48 系列单片机是 1976 年推出的 8 位单片机,其典型产品为 8048。MCS-51 系列单片机是 Intel 公司 1980 年推出的一个高性能 8 位单片机。与 48 系列相比,MCS-51 系列单片机无论是在片内 RAM/ROM 容量、I/O 功能、种类和数量,还是在系统扩展能力方面均有很大加强。MCS-51 的典型产品为 8051。MCS-96 系列单片机是 Intel 公司 1983 年推出的 16 位单片机,其功能更加强大。

②Philips 公司的单片机。Philips 公司生产与 MCS-51 兼容的 80C51 系列单片机,片内具有 I^2C 总线、A/D 转换器、定时监视器、CRT 控制器等丰富的外围部件。其主要产品有 80C51、80C52、80C31、80C32、80C528、80C552、80C562、80C751 等,其中 80C552 功能最强,80C751 体积最小。

Philips 单片机独特的创造是具有 I^2C 总线,这是一种集成电路和集成电路之间的串行通信总线。可以通过总线对系统进行扩展,使单片机系统结构更简单体积更小。I^2C 总线也可以用于多机通信。

③Motorola 公司的单片机。Motorola 公司的单片机从应用角度可以分成两类:高性能的通用型单片机和面向家用消费领域的专用型单片机。

通用型单片机具有代表性的是 MC68HC11 系列,有几十种型号。其典型产品为 MC68HC11A8,具有准 16 位的 CPU、8KB ROM、256B RAM、512B EEPROM、16 位多功能定时器、38 位 I/O 口、2 个串行口、8 位脉冲累加器、8 路 8 位 A/D 转换器、Watchdog、17 个中断向量等功能,可单片工作也可以扩展方式工作。除上述系列之外,还有 MC68HC16 系列,典型产品为 MC68HC1621。M68HC16 系列单片机采用模块化设计,由 16 位 CPU 模块、内部总线模块、系统集成模块、各种存储器模块、各种 I/O 模块等组成。改变存储器模块或 I/O 模块可形成不同的 MC68HC16 系列单片机。

专用型单片机性价比高,应用时一般采用"单片"形式,原则上一块单片机就是整个控制系统。这类单片机无法外接存储器,如 MC68HC05/MC68HC04 系列。

④Zilog 公司的单片机。Zilog 公司推出的 Z8 系列单片机是一种中档 8 位单片机。它的典型产品为 Z8601,具有 8 位 CPU、2KB ROM、124B RAM、2 个 8 位定时器/计数器、32 位 I/O 口、1 个异步串行通信口、6 个中断向量等。主要产品型号有 Z8600/10、Z8601/11、Z86C06、Z86C21、Z86C40、Z86C93 等。

⑤ATMEL 公司的 51 系列单片机。ATMEL 公司生产的 CMOS 型 51 系列单片机,具有 MCS-51 内核,用 Flash ROM 代替 ROM 作为程序存储器,具有价格低、编程方便等优点。

ATMEL 公司生产的单片机主要有 89C51、89F51、89C52、89LV52、89C55 等。

⑥Microchip 公司的单片机

Microchip 公司推出了 PIC16C5X 系列的单片机。它的典型产品 PIC16C57,具有 8 位 CPU、2KB×12 位 EEPROM 程序存储器、80B×8 RAM、1 个 8 位定时器/计数器、21 位 I/O 口等硬件资源。指令系统采用 RISC 指令,拥有 33 条基本指令,指令长度为 12 位,工作速度较高。主要产品有 PIC16C54、PIC16C55、PIC16C56 等。

11.2　典型的单片机

11.2.1　MCS-51 系列单片机

单片机的种类繁多,不同厂家、不同种类、不同型号的单片机其结构和功能也不尽相同,本节以 MCS-51 单片机为例进行说明。

1. MCS-51 系列单片机的特点

MCS-51 系列单片机是 8 位通用型单片机,是目前国内单片微机应用及教学的主流产品。MCS-51 系列单片机在硬件结构、指令设置上均有其独到之处。其主要特点如下。

①单片机的存储器有片内存储器和片外存储器之分。单片机内集成有存储器,单片机片内存储器一般容量不会很大,可根据需要在片外扩展存储器。

②单片机内的 ROM 和 RAM 严格分工。单片机内的存储器分为 ROM 和 RAM。ROM 只存放程序指令、常数及数据表格,而 RAM 则为随机的数据存储器。这种程序存储器和数据存储器分开的结构形式,称为哈佛结构。

③单片机有很强的位处理功能。其 CPU 逻辑控制功能,在许多方面都优于现在流行的 8 位微处理器。

④单片机的引脚出线一般都是多功能的。8 位微处理器的引线功能,一般都是固定的,有的作为地址总线,有的作为数据总线或控制总线。单片机的引脚出线一般都是多功能的。每条引出线在一定时刻起什么作用,要由指令及机器状态来区分。

⑤系列齐全,功能扩展性强。单片机提供有外接 ROM、内部掩膜 ROM 和内部 EPROM 或 Flash 存储器等,便于产品设计,还包括从小批量生产到大批量生产定型产品的转化,并可从外部对 ROM、RAM 及 I/O 接口进行扩充,与许多微机通用接口芯片兼容。

单片机把微机的各个部分集成在一块芯片上,大大缩短了系统内信号传送距离,从而提高了系统的可靠性及运行速度。因此,在工业控制领域,单片机系统是理想的控制系统。

2. MCS-51 系列单片机的结构

我国目前广泛使用的 MCS-51 系列单片机,性价比较好,8051、8031、8751 都属于 51 系列。

8051:8 位 CPU,128B RAM,4KB ROM、21 个特殊功能寄存器,全双工串行口、2 个 16 位定时/计数器。

8031:较 8051 不包含 ROM,因此,严格说来 8031 不是完整的单片机。

8751：将 8051 的掩模 ROM 为 EPROM。

MCS-51 单片机的基本结构框图如图 11-1 所示。

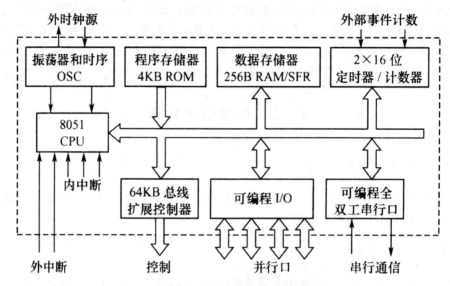

图 11-1　MCS-51 单片机的结构框图

(1)中央处理器 CPU(8 位)

和通用计算机一样,单片机 CPU 也包含运算器和控制器,运算器进行算术运算和逻辑运算,能对 BCD 数据进行处理,还具有对 RAM 或 I/O 的某位进行测试、置位或复位的功能。

运算器以 8 位的算术/逻辑运算部件(Arithmetic Logical Unit,ALU)为核心,与通过内部总线挂在其周围的暂存器、累加器、寄存器、程序状态寄存器(Program Status Word,PSW)及布尔处理器组成了整个运算器的逻辑电路。

ALU 用来完成加减乘除算术运算及布尔数的逻辑运算,累加器是 1 个 8 位的寄存器、是 CPU 中工作最繁忙的寄存器,所有的算术运算和大部分逻辑运算都是通过累加器来完成的。在运算前累加器中暂存 1 个操作数,运算后保存结果。寄存器除用于乘除法操作外,对于其他指令只能作 1 个寄存器使用。PSW 用来存放运算结果的一些特征。

运算器主要完成:算术运算(加减乘除、加 1、减 1、BCD 加法的十进制调整)、逻辑运算(与、或、异或、清 0、求反)、移位操作(左移、右移)。

布尔处理器是 CPU 中的重要组成部分,拥有相应的布尔指令子集。硬件有自己的处理单元(进位位 CY)和自己的位寻址空间和 I/O 口,是 1 个独立的位处理器。大部分的操作均围绕 CY 来完成。能够完成位的传送、清 0、置位、求反、与、或及判位转移操作。

控制器是 CPU 的控制中枢,一般包括定时控制逻辑、指令寄存器、译码器、地址指针 DV-FR、堆栈指针 SP、程序计数器 PC、RAM 地址寄存器及 16 位的地址缓冲器等。

(2)存储器

只读存储器用于永久性地存储应用程序。在目前单片机中大量采用的是掩模式只读存储器 MROM 和改写只读存储器 EPROM,随着电子技术的发展,已开始采用电可读写只读存储器 EEPROM,以及 Flash ROM。

随机存取存储器用于在程序运行时存储工作变量和数据。

(3)I/O 口

并行输入/输出口的每根管脚线可灵活地选作输入或输出,并且可以作为系统总线使用,以扩展片外存储器和输入/输出接口芯片。

串行输入/输出口用于多处理器通信或全双工 UART(通用异步收发器)通信,也可以与一些特殊功能的芯片相连,进行输入/输出扩展。

(4)定时器/计数器

单片机定时器/计数器为增量计数器。当计数满时,溢出中断将标志位置位。定时器/计数器的作用在于:①进行精确定时,实行实时控制;②用于事件计数。

(5)时钟电路

单片机的时钟电路为内部振荡器外接晶振电路

(6)中断系统

中断系统有 5 个中断源、2 个优先级。可以实现多个软件功能的并行运行。

掩模 MOS 制造工艺的 MCS-51 单片机都采用 40 脚的双列直插式封装(DIP)方式(如图 11-2 所示为 MCS-51 单片机的内部结构图及主要引脚),CHMOS 制造工艺的单片机 80C31/80C51 除采用 DIP 封装外,还采用方形的封装形式。方形封装有 44 个引脚,标有 NC 的 4 个引脚不连线。在 40 条引脚中有 2 条专用于主电源,2 条外接晶振,4 条控制或与其他电源复用的引脚,32 条 I/O 引脚。下面分别叙述这 40 条引脚的功能。

V_{CC}(40 脚):正常操作、对 EPROM 编程和验证时接+5V 电源。

V_{SS}(20 脚):电源地。

XTAL1(19 脚):接外部晶振的 1 个引脚。当采用外部振荡器时,对 HMOS 单片机,此引脚应接地;对 CHMOS 单片机,此引脚作为带动端。

XTAL2(18 脚):接外部晶振的 1 个引脚。当采用外部振荡器时,对 HMOS 单片机,此引脚接收振荡器的信号;对 CHMOS 单片机,此引脚应悬浮。

$\overline{PSEN}$(29 脚):此输出是外部程序存储器的读选通信号。在由外部程序存储器取指令期间,每个机器周期 2 次 $\overline{PSEN}$ 有效。但当访问外部数据存储器时,这 2 次有效的 $\overline{PSEN}$ 信号不出现。$\overline{PSEN}$ 可以带动 8 个 TTL 负载。

ALE (30 脚):当访问外部数据存储器时,ALE 的输出用于锁存地址低字节,即使不访问外部存储器,ALE 仍以不变的频率周期性地出现正脉冲信号,为振荡器频率的 1/6,因此,可用作对外输出的时钟。只是当访问外部数据存储器时,将跳过 1 个 ALE 脉冲。ALE 端可以带动 8 个 TTL 负载。对于有 EPROM 的单片机,在 EPROM 编程期间,此脚用于输入编程脉冲。

$\overline{EA}$(31 脚):当 $\overline{EA}$ 端保持高电平时,访问内部程序存储器,但当程序计数器 PC 值超过 0FFFH(51 系列)或 1FFFH(52 系列)时,将自动转向执行外部程序存储器的程序。当 $\overline{EA}$ 端保持低电平时,则只访问外部程序存储器,而不管是否有内部程序存储器。对于 EPROM 型单片机,在 EPROM 编程期间,此引脚用于施加 21V 的编程电源电压(V_{PP})。

RST(9 脚):当振荡器运行时,在此引脚上出现 2 个机器周期的高电平将使单片机复位,一般在此引脚与 V_{SS} 引脚之间连接 1 个约 8.2 kΩ 的下拉电阻,与 V_{CC} 引脚之间连接 1 个 20 μF

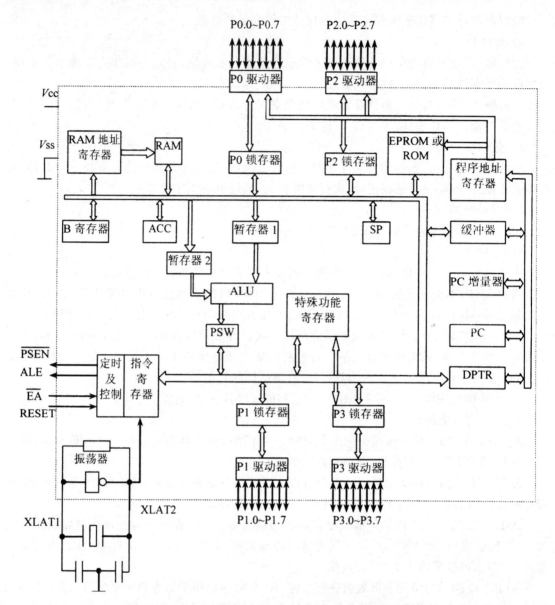

图 11-2 MCS-51 单片机的内部结构图及主要引脚

的电容,以保证可靠复位。复位以后,P0～P3 口输出高电平,SP 指针重新赋值为 07H,其他特殊功能寄存器和程序计数器 PC 被清 0。

P0:是 1 个 8 位漏极开路的双向 I/O 口。在访问外部存储器时,送出地址的低 8 位,接收 8 位数据。在 EPROM 编程时,接收指令字节。验证程序时,输出指令字节。作输出口时,P0 要求外接上拉电阻。可以带动 8 个 TTL 负载。

P2:是 1 个带有内部上拉电阻的 8 位双向 I/O 口。访问外部存储器时,送出高 8 位地址。在对 EPROM 编程和程序验证时,接收高 8 位地址。P2 可带动 4 个 TTL 负载。

P1:是 1 个带有内部上拉电阻的 8 位双向 I/O 口。对 EPROM 编程和程序验证时,接收低 8 位地址,能带动 4 个 TTL 负载。

P3:是 1 个带有内部上拉电阻的 8 位双向 I/O 口。在 MCS-51 中,这 8 个引脚还用于专门功能。其中:P3.0 为串行输入口,P3.1 为串行输出口,P3.2 为外部中断 0 输入,P3.3 为外部中断输入,P3.4 为定时器 0 的外部输入,P3.5 为定时器 1 的外部输入,P3.6 为外部数据存储器的写选通信号,P3.7 为外部数据存储器的读选通信号。

3. MCS-51 系列单片机的主要性能指标

MCS-51 系列单片机采用哈佛结构,即程序存储器和数据存储器分开,互相独立。其性能特点如下:

①内部程序存储器:4 KB。

②内部数据存储器:128 B。

③外部程序存储器:可扩展到 64 KB。

④外部数据存储器:可扩展到 64 KB。

⑤输入/输出口线:32 根(4 个端口,每个端口 8 根)。

⑥定时器/计数器:2 个 16 位可编程的定时器/计数器。

⑦串行口:全双工,2 根。

⑧寄存器区:在内部数据存储器的 128B 中划出一部分作为寄存器区,分为 4 个区,每个区 8 个通用寄存器。

⑨中断源:5 个中断源,2 个优先级。

⑩堆栈:最深 128 B。

⑪布尔处理器:该处理器可以对某些单元的某位做单独处理。

⑫指令系统(系统时钟为 12 MHz 时):大部分指令执行时间为 1 μs,少部分指令执行时间为 2 μs;只有乘、除指令的执行时间为 4 μs。

11.2.2　MSP430 系列单片机

1. MSP430 系列单片机的特点

MSP430F1XX 系列单片机是一种超低功耗的混合信号控制器,它根据不同的应用提供不同具体型号的单片机,以满足不同用户的需求。它们具有 16 位 RSIC 结构,CPU 中的 16 个寄存器和常数产生器使 MSP430 微控制器能达到最高的代码效率。单片机通过采用不同的时钟源工作可以使元器件满足不同的功耗要求,适当选择时钟源,可以让元器件的功耗达到最小,满足一些采用电池供电的系统。当元器件处于低功耗模式下,数字控制的振荡器(DCO)可以使元器件从低功耗模式下迅速唤醒,能够在少于 6 μs 的时间内从低功耗模式转到激活工作模式。

MSP430F1XX 系列单片机具有丰富的外设,且功耗很低,有非常广阔的应用范围,它主要有以下特点。

(1)低电压、超低功耗

MSP430F1XX 系列单片机在 1.8~3.6 V 的电压、1 MHz 的时钟频率下运行,耗电电流

在 $0.1 \sim 400~\mu A$ 之间,具体值与工作模式有关。MSP430F1XX 系列单片机有 16 个中断源,并且可以嵌套使用,使用中断请求将 CPU 从低功耗模式下唤醒只要 $6~\mu s$ 的时间,这样就可以编写出实时性很高的程序。因此,根据具体的处理情况可以将 CPU 处于低功耗模式,在需要的时候通过中断来唤醒 CPU,从而实现系统的低功耗要求。

(2)系统运行的稳定性好

MSP430F1XX 系列单片机在上电复位后,首先由 DCOCLK 起动 CPU,保证程序从正确的位置开始执行,同时也保证晶体振荡器有足够的起振及稳定时间。在完成上述工作后,软件可以设置特定寄存器控制位来确定最后的系统工作时钟频率。在 CPU 运行中,如果 MCLK 发生故障,DCO 会自动起动,以保证系统正常工作。如果程序出错的话,可以通过设置看门狗来解决。在程序跑飞的时候,看门狗会出现溢出的情况,这时看门狗产生复位信号,使系统重新起动,从而保证系统运行的稳定性。

(3)丰富的外设资源

MSP430F1XX 系列单片机根据不同型号提供了不同的外设资源,主要的外设资源包括定时器、看门狗、比较器、串口、硬件乘法器、集成 ADC 模块和丰富的端口资源。

MSP430F1XX 系列单片机的定时器具有捕获/比较功能,可以用于事件记数、时序产生、PWM 波形产生等。看门狗可以在程序跑飞的时候重新起动系统,保证系统的稳定运行。比较器可以进行模拟电压的比较,与定时器结合使用可以设计成 A/D 转换器。串口资源可以实现多机通信。硬件乘法器增强了单片机的运算处理能力。集成 ADC 模块可以满足大多数的数据采集应用场合,减小系统设计的复杂度,同时减小 PCB 板的面积。丰富的端口资源使单片机具有更加丰富的接口功能,并且该系列单片机的某些端口还具有中断功能,进一步丰富了中断资源,也更加有利于编写多任务操作的程序。由于 MSP430F1XX 系列单片机拥有如此丰富的外设资源,这样就提供了更多的单片机解决方案。

(4)代码保护功能

MSP430F1XX 系列单片机具有代码保护功能,通过使用代码保护技术,可以防止程序被读出来进行拷贝,从而起到保护知识产权的作用。

(5)方便的调试功能

由于目前的 MSP430F1XX 系列单片机一般是基于 Flash 型的,这样单片机可以实现写入和擦除,加上 MSP430F1XX 系列单片机提供了 JTAG 口,这样单片机就能实现很好的在线调试仿真功能。通过集成的 IDE 开发环境,使用户很容易调试程序。开发工具能很好地支持 C 语言开发,这样能缩短程序开发的时间,也保证程序的可移植性。

2.MSP430F11X 系列单片机

MSP430F1XX 系列单片机主要包括 MSP430F11X 系列、MSP430F12X 系列、MSP430F13X 系列、MSP430F14X 系列、MSP430F15X 系列和 MSP430F16X 系列。下面以 MSP430F11X 系列为例进行说明。

该系列主要有 MSP430F1101A、MSP430F1111A、MSP430F1121A、MSP430F1122、MSP430F1132、MSP430C1101、MSP430C1111、MSP430C1122 和 MSP430C1132 等类型单片机,其中,含有字母"F"为 Flash 类型,含有字母"C"为 ROM 类型。该系列单片机具有以下

特点。

①具有很低的供电电压。单片机的供电电压最低可以低到 1.8 V,单片机的供电电压范围是 1.8～3.6V。

②超低的功耗。这是目前其他单片机所没有的特色。它在休眠条件下的工作电流只有 0.8 μA,就是在 2.2 V、1 MHz 条件下工作的电流只有 200 μA。

③快速的唤醒时间。从休眠方式唤醒只需要 6μs 的时间。

④快速的指令执行时间。它采用的是 16 位的 RISC 结构,指令的执行时间只需要 150 ns。

⑤具有灵活的时钟设置。主要有 6 种方式:可变的内部电阻设置方式、单个外部电阻方式、32 kHz 的晶体方式、高频率晶体方式、谐振器方式及外部时钟源方式。这样可以根据功耗要求和速度要求进行灵活的时钟设置。

⑥16 位的定时器 Timer_A 带有 3 个捕获/比较寄存器。

⑦代码保护功能。单片机的安全熔丝能对程序代码进行保护,从而可以对知识产权进行保护。

⑧具有 JTAG 仿真调试接口,非常便于软件的调试。

11.3　单片机控制系统

11.3.1　单片机控制系统的发展概况

现代控制技术是以微控制器为核心的技术,由此构成的控制系统成为当今工业控制的主流系统。这种系统已取代常规的模拟检测、调节、显示、记录等仪器设备和很大部分操作管理的人工职能,并具有较高复杂度的计算方法和处理方法,使受控对象的动态过程按规定方式和技术要求运行,以完成各种过程控制和操作管理任务。

单片机自 1974 年问世以来,发展非常迅速。世界上几大计算机公司,如 GI 公司、Rockwell 公司、Intel 公司、Zilog 公司、Motorola 公司、NEC 公司等,都纷纷推出了自己的单片机系列。目前,8 位和 16 位单片机已得到广泛应用,32 位超大规模集成电路单片机也已面世,同时其性能也在不断提高。

近年来,计算机控制理论也与计算机技术同步发展,为计算机控制系统提供了分析、设计的理论基础,使计算机在功能、可靠性、实时性、控制算法等方面都得到了快速发展。作为单片机家族中的一员,MCS-51 系列机直到现在仍不失为单片机中的主流机型。目前,国内同类机型较多,价格也不高。20 多年来的应用证明,单片机性能稳定、可靠,单片机控制系统较好地实现了以软件取代模拟或数字电路硬件,提高了系统性能,改变了传统的控制系统设计思想和设计方法。许多国内外厂家用于工业控制计算机系统的各类插板或功能块也多采用 MCS-51 系列芯片。

11.3.2 单片机控制系统的组成和结构

1.单片机控制系统的组成

单片机控制系统由单片机系统和工业对象组成。单片机系统由硬件和软件两部分组成。硬件是指单片机本身及外围设备实体,软件是指管理单片机的程序以及过程控制的应用程序。工业对象主要包括被控对象、测量变送、执行机构和电气开关等装置。

(1)硬件

硬件包括单片机、过程输入/输出通道及接口、人机联系设备及接口、外部存储器等。

单片机是控制系统的核心,其关键部件是 CPU。CPU 通过接口接收人的指令和各类工业对象的参数,向系统各部分发送各种命令数据,完成巡回检测、数据处理、控制计算、逻辑判断等工作。

过程输入/输出通道及接口分为模拟量和数字量两种。数字量包括开关量、脉冲量和数据数码,它们负责单片机与工业对象的信息传递和变换。过程输入通道及接口把工业对象的参数转换成微机可接受的数字代码。过程输出通道及接口把单片机的处理结果转换成可对被控对象进行控制的信号。

人机联系设备及接口包括显示操作台、屏幕显示器(CRT)或数字显示器、键盘、打印机、记录仪等,它们是操作人员和单片机系统进行联系的工具。

外部存储器包括磁盘、光盘、磁带,用于存储系统中大量的程序和数据。外部存储器是内存储容量的扩充,其选用要根据要求来决定。

(2)软件

软件由系统软件和应用软件组成。系统软件通常包括程序设计系统、操作系统、语言处理程序等,要求具有一定的通用性,一般由计算机生产厂家提供。应用软件通常指根据用户要解决的实际问题所配置的各种程序,包括完成系统内各种控制任务的程序。

2.单片机控制系统的结构

对于按偏差进行调节的常规模拟闭环负反馈控制系统,如果用单片机和转换接口来代替控制器,就构成了单片机控制系统,如图 11-3 所示。

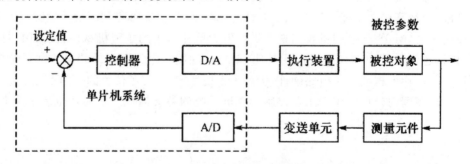

图 11-3 单片机闭环控制系统的结构

单片机把通过测量元件、变送单元和 A/D 转换接口送来的数字信号直接反馈到输入端与设定值进行比较。然后,对其偏差按某种控制算法进行计算,所得数字量输出信号经 D/A 转换接口直接驱动执行装置,对控制对象进行调节,使其保持在设定值上。

单片机控制系统可以实时进行数据采集和处理,实时控制输出。在实际工程中,上述过程不断重复。所谓"实时",是指信号的输入、处理和输出能在一定的时间内完成,这就要求单片机对输入信号以足够快的速度进行测量与处理,并在一定的时间内做出反应或产生相应的控制。超过这个时间,就会失去控制时机。

不同的生产过程所需的控制结构形式是不同的,有些场合用开环控制即可满足要求,如计算机巡回检测及数据处理系统、顺序控制等均属于开环控制系统。其特点是:对控制对象的状态参数不进行检测,或检测后不直接参与控制。

单片机数据采集及处理系统只对被控对象的各物理量经单片机处理后进行显示和打印,给操作者提供一个参考值,而不是直接驱动执行器去参与控制。单片机顺序控制则要根据事先设计的逻辑关系,按某种规律去顺序驱动执行机构,完成一定的工序。

11.3.3　单片机在电动机控制中的应用

电动机控制系统一般由电动机本体、电力电子变流装置、传感器元件和控制单元几部分组成。控制单元实施的控制方式有模拟控制和数字控制两类。

20 世纪 80 年代以前,电动机控制都是利用模拟电路来实现,控制信号也都是模拟量,这就使得控制系统结构复杂,控制精度不高。随着集成电路技术的发展,电动机控制系统中逐渐开始采用一些数字电路,实现了数模混合控制,简化了系统结构。

从 20 世纪 80 年代开始,微处理器、单片机得到飞速发展,其运行速度加快、运算精度提高、处理能力增强、功能更加丰富、结构更为简单、可靠性也越来越高,已有足够能力完成实时性很强的电动机控制要求。

20 世纪 80 年代中、后期,全数字控制的交流调速系统在工业中开始应用。

到了 20 世纪 90 年代,单片机技术进一步发展,发展出了 32 位单片机,其强大的功能已使单片机全数字控制的交流调速系统的性能和精度优于模拟控制,功能更完善,具有很强的通信联网功能,使电动机传动系统成为工厂自动化系统中的一级执行机构。目前,工业先进国家应用的交流电动机调速系统已基本实现全数字化控制。

采用单片机的电动机控制系统框图如图 11-4 所示。系统中,电动机是被控对象,微型计算机起控制器的作用,对给定、反馈等输入进行加工,按照选定的控制规律形成控制指令,输出数字控制信号。输出的数字量信号有的经放大后可直接驱动诸如变流装置的数字脉冲触发部件,有的则要经 D/A 转换变成模拟量,再经放大后对电动机有关量进行调节控制。

该系统采用闭环控制时,反馈量由传感器检测。如果传感器输出的是模拟量,则需经采样、保持处理后再经 A/D 变换成数字量送入单片机;如果传感器输出的是数字量,则可经整形、光耦隔离处理后直接送入单片机。电动机运行的给定控制参数和运行指令可以通过键盘、按钮等输入设备送入,电动机运行的数据、状态则可通过显示、打印等输出设备得到及时反映。

在单片机控制的电动机控制系统中,输入单片机的信号一般包括:用于频率或转速设定的运行指令,用于闭环控制和过电流、过电压保护的电动机系统电流、电压反馈量,用作转速、位

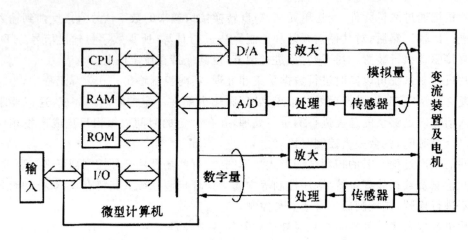

图 11-4　单片机控制的电动机控制系统框图

置闭环控制的电动机转速、转角信号,用于缺相或瞬时断电保护的交流电源电压采样信号等。由计算机输出的信号主要包括:变流装置功率半导体元器件的触发信号,用于控制输出电压、电流的频率、幅值和相位信号,电动机系统的运行和故障状态指示信号,上位机或系统的通信信号等。

1. 单片机控制的主要功能

(1)逻辑控制功能

可以代替模拟、数字电子线路和继电器控制电路实现逻辑控制,且其逻辑判断、记忆功能很强,控制灵活迅速工作准确可靠。

(2)运算、调节和控制功能

在单片机控制中,可以利用软件实现各种控制规律,特别是较复杂的控制规律,如矢量变换控制、转矩直接控制、各种智能控制(如模糊控制、神经元网络控制)以及 PWM 变频器的优化控制(如电压空间矢量 PWM)等。

(3)安全保护功能

可以对电源的瞬时断电、失压、过载,电动机系统的过电流、过电压、过载,功率半导体元器件的过热和工作状态进行保护或干预,使之安全运行。

(4)故障诊断功能

可以实现开机自诊断、在线诊断和离线诊断。

开机自诊断是在开机运行前由单片机执行一段诊断程序,检查主电路是否缺相、短路,熔断器是否完好,微机自身各部分是否正常等,确认无误后才允许开机运行。

在线诊断是在系统运行过程中周期性地扫描检查和诊断各规定的监测点,发现异常情况就发出警报并进行处理,甚至做到自恢复。同时,以代码或文字形式给出故障类型,并有可能根据故障前后数据的分析、比较,判断故障原因。

离线诊断是在故障定位困难的情况下,首先封锁驱动信号,冻结故障发展,同时进行测试推理,操作人员可以有选择地输出有关信息进行详细分析和诊断。

控制系统采用单片机故障诊断技术后有效地提高了整个系统的运行可靠性。

2.单片机控制的优越性

(1)容易获得高精度的稳态调整性能

由于电动机系统的控制精度可以通过选择单片机的字长来提高,适当增加字长就可以方便地获得高精度的稳态调速特性。此外,数字控制避免了模拟电子元器件易受温度、电源电压、时间等相关因素影响的固有缺陷,使控制系统具有稳定的控制性能。

(2)可获得优化的控制质量

由于单片机具有极强的数值运算能力,丰富的逻辑判断功能,拥有大容量的存储单元,可以用于实现复杂的控制策略,从而可以获得优化的控制质量。

(3)能方便灵活地实现多种控制策略

由于单片机控制系统的控制功能是利用软件编程来实现的,若要改变控制规律,一般不必改变系统的硬件结构,只要改变软件的编程就能方便、灵活地实现多种控制策略。控制系统通用性强、灵活性大、功能易于扩展和修改,控制上呈现出很大的柔性。

(4)提高系统工作的可靠性

电动机系统采用单片机控制后,可由软件代替硬件实现功率开关元器件的触发控制、反馈信号的检测和调节、非线性的闭环调节控制、故障的诊断和保护等,这就减少了元器件的数目,简化了系统的硬件结构,从而提高了系统工作的可靠性。

当然,由于数字控制一般是由一个 CPU 来实现的,具有串行工作的特点。相比模拟控制中多个模拟元器件的并行工作方式,数字控制存在一个运算速度的问题,这可以通过选用高速单片机或多单片机并行处理来解决。

11.3.4　单片机系统的应用实例

目前,我国大多数油田的油井开采还是按照初期建井时设定的参数,进行24h不间断的运转。现阶段多采用人工巡井的办法,只有在每次巡井时,发现某一口油井空转时,才进行人工停机。这种低效率的工作方式,势必造成大量电力资源和人力资源的浪费,很难满足现代化生产方式的要求。为此,需要设计一种能够根据地下原油储油量对油井的工作状态进行自动控制的系统。

利用单片机控制技术研制开发的油井电动机无定时自动控制器,可以有效弥补上述不足,能够实现对油井电动机的过载、轻载、重载工况的检测和间歇自动优化切换控制,从而实现对油井的自动优化开采和节省电能的目的。

下面简要介绍利用单片机控制技术,以 MCS-51 系列的 80C552 单片机作为控制核心,以电流互感器作为直接检测器件的油井电动机无定时自动控制器的设计方法。

1.系统的设计要求与设计思路

设计要求包括以下几点:

①采用单片机为控制核心器件,组成油井电动机无定时自动控制器。

②能够实现对油井电动机的过载、轻载、重载工况的自动检测。

③能够实现对油井电动机的间歇自动优化切换控制。

④最终要求达到实现对油井的自动优化开采和节省电能的目的。

设计思路可以从以下几点进行考虑：

①选择 MCS-51 系列的 89C52 单片机作为控制核心器件。

②在控制器安装初期，由人工设定一个初始电流值作为系统的输入信号，也就是所谓的系统"标准值"。

③系统正常工作时，选择电流互感器作为直接检测器件，每 10min 采样一次，采集到的油井电动机电流信号作为系统的实测信号。

④检测到负载电流下降 30% 或更大时（与"标准值"比较），则停机 1h。

⑤对停机时间进行累计，便于计算节能。

根据设计要求与设计思路，系统总体结构框图如图 11-5 所示。系统由 5 个主要部分组成，即初始参数设定电路、单片机系统、检测电路、执行单元和油井电动机。

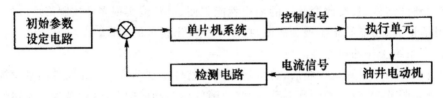

图 11-5　系统总体结构框图

2. 系统的硬件和软件设计

单片机系统硬件电路结构如图 11-6 所示。单片机系统主要是由 80C552 单片机和系统外围扩展电路组成，包括时钟和复位电路、外扩存储、电流采集电路、放大电路、初始参数设定电路、声光报警、固态继电器电路等。

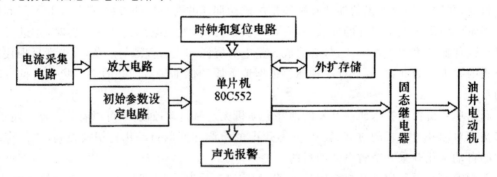

图 11-6　单片机系统硬件电路结构

(1)硬件设计

单片机系统的硬件电路设计多采用单片机常用的标准化、模块化的典型电路设计方法。该系统采用了 Philips 公司的 80C552 芯片，该芯片具有强大的片内 I/O 功能，其内部含有一个 8 路 10 位逐次比较型的 A/D 转换器，和以往的 MCS-51 系列单片机相比，有更多的中断优先级和特殊功能寄存器(SFR)。在实现同样功能的情况下，它具有硬件电路更为简单的优势，使得系统在现场运行中,能够更加稳定地发挥性能,更适应野外的工作环境。

①检测电路:采用 TAl420 立式穿芯小型精密交流电流互感器经二级 LM324 与 P5.0 引脚连接,组成检测电路。检测电路中的 TAl420 互感器是依据电流互感的原理制成的一种新型的检测电流的器件,采用 TAl420 立式穿芯小型精密交流电流互感器采集电动机主回路的电流,并转换成输入检测信号,这个电流信号的数值直接反映了油井的工作状况。

②初始状态设定电路:采用 8 位拨码开关 S2 与 P4 口连接,组成初始状态设定电路。用于设定初始状态的不同参数。采用这种设计方式,便于实验室设计调试和现场安装调试。更重要的是可以实现在不修改主程序的情况下,根据现场的实际情况,方便地实现现场新参数的设定。

③执行单元:执行单元采用现代工业中流行的固态继电器,实现小信号控制大功率输出,弱电信号控制强电器件的功效。

油井电动机无定时自动控制器硬件电路的工作原理说明如下:

在控制器安装初期,由人工设定一个初始电流值作为系统的输入信号(即系统的"标准值");在系统正常工作时,由电流互感器采集到的油井电动机电流信号作为系统的反馈信号。这两个信号经主控中心处理后,输出一个有不同时间间隔的开关信号,该信号作为控制信号控制油井电动机的启停,实现了对油井的优化开采。

(2)软件设计

软件设计的关键在于弄清检测量与控制量的关系。

首先,由人工对系统的初始参数进行设定(在油井正常工作状态下,每 10min 测量一次,测 6 次取平均值作为系统的"标准值")。此后,每 10min 系统自动进行检测,时钟累计运行时间。当检测到负载电流下降 30% 或更大时(与"标准值"比较)则停机,停机时间以 1h 为单位。1h 后启动,如果启动后仍低于"标准值"则再停机 1h,同时,计算累计停运时间。假如在 8h 内,第一次累计运行时间为 6h,累计停机时间为 2h。第二次运行时间为 5h,则第二次累计停机时间增加 1h……直到运行时间、停止运行时间与前次比较基本不变为止。此时各种参数赋值为新的"标准值"。经过一段时间,如有变化继续优化。

第 12 章　集散控制技术

12.1　集散控制系统概述

集散控制系统以多台微处理机分散应用于过程控制,通过通信网络、CRT 显示器、键盘、打印机等设备又实现高度集中的操作、显示和报警管理。这种实现集中管理、分散控制的新型控制装置,自 1975 年问世以来,发展十分迅速,目前已经得到了广泛的应用。

12.1.1　集散控制系统的定义

目前,对集散控制系统(DCS,Distributed Control System)尚无标准的定义,我们可以理解为,它是是对生产过程进行集中操作、管理、监视和分散控制的一种全新的分布式控制系统。该系统将若干台微机分散应用于过程控制,全部信息通过通信网络由上位管理计算机监控,实现最优化控制,通过 CRT 装置、通信总线等,进行集中操作、显示和报警。整个装置继承了常规仪表分散控制和计算机集中管理的优点,克服了常规仪表功能单一、人-机联系差,以及单台微型计算机控制系统危险性高度集中的缺点,既在管理、操作和显示三方面集中,又在功能、负荷和危险性三方面分散。DCS 是在 20 世纪七八十年代发展起来的,是一种新型的控制系统。

12.1.2　集散控制系统的组成

虽然集散系统的品种繁多,但系统的基本组成结构是相似的,一般由五大部分组成。

1.过程控制单元

过程控制单元(又称基本控制器或闭环控制站)是集散系统的核心部分,主要完成算术运算功能、顺序控制功能、连续控制功能、过程 I/O 功能、数据处理功能报警检查功能、和通信功能等。该单元在各种集散系统中差别较大,控制同路有 2~64 个,固有算法有 7~212 种,类型有 PID、选择性控制、非线性增益、位式控制、多项式系数、函数计算、史密斯预估。工作周期为 0.1~2s。

2.过程输入/输出接口

过程输入/输出接口(又称数据采集站),直接与生产过程相连接,实现对过程变量进行数据采集。它主要完成数据采集和预处理,并对实时数据进一步加上,为操作站提供数据,实现对过程变量和状态的监视和打印,实现开环监视,或为控制回路运算提供辅助数据和信息。

3.操作员站

操作员站(简称操作站),是操作人员进行过程监视、过程控制操作的主要设备。操作员站提供良好的人机交互界面,用以实现集中显示、集中操作和集中管理等功能。有的操作员站可以进行系统组态的部分或全部上作,兼具工程师站的功能。

4. 高速数据通路

高速数据通路(又称高速通信总线、大道、公路等),是一种具有高速通信能力的信息总线,一般采用双绞线、同轴电缆或光导纤维构成。为了实现集散系统各站之间数据的合理传送,通信系统必须采用一定的网络结构,并遵循一定的网络通信协议。

5. 管理计算机

管理计算机是集散控制系统的主机,习惯上称它为上位机。它综合监视全系统的各单元,管理全系统的所有信息,具有进行大型复杂运算的能力以及多输入、多输出控制功能,以实现系统的最优控制和全厂的优化管理。

12.1.3 集散控制系统的特点

集散控制系统具有集中管理和分散控制的显著特征,成为了当前主流的过程工业自动化控制与管理设备,它的主要特点可以分为以下几个方面。

1. 功能分散

功能分散是指对过程参数的运算处理、检测、控制策略的实现、控制信息的输出及过程参数的实时控制等都是在现场的过程控制单元中自动进行,从而实现了功能的高度分散。一方面,控制和数据采集设备可以尽可能地接近现场安装,避免了模拟信号的远距离传输,提高了运行的可靠性;另一方面,所有的过程控制单元都由自身的计算机管理,使系统发生故障时影响面小,危险分散,提高了系统的安全性。

2. 分级递阶结构

集散控制系统采用分级递阶结构,是从系统工程出发,考虑系统控制功能分散、提高可靠性、强化系统应用灵活性、危险分散、降低投资成本、便于维修和技术更新等而得出的。

分级递阶结构通常分为四级。第一级为过程控制级,根据上层决策直接控制过程或对象的状态;第二级为优化控制级,根据上层给定的目标函数或约束条件、系统辨识的数学模型得出优化控制策略,对过程控制进行设定点控制;第三级为自适应控制级,根据运行经验,补偿工况变化对控制规律的影响,维持系统在最佳状态运行;第四级为工厂管理级,其任务是决策、管理、计划、调度与调节,根据系统总任务或总目标。规定各级任务并决策协调各级任务。

3. 信息综合与集中管理

集中监视可以提供丰富的显示手段和显示方式,给出全局和局部的运行信息,更好地监视和管理生产过程。集中管理与操作可以保证操作的一致性,改变系统运行条件的操作是由专门人员进行,减少了误操作的可能。

4. 自治性和协调性

集散控制系统的各组成部分是自治、协调的系统。自治系统指它们各自完成自己的功能，能够独立工作。协调系统指这些组成部分用通信网络和数据库互相连接，相互间既有联系，又有分工，数据信息相互交换，各种条件相互制约，在系统协调下工作。

集散控制系统是一个相互协调的系统，虽然各个组成部分是自治的，但是任何部分的故障都会对其他部分有影响。

5. 灵活性和可靠性

集散控制系统的硬件采用积木式结构，可灵活地配置成大、中、小各类系统，还可以根据企业的财力或生产要求，逐步扩展系统，改变系统的配置。而软件采用模块式结构，提供各类功能模块，可灵活地组态构成简单、复杂各类控制系统。另外，还可根据生产工艺和流程的改变，随时修改控制方案，在系统容量允许范围内，只需通过组态就可以构成新的控制方案，而不需要改变硬件配置。

12.1.4 集散控制系统的发展历程

从 1975 年第一代 DCS 诞生到现在，集散控制系统经历了四个大的发展阶段，或者说经历了四代产品。从总的趋势看，集散控制系统的发展体现在以下几个方面：

①系统的功能从低层（现场控制层）逐步向高层（监督控制、生产调度管理）扩展。

②系统的控制功能由单一的回路控制逐步发展到综合了逻辑控制、顺序控制、程序控制、批量控制及配方控制等混合控制功能。

③以前的控制系统由于各个生产厂家没有统一的标准，不同系统之间很难进行连接。随着用户生产管理要求的不断提高，信息技术的日益发展，信息管理系统、ERP、B2B 等应运向生，这促使各个集散系统厂家制定统一的接口、访问标准，以满足用户的需要。

④开放性带来的系统趋势化迫使集散系统厂家向高层的、与生产工艺结合紧密的高级控制功能发展，以求得与其他同类厂家的差异化。

⑤构成系统的各个部分由集散系统厂家专有的产品逐步改变为开放的市场采购的产品。

⑥数字化的发展越来越向现场延伸，这使得现场控制功能和系统体系结构发生了重大变化，将发展成为更加智能化、更加分散化的新一代控制系统。

12.2 集散控制系统的体系结构

12.2.1 分层体系结构

集散控制系统按功能划分的层次结构充分体现了其分散控制和集中管理的设计思想，系统从下至上依次分为直接控制层、操作监控层、生产管理层和决策管理层。

1. 直接控制层(过程控制级)

这一级上的过程控制计算机直接与现场各类装置(如变送器、记录仪表等)相连,对所连接的装置实施监测、控制,同时还向上与第二层的计算机相连,接收上层的管理信息,并向上传递装置的特性数据和采集到的实时数据。

2. 过程管理层(操作监控层)

这一级上的过程管理计算机主要有监控计算机、操作站、工程师站。它综合监视过程备站的所有信息、集中显示操作,控制回路组态和参数修改,优化过程处理等。

3. 生产管理层(产品管理级)

这一级上的管理计算机根据产品各部件的特点,协调各单元级的参数设定,是产品的总体协调员和控制器。

4. 决策管理层(工厂总体管理和经营管理层)

这一级居于中央计算机上,并与办公室自动化连接起来,担负起全厂的总体协调管理,包括各类经营活动、人事管理等。

12.2.2　分层结构的各层功能

新型的集散摔制系统是开放型的体系结构,可方便地与生产管理的上位计算机相互交换信息,形成计算机一体化生产系统,实现工厂的信息管理一体化。

1. 直接控制层

直接控制层是集散控制系统的基础,其主要功能为:

①实时采集过程数据,即对被控设备中的每个过程量和状态信息进行快速采集,使进行数字控制、设备监测、开坏控制、状态报告的过程等获得所需要的输入的信息。

②进行设备监测和系统的测试、诊断,即把过程变量和状态信息取出后,分析是否可以接受以及是否允许向高层传输。进一步确定是否对被控装置实施调节:并根据状态信息判断计算机系统硬件和控制板件的性能,在必要时实施报警、错误或诊断报告等措施。输出过程操纵命令.实现对过程的操纵和控制。

③进行直接数字控制,例如实现单回路控制、串级控制等。

④实施安全性、冗余化措施,一旦发现计算机系统硬件或控制板有故障,就立即实施各用件的切换,保证整个系统安全运行。

2. 过程管理层

过程管理层主要是应付单元内的整体优化,并对其下层产生确切的命令,在这一层应完成的功能为:

①实时采集过程数据,进行数据转换和处理。

②优化单元内各装置,使它们密切配合:这主要是根据单元内的产品、原材料、库存以及能源的使用情况,以优化准则来协调相互之间的关系。

③实施连续、离散、顺序、批量和混合控制的运算,并输出控制作用。

④通过获取直接控制层的实时数据以进行单元内的活动监视、故障检测存档、历史数据的存档、状态报告和备用。

3. 生产管理层

产品规划和控制级完成一系列的功能,要求有比系统和控制工程更宽的操作和逻辑分析功能,根据用户的订货情况、库存情况来规划各单元中的产品结构和规模。同时,可使产品重新计划,随时更改产品结构,这一点是工厂自动化系统高层所需要的,有了产品重新组织和柔性制造的功能就可以应付由于用户订货变化所造成的不可预测的事件。由此,一些较复杂的工厂在这一控制层就实施,协调策略。此外,对于统观全厂生产和产品监视以及产品报告也都在这一层来实现,并与上层交互传递数据。

在这一层,其主要的功能为:

①数据显示和记录。

②过程操作(含组态操作、维护操作)。

③数据存储和压缩归档。

④系统组态、维护和优化运算。

⑤报表打印和操作画面硬拷贝。

4. 决策管理层

决策管理层居于工厂自动化系统的最高层,它管理的范围很广,包括工程技术方面、商务方面、经济方面及其他方面的功能。把这些功能都集成到软件系统中,通过综合的产品计划,在各种变化条件下,结合多种多样的材料和能量调配,以达到最优地解决这些问题。在这一层中,通过与公司的各部门等办公室自动化相连接,来实现整个制造系统的最优化。

在这一层,其主要的功能为:

①从局部到全局的优化控制。

②协调和调度各车间生产计划和各有关部门的关系。

③主要数据显示、存储和打印。

④进行数据通信等。

12.2.3 体系结构的技术特点

1. 信息管理与集成化

系统网络是连接系统各个站的桥梁。由于集散控制系统是由各种不同功能的站组成的,这些站之间必须实现有效的数据传输,以实现系统总体的功能。集散控制系统有利于对生产过程数据的管理和信息的集成。信息集成从系统运行的角度出发,保证系统中每个部分、在运行的每个阶段.都能将正确的信息,在正确的时间和地点,以正确的方式,传送给需要该信息的人员。

　　信息集成表现为集散控制系统从单一的生产过程控制信息的集成发展为管控一体化、信息集成化和网络化;不同的集散控制系统、不同部门的控制系统能够集成在一个系统中,它们能够实现信息的共享;不同设备的互操作和互连,使系统内的各种信息,包括从原料到产品之间的各种过程信息、管理信息能够相互无缝集成,实现企业资源的共享。信息集成也表明集散控制系统已经从单一的控制系统发展为开放的网络系统,可通过工业控制网络、因特网等网络,实现对生产过程的访问、管理调度和对生产过程的指挥。

　　2. 控制功能的进一步分散化

　　集散控制系统是一种结合了仪表控制系统和直接数字控制系统(DDC)两者的优势而产生的全新控制系统,它很好地解决了 DDC 存在的两个问题。如果说,DDC 是计算机进入控制领域后出现的新型控制系统,那么集散系统则是网络进入控制领域后出现的新型控制系统。

　　从仪表控制系统的角度看,集散控制系统的最大特点在于其具有传统模拟仪表所没有的通信功能。那么从计算机控制系统的角度看,其最大特点则在于它将整个系统的功能分成若干台不同的计算机去完成,各个计算机之间通过网络实现互相之间的协调和系统的集成。在DDC 系统中,计算机的功能可分为检测、控制、计算机人机界面等几大块。而在集散系统中,检测、控制和计算这二项功能由称为现场控制站的计算机完成,而人机界面则由称为操作员站的计算机完成。这是两类功能完全不同的计算机。而在一个系统中,往往有多台现场控制站和多台操作员站,每台现场控制站或操作员站对部分被控对象实施控制或监视。

12.3　集散控制系统的构成

12.3.1　集散控制系统的构成方式

　　1. 分散过程控制装置

　　分散过程控制装置用来进行分散的过程控制。它是集散控制系统与生产过程的接口,称为过程界面。该部分由单回路控制器、多回路控制器、多功能控制器、可编程逻辑控制器和数据采集装置等组成。相当于直接控制层和过程管理层,实现与生产过程的连接。

　　分散过程控制装置的主要特点如下。
　　①实时性强。
　　②需适应恶劣的工业生产过程环境。
　　③分散控制,监视和控制分离。
　　④独立性和可靠性的要求相对较高。

　　2. 集中操作和管理系统

　　集中操作和管理系统集中各分散过程控制装置的信息,通过监视和操作,把操作命令下达各分散过程控制装置。该部分由工程师站、操作站、服务器、管理机和外部设备等组成,相当于生产管理层和决策管理层,实现人机信息交互。

集中操作和管理系统的主要特点如下。

①易操作性,应具有良好的操作性。

②容错性好,良好的人机界面。

③信息量大。

3. 通信系统

该部分是实现集散控制系统各级之间数据通信的桥梁。根据系统的不同,通信系统的拓扑结构和通信方式也可以不同,其目的是实现各有关级之间的数据通信。

12.3.2 集散控制系统的构成要素

集散控制系统具有递阶控制结构、分散控制结构和冗余化结构的特征。

1. 递阶控制结构

集散控制系统由相互关联的子系统组成。它是一种金字塔结构,同一级的各决策子系统可同时对其下级系统施加作用,同时又受到上级的干预。子系统可通过上级相互交换信息。因此,集散控制系统是递阶控制结构。

递阶控制结构分为以下三种类型。

(1)多级结构

为减少同一级的各子系统之间信息的交换和决策的冲突,在分散的各决策子系统上添加一级协调级,用于下级决策的协调和信息的交换。

(2)多重结构

多重结构是指用一组模型从不同角度对系统进行描述的多级结构。层次的选择,就是观察的角度受观察者的知识和观察者对系统兴趣的约束。

例如,一个复杂的自动化生产过程可按以下三重层次进行研究。

①将系统看成是按一定物理规律变化的物理现象。

②从信息处理和控制角度看,将过程看成是一个受控系统。

③从经济学角度看,将系统看成是一个经济实体,并据此评价其经济效益和利润。

(3)多层结构

多层结构是按系统中决策的复杂性分级。对一个存在不确定性因素的复杂控制系统,控制功能的递阶分层通常可以由以下四层构成:

①直接控制层。采用一般的简单控制。

②优化层。在一定的对象数学模型和参数已知条件下,按优化指标确定直接控制层中控制器的设定值。

③自适应层。通过对实际系统的观测,辨识优化层中所使用数学模型的结构和参数,使建立的数学模型能够尽可能正确反映实际过程。

④自组织层。按系统总控制目标选择下层所用模型结构、控制策略等。当总目标变化时,能够自动改变优化层所用的优化性能指标。当辨识参数不能满足应用要求时,应能够自动修

改自适应层的学习策略等。

多重结构主要从建模考虑；多级结构主要考虑各子系统的关联，把决策问题进行横向分解；多层结构主要进行纵向分解。因此，这三种递阶结构并不相互排斥，可同时存在于一个系统中。

2.分散控制结构

分散控制结构是针对集中控制可靠性差的缺点而提出的。它与递阶控制结构的根本区别是分散控制系统结构是一个自治的闭环结构。

（1）分散控制结构的表现

在集散控制系统中，分散控制结构通常表现在以下三个方面：

①功能的分散。集散控制系统的分级是以功能分散为依据的。通常采用的功能分散是：过程控制装置中控制功能的分散；具有人机接口功能的集中操作站与具有过程接口功能的过程控制装置的分散；按装置或设备进行的功能分散及全局控制和个别控制之间的分散等。

②负荷的分散。集散控制系统的负荷分散不是由于负荷能力不够而进行的负荷分散，主要是危险分散。通过负荷分散，使一个控制处理装置发生故障时的危险影响减到尽可能小的地步。当控制回路之间关联较弱时，可通过减少控制处理装置的回路数达到危险分散的目的；当控制回路之间有较强关联时，尤其是在顺序控制中，各回路还存在时间上的关联，这时，为了使危险分散，可进行与相应装置对应的功能分散，按装置或设备进行分散，并设置冗余的过程控制装置。

③地域的分散。地域的分散通常是水平型分散结构。当被控对象分散在较大的区域时，例如油罐区的控制，则集散控制系统需要对控制系统在地域上进行分散设置。此外，像各车间、工段因地理位置的因素，也有地域分散控制的需要。

（2）分散控制结构的类型

在集散控制系统中，分散控制结构分为以下三种类型。

①水平型。它是一种以自我管理为基础的对等的分散了系统结构。通信系统中，这些子系统具有平等地位。

②垂直型。垂直型（又称阶层型）是以上下关系为基础的控制结构。下位向左右方向扩大，形成金字塔形。系统的通信发生在上下位之间，其主导权由上位掌握，对下位设备的动作有监视和进行调整的权限。

③复合型。它是水平和垂直型的混合。各子系统在各自管理的同时，形成上下阶层关系。它们拥有较强的独立性，上位系统的故障不影响下位了系统间的数据交换和各自的功能。正常情况下，上位系统监视和支持下位系统的工作。因此，大部分集散控制系统采用复合型分散控制结构。

3.冗余化结构

为提高系统的可靠性，集散控制系统在重要设备、对系统有影响的公用设备上通常采用冗余化结构。

常用的冗余方式分为以下四种：

①同步运转方式。同步运转方式是将两台或两台以上的装置以相同的方式同步运转,输入相同的信号,进行相同的处理,然后对输出进行比较,如果输出保持一致,则系统是正常运行的。

该方式适用于可靠性极高的紧急停车系统和安全联锁系统

②多级操作方式。多级操作方式属于纵向冗余方式。正常操作在最高层,如全自动操作方式。如果该层发生故障,则由下一层进行操作,比如,在屏幕对生产过程的手动操作和控制。逐层降级,直到最终的操作方式是对执行器的手动操作和控制

该方式适用于有关的功能模块手动和自动两种操作模式。

③待机运转方式。待机运转方式要求多台(N 台)设备运行,一台后备设备准备,一旦其中某一台设备发生故障,能够自动启动后备设备并使其运转。该系统需要一个指挥装置使备用设备自动从备用状态切换到工作状态。

该方式适用于通信系统采用 1∶1 冗余配置或多回路控制器采用 $N∶1$ 备用方式的场合。

④后退运转方式。正常工作时,多台设备各自分担各自的功能,并进行运转。当其中某台设备发生故障时,其他设备放弃部分不重要的功能,以此来完成故障设备的主要功能。

该方式适用于生产过程的人机界面。

12.4　集散控制系统的可靠性分析

12.4.1　可靠性

可靠性指机器、零件或系统,在规定的工作条件下,在规定的时间内具有正常工作性能的能力。狭义的可靠性指一次性使用的机器、零件或系统的使用寿命。例如,灯泡的使用寿命是狭义的可靠性。广义的可靠性指可修复的机器、零件或系统,在使用中不发生故障,一旦发生故障又易修复,使之具有经常使用的性能,因此,广义可靠性包含可维修性。集散控制系统的可靠性指的就是广义可靠性。

1.可靠性指标

常用的可靠性指标包括可靠度、平均无故障时间、平均寿命及失效率等。

(1)可靠度 $R(t)$

可靠度就是用概率来表示的零件、设备和系统的可靠程度。它是指设备在规定的条件下,在规定的时间内,无故障地发挥规定功能的概率,用 $R(t)$ 表示。

可靠度是一个定量的指标,它是通过抽样统计确定的。设有 N_0 个同样的产品,在同样的条件下同时开始工作,经 t 时间运行后有 $N_f(t)$ 个产品发生故障,则其可靠度:

$$R(t) = N_f(t)/N_0 \quad 0 \leqslant R(t) \leqslant 1 \tag{12-1}$$

式中:求取概率 $R(t)$ 的 N_0 和 $N_f(t)$ 必须符合数据统计中的大数规律。N_0 必须足够大,$R(t)$ 才有意义。即对于一种产品,必须抽取足够多的样本进行实验,得到的 $R(t)$ 才真正反映它的可靠度。

由上可知,若产品测试时规定条件、规定时间和规定功能不同,则 $R(t)$ 便不同。例如,同

一产品在实验室和现场工作可靠度不同;在同一条件下,工作 1 年和工作 3 年的可靠性也不同,考查的时间越长,产品发生故障的可能性越大,$R(t)$ 将减小。

(2)平均无故障时间 MTBF

平均无故障时间 (Mean Time Between Failures,MTBF)指可以边修理边使用的机器、零件或系统,在相邻故障期间 t_i 正常工作时间的平均值。可以用式(12-2)表示

$$\text{MTBF}(h) = \frac{\sum_{i=1}^{n} t_i}{n} \quad i = 1, 2, \cdots, n \tag{12-2}$$

(3)平均寿命 m

按照可靠度的定义,如果一种产品在时刻 t_i 内平常工作的概率为 $R(t)$,该产品的平均寿命 m 可用 $R(t)$ 的数学期望值来表达

$$m = \int_{0}^{+\infty} R(t)\mathrm{d}t \tag{12-3}$$

对电子产品 $R(t) = \mathrm{e}^{-\lambda t}$,有

$$m = \int_{0}^{+\infty} \mathrm{e}^{-\lambda t}\mathrm{d}t = \frac{1}{\lambda} \tag{12-4}$$

即电子产品的平均寿命是其失效率的倒数。

如果产品出现故障后无法修复,则其寿命 m 又可称作平均无故障时间(Mean Time To Failure,MTTF);如果故障后可以修复,则其寿命 m 代表的是平均故障间隔时间。集散控制系统的故障应是可修复的,因此,可将平均寿命 m 称为 MTBF。

(4)失效率 $\lambda(t)$

失效率(又称故障率)是指系统运行到 t 时刻后,单位时间内可靠度的下降与 t 时刻可靠度之比,可用下式来表示

$$\lambda(t) = \frac{\dfrac{R(t) - R(t + \Delta t)}{\Delta t}}{R(t)} \tag{12-5}$$

将(12-5)式改成微分形式后,得

$$\lambda(t) = -\frac{1}{R(t)} \times \frac{\mathrm{d}R(t)}{\mathrm{d}t} \tag{12-6}$$

对 $\lambda(t)$ 从 $0 \sim t$ 积分,可得

$$\int_{0}^{t} \lambda(t)\mathrm{d}t = -\ln R(t) \big|_{R(t)} \tag{12-7}$$

即

$$R(t) = \mathrm{e}^{-\int_{0}^{t} \lambda(t)\mathrm{d}t} \tag{12-8}$$

$\lambda(t)$ 的单位是时间的倒数,一般采用 $1/h$,它的物理意义是指系统工作到 t 时刻,单位时间内失效的概率。

电子产品的失效率可用浴盆曲线来描述。该曲线分为三个部分:初期失效区、偶然失效区、耗损失效区。

①初期失效区。$\lambda(t)$ 随 t 的增大而减小,引起产品失效的主要原因是生产过程中的缺陷,随着时间的推移,这种情况迅速减少。

②偶然失效区。该区间内 $\lambda(t)$ 很低,且几乎与时间无关,这一时期也称为寿命期或恒失效区,它持续的时间很长。

③耗损失效区。这个期间 $\lambda(t)$ 随时间的增大而增大,此时因产品已达到其寿命,所以失效率迅速上升。

2.可靠性计算

集散控制系统由大量元器件和设备组成。它的可靠性由组成系统的各部件通过串联、并联等的各子系统可靠性计算,然后按全概率法则求得。

(1)串联系统可靠性

在各元件相互独立的串联系统中,任一元件的失效都将导致系统的失效。因此,串联系统的失效时间是各串联元件失效时间的最小值。串联系统的可靠度 $R(t)$ 是各串联元件可靠度的乘积。

若各串联元件的可靠度 $R_i(t)$ 服从指数分布,则串联系统故障率等于各串联元件故障率之和,即

$$\lambda(t) = \sum_{i=1}^{n} \lambda_i(t) \tag{12-9}$$

(2)并联系统可靠性

n 个元件组成并联系统,只要有一个元件正常工作即可。因此,并联系统失效时间是各并联元件失效时间的最大值。

并联系统的可靠度可由下式计算

$$R(t) = 1 - \prod_{i=1}^{n} [1 - R_i(t)] \tag{12-10}$$

对 n 个相同元件组成的并联系统,若各并联元件的可靠度 $R_i(t)$ 服从指数分布,则

$$\text{MTBF} = \frac{1}{\lambda} \sum_{i=1}^{n} \frac{1}{i} \tag{12-11}$$

由此可知,并联系统可靠性高于组成系统的每一元件的可靠性;串联系统可靠性低于组成系统的每一元件的可靠性。

(3)冗余系统可靠性

冗余系统(Redundant System)是备用储备系统。系统由 n 个相同部件组成,一个部件工作,其余部件备用。根据备用部件是否运行,分为热后备和冷后备。

①热后备冗余系统。通常,热后备冗余系统取 $n = 2$,即一个部件正常工作,另一个部件处于热备用状态。

设正常工作部件的故障率为 λ_1 ,备用部件在备用期的故障率为 μ_2 ,它与工作期的故障率 λ_2 不相等。热后备系统可靠度 $R(t)$ 是

$$R(t) = e^{-\lambda_1 t} + \frac{\lambda_1}{\lambda_1 + \mu_2 - \lambda_2} [e^{-\lambda_3 t} - e^{-(\lambda_2 + \mu_2)t}] \tag{12-12}$$

热后备系统的 MTBF 是

$$\text{MTBF} = \frac{1}{\lambda_1} + \frac{1}{\lambda_2} \times \frac{\lambda_1}{\lambda_1 + \mu_2} \tag{12-13}$$

集散控制系统的热后备冗余系统通常采用定时向热备用部件传送数据或工作和备用部件定时切换的方法运行。

②冷后备冗余系统。在后备冗余系统中,第一部件失效后启功第二部件,直到所有部件失效。这就要求系统能及时发现已失效部件,并能迅速切入正常部件。有集散控制系统还加入了理系统,用于部件硬件切换、程序和数据库切换。

假设第 i 失效时间为 x_i,则冷后备冗余系统的分布函数 $F(t)$ 等于各组成部件分布函数 $F_i(t)$ 的卷积。

冷后备冗余系统的 MTBF 是各组成部件 MTBF(i)之和,即

$$\text{MTBF} = \sum_{i=1}^{n} \text{MTBF}(i) \tag{12—14}$$

如果各部件有相同失效率,且服从指数分布,则

$$R(t) = 1 - F(t) = \sum_{i=1}^{n-1} e^{-\lambda t} \frac{(\lambda t)^i}{i!} \tag{12—15}$$

$$\text{MTBF} = \frac{n}{\lambda} \tag{12—16}$$

由此可知,冷后备冗余系统具有很高的可靠忭。

12.4.2　可靠性的设计

采用可靠性设汁能设计出可靠性高的产品,它在使用过程中不易发生故障,即使发生故障也能快速排除故障,易于修复,并使故障影响尽量小。

可靠性设计应该遵循以下原则:

①有效地利用以前的经验。

②采用标准化的产品,尽可能减少零件件数,尤其是失效率高的零件数。

③检查、调试和互换容易实现。

④零件的互换性好。

⑤采用可靠性特殊设计方法。

其中,可靠性特殊设计方法通常包括以下几种技术:

·可靠度的分配技术。即按重要程度、复杂程度、技术水平和任务情况等综合指标,相对失效率分配可靠度。

·漂移设计技术。即在设计时就保证电子元器件性能参数在规定容许范围内,保证系统能正常的运行。

·极安全设计技术。即对故障模式和致命度进行分析,制定解决措施或改进设计方案,将故障消灭在设计。

·可靠性预测。即根据组成系统的部件故障率提出在环境条件下的预测公式,并与实际应用统计结果比较、修正的方法。

12.4.3　提高硬件的可靠性

硬件质量的好坏是系统可靠与否的基础,必须加强对硬件的质量管理。首先,建立严格的

可靠性标准,优选元器件,建立元器件的性能老化模型,有效地筛选元器件,消除元器件早期失效对系统可靠性的影响。同时,研究元器件失效的机制,并制定有效措施,规定合理的使用条件。此外,必须提高组件的制造工艺水平,强化检验措施,把由组件制造工艺引起的故障降至 $10^{-19} \sim 50^{-9}$。

集散控制系统组件一般要经过日测检查、高温老化、冷热缩胀循环试验。如此严格的预处理,一是择优与筛选,更重要的是使元器件的初期失效特性事先在实验室中暴露,从而在正式投入运行时已进到失效率低且恒定的偶然失效期,提高了组件的平均寿命。

由于集散控制系统的维修已进到板级更换的水平,所以对插卡的质量检查特别严格,大多由计算机控制的流水线进行操作,并由特殊的测试设备予以全面测试。此外,有些集散控制系统更进一步采用表面安装技术,避免了线路焊接和印制板打孔引起的接触不良现象的发生,组件采用全密封真空封装技术,提高了抗恶劣环境的能力。

12.4.4 容错技术

容错技术是指当系统出现错误或故障时,仍能正确执行全部程序。容错技术可分成局部容错技术和完全容错技术。前者是从系统中去除有"病"的功能部件,重新组成一个新系统,让原系统降级使用;而后者则是切换前后功能完全相同。它们都是自动进行的,无需要人工干预。

要达到容错目标的根本办法是采用冗余技术,冗余技术是高级的可靠性设计技术。它并不是简单地从故障设备切换到冗余设备,而是需要硬件、软件和通信等部件的相互协调才能实现。要将冗余部件构成一个有机整体,需要下列技术支持。

1. 信息同步技术

信息冗余技术是利用增加的多余信息位提供检错甚至纠错的能力。增加多余的信息位后,能实现检错还是纠错,主要取决于出错后的数据相对于原数据怎样分布,如果原数据的出错码相互之间并不重复,则能根据出错数据判定原数据是什么,因此能纠错,这样的代码称作纠错码。另一种情况是原数据的出错码之间互相重复,根据接收的错误码不能判断其发送的原码,这样的代码就称作检错码。

2. 故障检测技术

工作部件的故障需要及时被检测、隔离,因此,在冗余系统中需要采用故障检测技术,主要包括故障检测、故障定位、故障报警和故障隔离等。

故障检测是采用一定的检测电路对工作部件的微处理器、供电电源、输入输出部件等进行检测,发现故障。故障定位用于确定故障的位置,便于故障隔离对其处理,减少故障的影响。在故障定位的同时,故障报警将提示操作员故障发生的部位。故障的诊断包括故障的软、硬件的自诊断和故障的互检。

3. 故障隔离技术

故障隔离技术是使工作和备用部件的故障相互不影响或影响最小的技术,它是保汪冗余系统有效性的技术。当工作部件或备用部件发生故障时,该技术保证故障的部件对其他部件的正常运行不影响或影响最小。

4.时间冗余技术

通过消耗时间资源达到容错的目的。这种错误都带有瞬时性和偶然性,过一段时性可能不再出现。

(1)程序卷回方法

该方法不是只对一条指令的重复执行,而是针对一小段程序重复执行。重复执行成功,则继续往前执行,重复执行失败,可以再卷回若干次。时间监视由定时计数器来完成,程序正常后自动停止计时。

(2)指令复执方法

当计算机出错后,让当前指令重复执行。若不是永久性故障,可能不会再出现,程序可顺利地执行下去。该方法的基本要求是出错后保留现行指令地址,以备重新执行,执行一次后不自动往下继续执行,待预定的复执次数或复执时间到达后才往下继续执行新的程序,若复执完毕仍然处于故障状态,则复执失败。

(3)冗余传送方式

该方式主要分为以下几种。

①连发方式。发送端对同一信息发送两次,接收瑚进行比较,有不一致即说明"有错"。这种传送一个信息要发两次,效率极低,为提高效率也有改成先等待双方的应答脉冲,若收不到,再连发。

②返送方式。当接收到正确无误的全部消息后,接收设备将发出一个回波,如果发信端得小到正确的响应,说明对方接收的足错误信息。当然这种冗余传送方式的前提应该是信号通道的高可靠性,否则信息正确而返回信道有误也要出现差错。

③返送校验信息方式。接收端根据收到的信息编制成校验信息,再返回到发送端,与发送端保存的校验信息进行比较,如发现有错,则加上重发标记再发一次。

5.硬件冗余技术

硬件冗余技术就是增加多余的硬件设备,以保证系统可靠地工作。按冗余结构的形式可分为工作冗余(热备用)、后备冗余(冷备用)和表决系统三种。

(1)工作冗余

工作冗余是使一些同样的装置并联运行,只有当组成系统的并联装置全部失效时系统才不工作。

设由可靠度为 0.9 的两台装置组成并联系统,按并联系统的可靠度计算公式

$$R_P = 1 - (1 - R_1)(1 - R_2) = 0.99 \tag{12-17}$$

并联系统的可靠度的时间函数式

$$R_P(t) = e^{-\lambda_1 t} + e^{-\lambda_2 t} - e^{-(\lambda_1 + \lambda_2)t} \tag{12-18}$$

对系统的可靠度 $R_P(t)$ 从 0 到 ∞ 积分,可得该并联系统的平均无故障时间

$$\text{MTBF} = \int_0^\infty R_s(t)\,\mathrm{d}t = \frac{1}{\lambda_1} + \frac{1}{\lambda_2} + \frac{1_1}{\lambda_1 + \lambda_2} \qquad (12-19)$$

由 $\lambda_1 = \lambda_2 = \lambda$，得

$$\text{MTBF} = \frac{3}{2\lambda} \qquad (12-20)$$

由上可知，两个装置组成的并联系统与单装置相比，平均故障间隔时间是原来的 1.5 倍。

（2）后备冗余

后备冗余是指：仅存主设备故障时才投入工作的储备，它可以采取一用一备的方式，就是 1：1 后备冗余；也可以是多用一备的方式，即 N：1 后备冗余。假设备用单元不工作时失效为零，从理论上说，后备冗余的系统连续工作时间可无限长。

在 1：1 备用系统中，若各单元的可靠度为 $R_i = \mathrm{e}^{-\lambda t}$，则备用系统可靠度为

$$R_b(t) = \mathrm{e}^{-\lambda t}(1 + \lambda t) \qquad (12-21)$$

单台设备的有效度为

$$A = \frac{\mu}{\lambda + \mu} \qquad (12-22)$$

n 台设备有一台后备的有效度为

$$A = \frac{\mu^2 + n\lambda + \mu}{\mu^2 + n\lambda\mu + n\lambda(n\lambda + \lambda)} \qquad (12-23)$$

随着微型计算机技术的发展，硬件价格不断下降，集散控制系统中大多采用 1：1 后备冗余。

（3）表决系统

表决系统由一个表决器和若干个工作单元组成。每个工作单元的信息输入表决器，只有当有效的单元数超过失效的单元数时，才能作出输入为正确的判断，即失效部件数小于有效部件数时，系统才正常工作。

对于 3 取 2 的表决系统，当各子系统失效率都为 λ，其可靠度为

$$R_{3,2}(t) = \binom{3}{0}\mathrm{e}^{-3\lambda t} + \binom{3}{1}(1 - \mathrm{e}^{-\lambda t})\mathrm{e}^{-2\lambda t} = 3\mathrm{e}^{-3\lambda t} - 2\mathrm{e}^{-3\lambda t} \qquad (12-24)$$

6. 热插拔技术

热插拔技术要求部件能够在带电状态下进行插拔，而不影响系统的运行。它要求部件被设计成自治的小系统，它的插拔对系统运行的影响最小。热插拔技术是降低系统甲均修复时间的重要技术，是实现故障部件快速修复的技术。

参考文献

[1]姚永刚.机电传动与控制技术.天津:天津大学出版社,2009.

[2]张强,等.基于单片机的电动机控制技术.北京:中国电力出版社,2008.

[3]邓星钟,等.机电传动控制(第4版).武汉:华中科技大学出版社,2007.

[4]杨黎明,等.机电传动控制技术.北京:国防工业出版社,2007.

[5]张志义,孙蓓.机电传动控制.北京:机械工业出版社,2009.

[6]肖英奎.执行元件及控制.北京:化学工业出版社,2008.

[7]张晗亮,等.现代机电驱动控制技术.北京:中国水利水电出版社,2009.

[8]娄国焕,等.电气传动技术原理与应用.北京:中国电力出版社,2007.

[9]梁景凯,盖玉先.机电一体化技术与系统.北京:机械工业出版社,2006.

[10]阳彦雄,李亚利.液压与气动技术.北京:北京理工大学出版社,2008.

[11]王积伟,等.液压传动(第2版).北京:机械工业出版社,2006.

[12]吴卫荣.气动技术.北京:中国轻工业出版社,2009.

[13]史国生.电气控制与可编程控制器技术(第2版).北京:化学工业出版社,2003.

[14]朱梅.液压与气动技术.西安:西安电子科技大学出版社,2007.

[15]李壮云.液压元件与系统(第2版).北京:机械工业出版社,2005.

[16]蔡士齐.感应电动机传动和变频器应用技术.北京:机械工业出版社,2008.

[17]麦崇裔.电机学与拖动基础.广州:华南理工大学出版社,2008.

[18]安维胜.现代机电设备.北京:电子工业出版社,2008.

[19]王仁祥.常用低压电器原理及其控制技术.北京:机械工业出版社,2006.

[20]秦曾煌.电工学(上册).北京:高等教育出版社,2007.

[21]蔡自兴.智能控制(第2版).北京:电子工业出版社,2004.

[22]晁勤,等.自动控制原理.重庆:重庆大学出版社,2001.

[23]董景新,赵长德,熊沈蜀,等.控制工程基础(第2版).北京:清华大学出版社,2003.

[24]胡国清,刘文艳.工程控制理论.北京:机械工业出版社,2004.

[25]胡寿松.自动控制原理(第4版).北京:科学出版社,2001.